Autodesk Inventor 软件应用认证指导用书

Autodesk Inventor 快速入门与
提高教程（2013 版）

北京兆迪科技有限公司　编著

中国水利水电出版社
www.waterpub.com.cn

内 容 提 要

本书是学习 Inventor 2013 版软件的快速入门与提高指南，内容包括 Inventor 简介与安装、软件的工作界面与基本设置、二维截面的草绘、零件设计、曲面设计、装配设计、模型的测量与分析、钣金设计和工程图制作等。本书根据北京兆迪科技有限公司为国内外众多著名公司提供的培训教案整理而成（这些公司覆盖工程机械、电子、家电、汽车等不同行业），具有很强的实用性和广泛的适用性。本书附带 2 张多媒体 DVD 学习光盘，包含 272 个针对设计技巧的实例教学视频，并进行了详细的语音讲解，时间长达 12 个小时（730 分钟），光盘中还包含本书所有的素材文件、范例文件、练习文件以及 Inventor 软件的配置文件（2 张 DVD 光盘中的教学文件容量共计 6.5GB）。另外，为方便 Inventor 低版本用户和读者的学习，光盘中特提供了 Inventor 2012 版本的素材源文件。

在内容安排上，为了使读者更快地掌握该软件的基本功能，书中结合大量范例对 Inventor 软件中的一些抽象的概念、命令和功能进行讲解；书中以范例的形式讲述一线实际产品的设计过程，使读者能较快地进入设计状态；在写作方式上，本书紧贴 Inventor 软件的实际操作界面，初学者能够直观、准确地操作软件进行学习，从而尽快地上手，提高学习效率。本书在主要章节中还安排了习题，便于读者进一步巩固所学的知识。读者在系统学习本书后，能够迅速地运用 Inventor 完成一般产品的零部件三维建模（含钣金）、装配、工程图制作等设计工作。

本书内容全面、条理清晰、实例丰富、讲解详细，可作为工程技术人员的 Inventor 快速自学教程和参考书籍，也可作为大中专院校学生和各类培训学校学员的 Inventor 课程上课或上机练习教材。

图书在版编目（C I P）数据

Autodesk Inventor 快速入门与提高教程 : 2013版 /
北京兆迪科技有限公司编著. -- 北京 : 中国水利水电出
版社，2013.5（2016.12 重印）
Autodesk Inventor 软件应用认证指导用书
ISBN 978-7-5170-0894-1

Ⅰ. ①A… Ⅱ. ①北… Ⅲ. ①机械设计－计算机辅助
设计－应用软件－教材 Ⅳ. ①TH122

中国版本图书馆 CIP 数据核字 (2013) 第 107409 号

策划编辑：杨庆川/杨元泓　　责任编辑：宋俊娥　　加工编辑：宋 杨　　封面设计：李 佳

书　　名	Autodesk Inventor 软件应用认证指导用书 **Autodesk Inventor 快速入门与提高教程（2013 版）**
作　　者	北京兆迪科技有限公司　编著
出版发行	中国水利水电出版社 （北京市海淀区玉渊潭南路 1 号 D 座　100038） 网址：www.waterpub.com.cn E-mail: mchannel@263.net（万水） 　　　　 sales@waterpub.com.cn 电话：（010）68367658（发行部）、82562819（万水）
经　　售	北京科水图书销售中心（零售） 电话：（010）88383994、63202643、68545874 全国各地新华书店和相关出版物销售网点
排　　版	北京万水电子信息有限公司
印　　刷	三河市铭浩彩色印装有限公司
规　　格	184mm×260mm　16 开本　27.5 印张　510 千字
版　　次	2013 年 5 月第 1 版　2016 年 12 月第 3 次印刷
印　　数	4501—6500 册
定　　价	49.80 元（附 2DVD）

凡购买我社图书，如有缺页、倒页、脱页的，本社发行部负责调换

本书导读

为了能更好地学习本书的知识，请您仔细阅读下面的内容。

读者对象

本书可作为工程技术人员的 Inventor 入门与提高教程和参考书，也可作为大中专院校学生和各类培训学校学员的 Inventor 课程上课或上机练习教材。

写作环境

本书使用的操作系统为 Windows XP Professional，对于 Windows 2000 Server/XP 操作系统，本书的内容和范例也同样适用。

本书的写作蓝本是 Inventor 2013 版。

光盘使用

为方便读者练习，特将本书所有素材文件、已完成的范例文件、配置文件和视频（含语音讲解）文件等放入随书附带的光盘中，读者在学习过程中可以打开相应的素材文件进行操作和练习。

本书附赠两张多媒体 DVD 光盘，建议读者在学习本书前，先将两张 DVD 光盘中的所有文件复制到计算机 D 盘中，然后再将第二张光盘 inv13.1-video2 文件夹中的所有文件复制到第一张光盘的 video 文件夹中。在光盘的 inv13.1 目录下共有 3 个子目录：

（1）work 子目录：包含本书讲解中所有的教案文件、范例文件和练习素材文件。

（2）video 子目录：包含本书讲解中全部的操作视频录像文件（含语音讲解）。

（3）before 子目录：为方便 Inventor 低版本用户和读者的学习，本目录提供 Inventor 2012 版本的素材源文件。

光盘中带有 ok 的文件或文件夹表示已完成的范例。

本书约定

- 本书中有关鼠标操作的简略表述说明如下：
    - ☑ 单击：将（鼠标）指针移至某位置处，然后按一下鼠标的左键。
    - ☑ 双击：将指针移至某位置处，然后连续快速地按两次鼠标的左键。
    - ☑ 右击：将指针移至某位置处，然后按一下鼠标的右键。
    - ☑ 单击中键：将指针移至某位置处，然后按一下鼠标的中键。
    - ☑ 滚动中键：只是滚动中键，而不能按中键。
    - ☑ 选择（选取）某对象：将指针移至某对象上，单击以选取该对象。
    - ☑ 拖移某对象：将指针移至某对象上，然后按下鼠标的左键不放，同时移动鼠标，将该对象移动到指定的位置后再松开鼠标的左键。

- 本书中的操作步骤分为 Task、Stage 和 Step 三个级别，说明如下：
  - ☑ 对于一般的软件操作，每个操作步骤以 Step 字符开始，例如，下面是草绘环境中绘制圆操作步骤的表述：

    Step 1 在 **绘制 ▼** 区域中单击 ⊘ **圆** · 中的 ·，然后单击 ⊘ **圆心** 按钮。

    Step 2 在某位置单击，放置圆的中心点，然后将该圆拖至所需大小并单击，完成该圆的创建。

    Step 3 按 Esc 键，结束圆的绘制。
  - ☑ 每个 Step 操作视其复杂程度，其下面可含有多级子操作。例如 Step1 下可能包含（1）、（2）、（3）等子操作，子操作（1）下可能包含①、②、③等子操作，子操作①下可能包含 a）、b）、c）等子操作。
  - ☑ 如果操作较复杂，需要几个大的操作步骤才能完成，则每个大的操作冠以 Stage1、Stage2、Stage3 等，Stage 级别的操作下再分为 Step1、Step2、Step3 等操作。
  - ☑ 对于多个任务的操作，则每个任务冠以 Task1、Task2、Task3 等，每个 Task 操作下则可包含 Stage 和 Step 级别的操作。
- 由于已建议读者将随书光盘中的所有文件复制到计算机 D 盘中，所以书中在要求设置工作目录或打开光盘文件时，所述的路径均以 D:开始。

技术支持

读者在阅读本书的过程中如果遇到问题，可通过访问该公司的网站 http://www.zalldy.com 获得技术支持。

咨询电话为：010-82176248，010-82176249。

前　　言

Inventor 是美国 Autodesk 公司一款基于 Windows 平台、功能强大且易用的三维 CAD 软件。Inventor 支持自顶向下和自底向上的设计思想，其建模核心、钣金设计、大装配设计、产品制造信息管理、生产出图（工程图）、价值链协同、内嵌的有限元分析和产品数据管理等功能遥遥领先于同类软件，已经成功应用于机械、电子、航空、汽车、仪器仪表、模具、造船、消费品等行业，该软件还提供了从二维视图到三维实体的转换工具，无需摒弃多年来二维制图的成果，借助 Inventor 就能迅速跃升到三维设计。

本书是学习 Inventor（2013 版）的快速入门指南，其特色如下：

- 内容全面。涵盖产品设计的零件创建、产品装配和工程图制作的全过程。
- 范例丰富。对软件中的主要命令和功能，先结合简单的范例进行讲解，然后安排一些较复杂的综合范例帮助读者深入理解、灵活应用。
- 讲解详细，条理清晰。保证自学的读者能独立学习和实际运用 Inventor 软件。
- 写法独特。采用 Inventor（2013 版）中真实的对话框、操控板和按钮等进行讲解，使初学者能够直观、准确地操作软件，从而大大地提高学习效率。
- 附加值高。本书附带 2 张多媒体 DVD 学习光盘，制作了 272 个针对知识点、设计技巧的实例教学视频，并进行了详细的语音讲解，时间长达 12 个小时（730 分钟），2 张 DVD 光盘中的教学文件容量共计 6.5GB，可以帮助读者轻松、高效地学习。

本书根据北京兆迪科技有限公司为国内外众多著名公司（含国外独资和合资公司）提供的培训教案整理而成，具有很强的实用性。本书的主编和主要参编人员主要来自北京兆迪科技有限公司，该公司专门从事 CAD/CAM/CAE 技术的研究、开发、咨询及产品设计与制造服务，并提供 Inventor、UG、ANSYS、ADAMS 等软件的专业培训及技术咨询。

本书由北京兆迪科技有限公司编著，主要编写人员为展迪优，参加编写的人员还有刘静、雷保珍、刘海起、魏俊岭、任慧华、詹路、冯元超、刘江波、周涛、赵枫、邵为龙、侯俊飞、龙宇、施志杰、詹棋、高政、孙润、李倩倩、黄红霞、尹泉、李行、詹超、尹佩文、赵磊、王晓萍、陈淑童、周攀、吴伟、王海波、高策、冯华超、周思思、黄光辉、党辉、冯峰、詹聪、平迪、管璇、王平、李友荣、杨慧、龙保卫、李东梅、杨泉英和彭伟辉。本书已经多次校对，如有疏漏之处，恳请广大读者予以指正。电子邮箱为：zhanygjames@163.com。

编　者
2013 年 3 月

目　　录

1

Inventor 2013 功能概述

 本章提要

　　随着计算机辅助设计——CAD（Computer Aided Design）技术的飞速发展和普及，越来越多的工程设计人员开始利用计算机进行产品的设计和开发，Inventor 作为一种当前流行的三维 CAD 软件，越来越受到我国工程技术人员的青睐。本章内容主要包括：

- 用 CAD 工具进行产品设计的一般过程。
- Inventor 主要功能模块简介。
- Inventor 软件的特点。

1.1　CAD 产品设计的一般过程

　　应用计算机辅助设计——CAD（Computer Aided Design）技术进行产品设计的一般流程如图 1.1.1 所示。

　　具体说明如下：

- CAD 产品设计的过程一般是从概念设计、零部件三维建模到二维工程图。有的产品，特别是民用产品（汽车和家用电器），对外观要求比较高，在概念设计以后，往往还需进行工业外观造型设计。
- 在进行零部件三维建模时或三维建模完成后，根据产品的特点和要求，要进行大量的分析和其他工作，以满足产品结构强度、运动、生产制造与装配等方面的需求。这些分析工作包括应力分析、结构强度分析、疲劳分析、塑料流动分析、热分析、公差分析与优化、NC 仿真及优化、动态仿真等。
- 产品的设计方法一般可分为两种：自底向上（Down-Top）和自顶向下（Top-Down），

这两种方法也可同时进行。

☑ 自底向上：一种从零件开始，然后到子装配、总装配、整体外观的设计过程。

☑ 自顶向下：与自底向上相反，它是指从整体外观（或总装配）开始，然后到子装配、零件的设计方式。

● 随着信息技术的发展，同时面对日益激烈的市场竞争，企业采用并行、协同设计势在必行，只有这样，企业才能适应迅速变化的市场需求，提高产品竞争力，解决所谓的 TQCS 难题，即以最快的上市速度（T——Time to Market）、最好的质量（Q——Quality）、最低的成本（C——Cost）以及最优的服务（S——Service）来满足市场的需求。

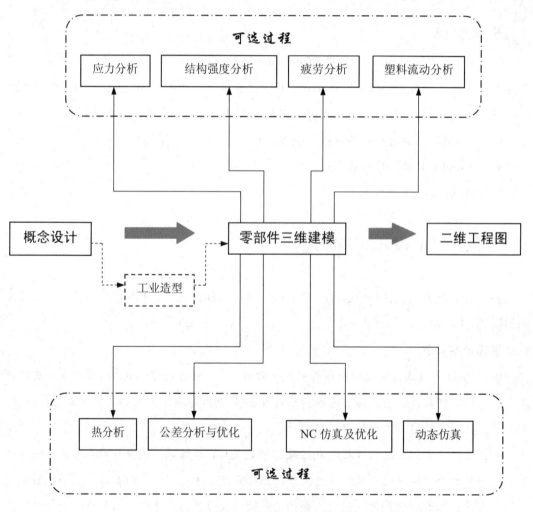

图 1.1.1　CAD 产品设计的一般流程

1.2　Inventor 功能模块简介

Inventor 是美国Autodesk 公司推出的一款三维可视化实体建模软件，Autodesk Inventor 产品系列正在改变传统的 CAD 工作流程：它简化了复杂三维模型的创建，这样工程师就可专注于设计的功能，通过快速创建数字样机，并利用数字样机来验证设计的功能，就可在投产前更容易发现设计中的错误，及时进行更改，以更快的速度把新的产品推向市场。

Inventor 的主要应用模块简介如下。

● 零件设计

Inventor 可以帮助设计人员更为轻松地重复利用已有的设计数据，生动地表现设计意图。借助其中全面关联的模型，零件设计中的任何变化都可以反映到装配模型和工程图文件中。由此，设计人员的工作效率将得到显著提高。Inventor 还可以把经常使用的自定义特征和零件的设计标准化和系列化，从而提高客户的生产效率。利用 Inventor 中的 iPart 技术，设计公司可以轻松设置智能零件库，以确保始终以同种方式创建常用零件。

● 装配设计

Inventor 将设计加速器与易于使用的装配工具相结合，使用户可以确保装配设计中每一个零部件的正确安装。精确地验证干涉情况和各种属性，以便快速创建高质量的产品。Inventor 提供的强大工具可有效控制和管理大型装配设计中创建的数据，因此用户只需专心工作在所关心的部分零部件上。

● 钣金设计

Autodesk Inventor 能够帮助用户简化复杂钣金零件的设计。Inventor 中的数字样机结合了加工信息（如冲压工具参数和自定义的折弯表）、精确的钣金折弯模型以及展开模型编辑环境。在展开模型编辑环境中，工程师可以对钣金展开模型进行细微的改动。因此能够帮助用户提高设计钣金零件的效率。

● 电缆线束设计

从电路设计软件导出的导线表，可以继续进行电缆和线束设计，将电缆与线束（包括软质排线）集成到数字样机中，用户可以准确地计算路径长度，避免过小的弯曲半径，并确保电气零部件与机械零部件匹配，从而节约大量时间和成本。

● 管线设计

用户可以按照最小或最大长度标准以及折弯半径等布管规则选择不同的布管方式。此外，用户也可以通过创建三维几何草图手动定义管线，或利用管线编辑工具交互式创建管线。自动布好的管段可以与用户定义的管段结合在一起，让用户实现最大限度的控制。

- 工程制图

Autodesk Inventor 中包含从数字样机中生成工程设计和制造文档的全套工具。这些工具可减少设计错误，缩短设计交付时间。Inventor 还支持所有主流的绘图标准，与三维模型的完全关联（在出现设计变更时，工程图将同步更新），以及 DWG 输出格式，因此是创建和共享 DWG 工程图的理想选择。

- 工程师手册

设计加速器中的工程师手册提供了丰富的工程理论、公式和算法参考资料，以及一个可在 Inventor 中任意位置访问的设计知识库。

- 内置的零部件数据库资源库

LinkAble PARTcommunity 旨在为基于 Inventor 环境的设计者提供完善而有效的零部件三维数据资源，用于本地产品的开发和配置。LinkAble PARTcommunity 除包含完整的 ISO/EN/DIN 标准件模型数据资源外，更囊括数百家国内外厂商的零部件产品模型，涉及气动、液压、FA 自动化、五金、管路、操作件、阀门、紧固件等多个门类，能够满足机电产品及装备制造业企业的产品研发人员的日常所需。

PARTsolutions 是翎瑞鸿翔与德国 CADENAS 共同面向中国市场推出的 Inventor 离线版零部件数据资源库解决方案，其不仅可提供比 PARTcommunity 更为丰富的零部件数据资源，而且采用局域网服务器－客户端安装方式，大大提高 Inventor 终端对模型数据的搜索和调用效率，此外，PARTsolutions 可与 Inventor 及其 PLM 环境实现紧密集成，实现企业内部物料信息与模型信息的对接，从而在源头上避免和减少了一物多码现象。同时为应制造业行业的需求，该模型库提供企业自有数据资源的配置模块，可为企业本地服务器提供兼容多 CAD 环境的企标件和特定供应商产品数据的配置任务。

- 运动仿真模块

借助 Autodesk Inventor Professional 的运动仿真功能，用户能了解机器在真实条件下如何运转，从而节省花费在构建物理样机上的成本、时间和高额的咨询费用。用户可以据实际工况添加载荷、摩擦特性和运动约束，然后通过运行仿真功能验证设计。借助与应力分析模块的无缝集成，可将工况传递到某一个零件上，来优化零部件设计。

1.3　Inventor 2013 新功能简介

Inventor 2013 是目前市场上最新版本的 Inventor 系列软件，继续保持了行业领先的地位，帮助机械设计师更快地开发更优秀的产品。相比于早期的版本，Inventor 2013 做出了如下改进。

- 在线帮助文档与全新欢迎界面。启动新版本的 Inventor 将进入"欢迎使用 Inventor"界面，从而帮助新用户快速入门，并带领老用户了解更多 Inventor 的相关信息。同时，Inventor 提供了全新的互动式教程（包含文本和视频短片），在 Inventor 窗口下对各步骤进行逐项说明。

- 绘图功能增强。如矩形绘制以及 2D&3D 曲线绘制。在 Inventor 2013 中新增 Control Vertex Spline 及中心矩形功能，对于曲线绘制和矩形草图的绘制有很大的帮助。

- 可进行弧长尺寸驱动功能。草图中弧长尺寸的驱动功能可以帮助设计师摆脱旧版本中先将弧长转换成角度，然后再定位的操作方法。从而根据给定的尺寸精度，最大限度缩小误差并节省设计时间。

- 可通过输入方程式创建 2D&3D 曲线。通过全新的 2D&3D 方程曲线绘制工具 Equation Curves，可以设定公式的形式、坐标的形式，通过输入方程式创建曲线的预览。对于曲线的修改也非常方便，对所选曲线公式进行的编辑、更新，将同步更新在草图中。

- 数据转化功能增强，支持更多格式文件的输入与输出。数据转化功能现在可以通过 Alias、CATIA、Creo Parametric、IGES 等近 20 个转换器对更多的格式进行输入和输出。

- 工程图控制更加多样化，如支持多实体部件生成工程图。Inventor 2013 中，Inventor Part 中的 View 功能可以支持多实体，从而控制每个实体是否显示在工程图的视图中。

- 支持在同一台机器上安装多个语言版本的软件。Inventor 2013 还有一个亮点，新版本支持在同一台机器上安装多个语言版本的软件。也就是说，在一台机器上如果已安装英文版本，只需装载一个中文的语言包就可以启动中文软件，不用像以前那样卸载重装。用户可单独下载语言包。

注意：以上有关 Inventor 2013 功能模块的介绍仅供参考，如有变动应以 Autodesk 公司的最新相关正式资料为准，特此说明。

2

Inventor 2013 软件的安装

 本章提要

本章将介绍 Inventor 2013 安装的基本过程和相关要求。本章内容主要包括：

- 使用 Inventor 2013 的硬件要求。
- 使用 Inventor 2013 的操作系统要求。
- Inventor 2013 安装的一般过程。

2.1　Inventor 2013 安装的硬件要求

Inventor 2013 软件系统可在工作站（Work Station）或个人计算机（PC）上运行。如果在个人计算机上安装，为了保证软件安全和正常使用，计算机硬件要求如下：

- CPU 芯片：一般要求 Pentium 4 以上，推荐使用 Intel 公司生产的酷睿四核处理器。
- 内存：一般要求 2GB 以上。如果要装配大型部件或产品，进行结构、运动仿真分析或产生数控加工程序，则建议使用 4GB 以上的内存。
- 显卡：一般要求支持 OpenGL 的 3D 显卡，分辨率为 1024×768 像素以上，推荐至少使用 64 位独立显卡，显存为 512MB 以上。如果显卡性能太低，打开软件后，会自动退出。
- 硬盘：安装 Inventor 2013 软件系统的基本模块，需要 8.0GB 左右的硬盘空间，考虑到软件启动后虚拟内存及获取联机帮助的需要，建议在硬盘上准备 15GB 以上的空间。
- 鼠标：强烈建议使用三键（带滚轮）鼠标，如果使用二键鼠标或不带滚轮的三键鼠标，会极大地影响工作效率。

- 显示器：一般要求使用 15in 以上的显示器。
- 键盘：标准键盘。

2.2   Inventor 2013 安装的操作系统要求

如果在工作站上运行 Inventor 2013 软件，操作系统可以为 UNIX 或 Windows NT；如果在个人计算机上运行，操作系统可以为 Windows NT、Windows 98/ME/2000/XP，推荐使用 Windows XP Professional。

2.3   单机版 Inventor 2013 软件的安装

单机版的 Inventor 2013（中文版）在各种操作系统下的安装过程基本相同，下面仅以 Windows XP Professional 为例，说明其安装过程。

说明：本书中的软件界面的显示状态为 Windows 经典模式，设置过程为：先选择 Windows 的 开始 ➡ 设置(S) ➡ 控制面板(C)命令，然后在"控制面板"窗口中双击图标 显示；在"显示 属性"对话框中将主题(T)设置为 Windows 经典，并单击 确定 按钮。

Step 1 将 Inventor 2013 的安装光盘放入光驱内（如果已将系统安装文件复制到硬盘上，可双击系统安装目录下的 Setup.exe 文件）。

Step 2 系统显示"设置初始化"界面。等待数秒后，在弹出的图 2.3.1 所示的 Autodesk Inventor 2013 界面中单击"安装"按钮。

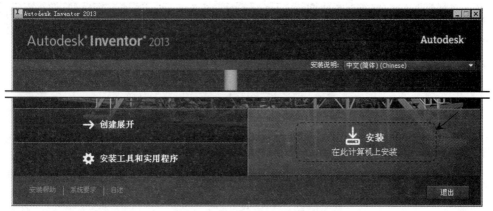

图 2.3.1   Autodesk Inventor 2013 界面

Step 3 在 国家或地区 下拉列表中选择 China 选项，选中 我接受 单选按钮，单击对话框中的 下一步 按钮。

Step 4 选择相应的产品类型并将序列号和产品密钥输入到对应的文本框中，单击对话框中的 下一步 按钮。

Step 5 单击对话框中的 下一步 按钮。

Step 6 采用系统默认的安装配置，单击对话框中的 安装 按钮，此时系统显示图 2.3.2 所示的"安装进度"界面。

图 2.3.2 "安装进度"界面

Step 7 系统继续安装 Inventor 2013 软件，经过几分钟后，Inventor 2013 软件安装完成，系统弹出图 2.3.3 所示的"安装完成"界面，单击该对话框中的 完成 按钮。

图 2.3.3 "安装完成"界面

3

软件的工作界面与基本设置

本章提要

为了正常、高效地使用 Inventor 软件，同时也为了方便教学，在学习和使用 Inventor 软件前，需要先进行一些必要的设置。本章内容主要包括：

- 创建 Inventor 用户文件目录。
- Inventor 软件的启动。
- Inventor 显示设置。
- Inventor 2013 工作界面。
- Inventor 基本操作技巧。
- Inventor 工作环境的设置。

3.1 创建用户文件目录

使用 Inventor 软件时，应该注意文件的目录管理。如果文件管理混乱，会造成系统找不到正确的相关文件，从而严重影响 Inventor 软件的安全相关性，同时也会使文件的保存、删除等操作产生混乱，因此应按照操作者的姓名、产品名称（或型号）建立用户文件目录，如本书要求在 D 盘上创建一个名为 Inventor-course 的文件夹作为用户目录。

3.2 启动 Inventor 2013 软件

一般来说，有两种方法可启动并进入 Inventor 软件环境。

方法一：双击 Windows 桌面上的 Autodesk Inventor 软件快捷图标（图 3.2.1）。

图 3.2.1 Inventor 快捷图标

说明：只要是正常安装，Windows 桌面上均会显示 Autodesk Inventor 软件快捷图标。快捷图标的名称，可根据需要进行修改。

方法二：从 Windows 系统的"开始"菜单进入 Inventor，操作方法如下：

Step 1 单击 Windows 桌面左下角的 开始按钮。

Step 2 选择 程序(P) ➡ Autodesk ➡ Autodesk Inventor 2013 ➡

Autodesk Inventor Professional 2013 - 简体中文 (Sim...命令，如图 3.2.2 所示，系统便

进入 Inventor 软件环境。

图 3.2.2 "开始"菜单

3.3 设置模型显示

Inventor 2013 安装完成后，默认的视图设置可能会造成较差的显示效果，为了保证软件显示正常并流畅使用，建议读者参考以下操作步骤进行模型显示设置。

Step 1 选择下拉菜单中的 ➡ 选项命令，系统弹出图 3.3.1 所示的"应用程序选项"对话框。

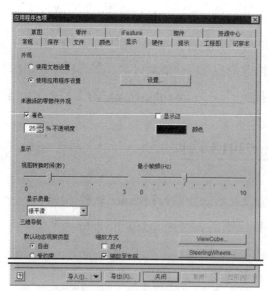

图 3.3.1 "应用程序选项"对话框

Step **2** 在"应用程序选项"对话框中单击 显示 选项卡，参考图 3.3.1 所示的对话框进行
　　　　参数设置，完成后单击 关闭 按钮。

3.4　Inventor 2013 工作界面

在学习本节时，请先打开目录 D:\inv13.1\work\ch03\ch03.04 下的 down_base.ipt 文件。

说明：打开文件的操作请参考本书 5.3 节的有关内容。如果在 Windows XP 操作系统
的窗口中看不到文件的后缀（只显示 down_base），可进行这样的操作：在 Windows 窗口
中选择下拉菜单 工具(T) ➡ 文件夹选项(O)... 命令，如图 3.4.1 所示，在"文件夹选项"对
话框的 查看 选项卡中，取消 □ 隐藏已知文件类型的扩展名 复选框，如图 3.4.2 所示。

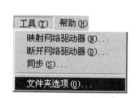

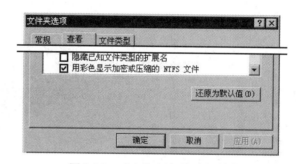

图 3.4.1　"工具"下拉菜单　　　　　图 3.4.2　"文件夹选项"对话框

图 3.4.3 所示的 Inventor 2013 用户界面中包括"应用程序菜单"按钮、快速访问工具
栏、标题栏、功能区面板、浏览器、图形区、消息区、信息中心、ViewCube 工具以及动
态观察导航区。

1．"应用程序菜单"按钮

单击"应用程序菜单"按钮 可以弹出"应用程序菜单"下拉菜单，该菜单用于新建、
打开和保存文件，并能设置系统的配置选项。

2．快速访问工具栏

快速访问工具栏中包含用于新建、保存、修改模型和设置 Inventor 模型的材料和外观
等命令。快速访问工具栏为快速进入命令及设置工作环境提供了极大的方便，用户可以根
据具体情况定制快速访问工具栏。

3．标题栏

标题栏显示了当前活动的模型文件的名称。

4．信息中心

信息中心是 Autodesk 产品独有的界面，使用该功能可以搜索信息、显示关注的网址、

帮助用户实时获得网络支持和服务等。

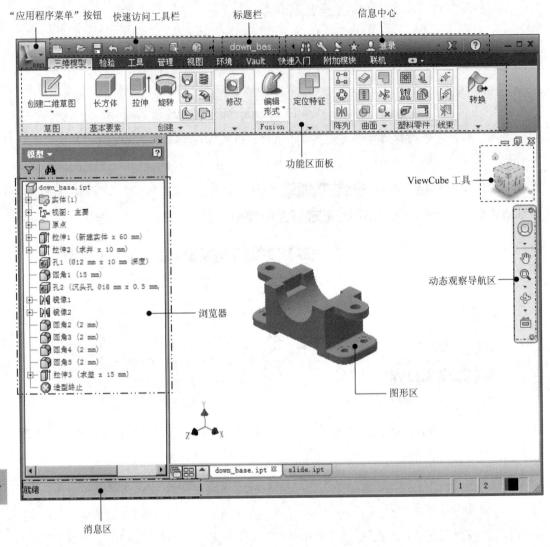

图 3.4.3　Inventor 2013 界面

5．功能区面板

　　功能区面板显示了 Inventor 建模中的所有功能按钮，并以选项卡的形式进行分类；有
的面板中没有足够的空间显示所有的按钮，用户在使用时可以单击下方带三角的按钮，
以展开折叠区域，显示其他相关的命令按钮；如果在 Inventor 中分别打开零件、装配和工
程图文件，则功能区变化分别如图 3.4.4a、b、c 所示。

　　注意：用户会看到有些菜单命令和按钮处于非激活状态（呈灰色，即暗色），这是因
为它们目前还没有处在发挥功能的环境中，一旦它们进入有关的环境，便会自动激活。

a）零件功能面板

b）装配功能面板

c）工程图功能面板

图 3.4.4　三种功能面板

零件功能面板中部分选项卡的介绍如下。

- 图 3.4.5 所示的"三维模型"选项卡包含 Inventor 中所有的零件建模工具，主要有实体建模工具、平面工具、草图工具、阵列工具及特征编辑工具等。

图 3.4.5　"三维模型"选项卡

- 图 3.4.6 所示的"检验"选项卡用于测量零件中的物理属性，并能检测曲线和曲面的光顺程度。

图 3.4.6　"检验"选项卡

- 图 3.4.7 所示的"工具"选项卡用于特征模型外观的设置、物理属性的测量、系统选项的设置以及零部件的查找等。

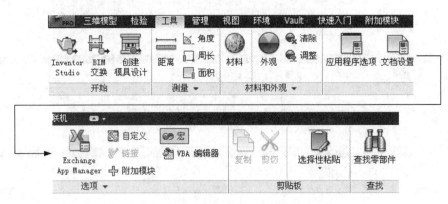

图 3.4.7 "工具"选项卡

- 图 3.4.8 所示的"管理"选项卡用于更新模型文件、修改模型参数、生成零部件、创建钣金冲压工具等。

图 3.4.8 "管理"选项卡

- 图 3.4.9 所示的"视图"选项卡主要用于设置模型的视图，可以调整模型的显示效果，设置显示样式，控制基准特征的显示与隐藏，进行文件窗口管理等。

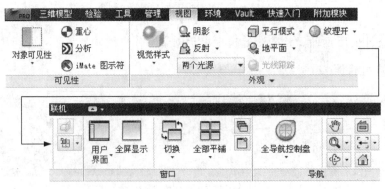

图 3.4.9 "视图"选项卡

- 图 3.4.10 所示的 "环境" 选项卡用于将当前实体建模环境转换到钣金建模环境。

图 3.4.10　"环境" 选项卡

6. 浏览器

浏览器中列出了活动文件中的所有零件、特征以及基准和坐标系等，并以树的形式显示模型结构。通过 "浏览器" 可以很方便地查看及修改模型。

通过 "浏览器" 可以使以下操作更为简洁快速：

- 通过右击某特征，然后选择 特性(P) 命令修改特征的显示名称。
- 通过右击某特征，然后选择 显示尺寸(M) 命令来显示特征的尺寸。
- 通过右击某特征，然后选择 编辑特征 命令来修改特征参数。
- 重排序特征。在 "浏览器" 中通过拖动及放置来重新调整特征的创建顺序。

7. 图形区

图形区是指 Inventor 各种模型图像的显示区。

8. 消息区

在用户操作软件的过程中，消息区会实时地显示与当前操作相关的提示信息等，以引导用户的操作。

9. ViewCube 工具

ViewCube 工具直观反映了图形在三维空间内的方向，是模型在二维模型空间或三维视觉样式中处理图形时的一种导航工具。使用 ViewCube 工具，可以方便地调整模型的视点，可使模型在标准视图和等轴测视图间切换。

10. 动态观察导航区

动态观察导航区包含通用导航工具和特定于产品的导航工具。

3.5　Inventor 的基本操作技巧

Inventor 软件的使用以鼠标操作为主，用键盘输入数值。执行命令时，主要单击工具图标，也可以通过选择下拉菜单或用键盘输入来执行命令。

3.5.1　鼠标的操作

与其他 CAD 软件类似，Inventor 提供各种鼠标按钮的组合功能，包括执行命令、选择对象、编辑对象以及对视图的平移、旋转和缩放等。

在 Inventor 工作界面中选中的对象被加亮，选择对象时，在图形区与在"浏览器"中选择是相同的，并且是相互关联的。

移动视图是最常用的操作，如果每次都单击工具栏中的按钮，将会浪费用户很多时间。在 Inventor 中通过鼠标可以快速地完成视图的移动。

Inventor 中鼠标操作的说明如下：

- 缩放图形区：滚动中键滚轮，向前滚动可看到图形在缩小，向后滚动可看到图形在变大。

- 平移图形区：按住中键，移动鼠标，可看到图形跟着鼠标移动。

- 旋转图形区：先按住 Shift 键，然后按住中键，移动鼠标可看到图形在旋转。

3.5.2　对象的选择

下面介绍在 Inventor 中选择对象常用的几种方法。

1. 选取单个对象

- 直接单击需要选取的对象。

- 在"浏览器"中单击对象的名称，即可选择相应的对象，被选取的对象会高亮显示。

2. 选取多个对象

按住 Ctrl 键，单击多个对象，可选择多个对象。

3.6　Inventor 工作环境的设置

设置 Inventor 的工作环境是用户学习和使用 Inventor 应该掌握的基本技能，合理设置 Inventor 的工作环境，对于提高工作效率、使用个性化环境具有极其重要的意义。Inventor 中的环境设置包括"应用程序选项"和"文档设置"的设置。

1. 应用程序选项的设置

单击 工具 选项卡 选项 区域中的"应用程序选项"按钮，系统弹出"应用程序选项"对话框，利用该对话框可以设置草图、颜色、显示和工程图等参数。在该对话框中单击 草图选项卡（图 3.6.1），此时可以设置草图的相关选项。在对话框中单击 颜色 选项卡（图 3.6.2），可以设置 Inventor 环境中的颜色，单击"应用程序选项"对话框中的 导出(X)... 按钮，可以将设置的颜色方案保存。

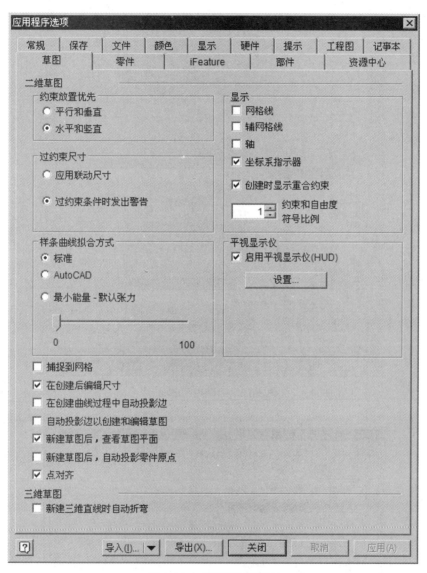

图 3.6.1　"草图"选项卡

2. 文档设置

单击 工具 选项卡 选项 区域中的"文档设置"按钮，系统弹出"文档设置"对话框（图 3.6.3），利用此对话框可以设置有关标准、单位、草图及造型等的一些参数。

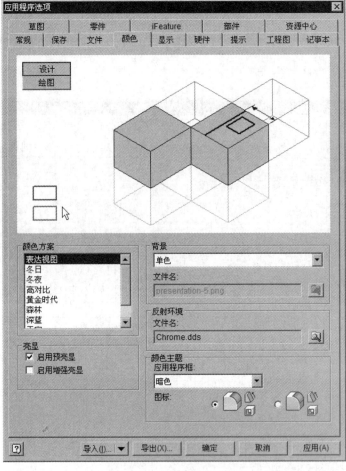

图 3.6.2 "颜色"选项卡

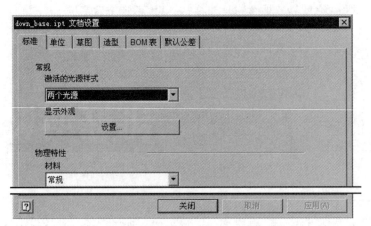

图 3.6.3 "文档设置"对话框

4

二维截面的草绘

 本章提要

截面草图的绘制是创建许多特征的基础，例如创建拉伸、旋转、扫掠、放样等特征时，往往需要先草绘特征的截面（剖面）形状，其中扫掠特征还需要绘制草图以定义扫掠轨迹。另外，草绘孔、横截面等也需要定义草图。本章内容包括：

● 草图环境的设置。

● 基本草图图元（如点、直线、圆等）的绘制。

● 截面草图的编辑与修改。

● 截面草图中约束的创建。

● 截面草图的标注。

● 截面草图绘制范例。

4.1 概述

Inventor 零件设计是以特征为基础进行的，大部分几何体特征都来源于二维截面草图。创建零件模型的过程，就是先创建几何特征的二维草图，然后将二维草图变换为三维特征，并对所创建的各个特征进行适当的布尔运算，最终得到完整零件的过程。因此二维截面草图是零件建模的基础，十分重要。掌握合理的草图绘制方法和技巧，可以极大地提高零件设计的效率。

注意：要进入草图设计环境，必须选择一个平面作为草图平面，也就是要确定新草图在三维空间的放置位置。它可以是系统默认的三个基准参考平面（YZ 平面、XZ 平面和 XY 平面，如图 4.1.1 所示），也可以是模型表面，还可以通过单击 三维模型 选项卡下 定位特征 面板中的"平面"按钮 ，如图 4.1.2 所示，用弹出的图 4.1.3 所示的快捷命令创建一个基准平面作为草图平面。

图 4.1.1 系统默认的基准参考平面

图 4.1.2 "平面"按钮　　　　图 4.1.3 创建"平面"快捷命令

4.2 草绘环境中的关键术语

下面列出了 Inventor 软件草绘环境中经常使用的关键术语。

● 图元：指截面的任意几何元素（如直线、矩形、圆弧、圆、椭圆、样条曲线、点等）。

● 尺寸：指图元大小、图元间位置的量度。

● 约束：用于定义图元间的位置关系。约束定义后，其约束符号会出现在被约束的图元旁边。例如，可以约束两条直线垂直，完成约束后，垂直的直线旁边会出现一个垂直约束符号。

4.3 进入与退出草图设计环境

1. 进入草图设计环境的操作方法

进入草图设计环境的操作方法如下。

Step 1 新建零件模型。启动 Inventor 软件后，单击"应用程序菜单"按钮，然后选择下拉菜单 新建 ➡ 零件 命令，新建一个零件模型，系统自动进入零件设计环境。

说明：进入零件设计环境还有两种方法。

方法一：直接单击图 4.3.1 所示的"新建"按钮，系统弹出图 4.3.2 所示的"新建文件"对话框，选择图 4.3.2 所示的模板，单击 创建 按钮。

方法二：在快速访问工具栏中单击 □ 后的 ，选择 □ 零件 命令。

图 4.3.1　"创建"界面

图 4.3.2　"新建文件"对话框

Step 2　在 三维模型 选项卡 草图 区域单击 □ 按钮，然后选择 XY 平面为草图平面，系统进入草图设计环境（图 4.3.3）。

说明：还有一种进入草绘环境的途径，就是在创建某些特征（如拉伸、旋转、扫掠等）时，以这些特征命令为入口，进入草绘环境，详见第 5 章的有关内容。

2. 退出草图设计环境的操作方法

在草图设计环境中，在 草图 选项卡 退出 区域单击"完成草图"按钮 √，即可退出草图设计环境。

说明：退出草绘环境还有两种方法。

方法一：在 三维模型 选项卡 退出 区域单击 √ 按钮。

方法二：在 三维模型 选项卡 草图 区域单击 ☑ 按钮。

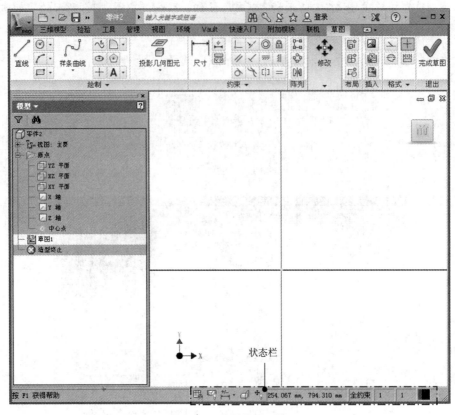

图 4.3.3 草图设计环境

4.4 草绘工具按钮简介

进入草绘环境后，屏幕上方的 草图 选项卡中会出现草绘时所需要的各种工具按钮，如图 4.4.1 所示。

图 4.4.1 "草图"选项卡

图 4.4.1 所示的 草图 选项卡中各区域的工具按钮的简介如下：

- 绘制 ▼ 区域：用于绘制直线、圆、圆弧、矩形和样条曲线等图元。

- 约束 ▼ 区域：用于控制草图中的图元与图元之间的几何关系。

- 阵列 区域：用于对图元进行矩形阵列、环形阵列和镜像等操作。

- 修改 区域：用于对图元进行移动、复制、旋转、修剪、缩放、拉伸和偏置等。

- 布局 区域：用于从选定的对象创建零件、零部件或草图块的操作。

- 插入 区域：用于将外部图片、表格或者 AutoCAD 文件插入到草图中。

- 格式 ▼ 区域：用于调整图元或者尺寸的格式。

- 退出 区域：通过单击该区域中的 ✔ 按钮，可退出草图环境。

4.5　草绘前的准备

1. 设置栅格间距

根据模型的大小，可设置草绘环境中的栅格大小。设置合适的栅格大小，可以保证所绘制的图形尺寸与最终尺寸不至于相差太大，以利于尺寸的修改。其操作流程如下：

Step 1　在 工具 选项卡 选项 ▼ 区域中单击"应用程序选项"按钮 ▣，此时系统弹出 "应用程序选项"对话框。

Step 2　在"应用程序选项"对话框中单击 草图 选项卡，在 显示 区域选中 ☑ 网格线 复选框，单击 确定 按钮。

Step 3　在 工具 选项卡 选项 ▼ 区域中单击"文档设置"按钮 ▣，此时系统弹出"文档设置"对话框，在"文档设置"对话框中单击 草图 选项卡，在"捕捉间距"区域 X 文本框中输入 X 向间距 10；在 Y 文本框中输入 Y 向间距 10，在"网格显示"区域中设置数值 1，单击 确定 按钮，完成栅格设置。

2. 草图设计环境中图形区的快速调整

当显示栅格时，如果看不到栅格，或者栅格太密，可以缩放图形区。如果想调整图形在草图设计环境上下、左右的位置，可以移动图形区。

鼠标操作方法说明：

- 缩放图形区：滚动鼠标中键滚轮，向前滚可看到图形以光标所在位置为基准在缩小，向后滚可看到图形以光标所在位置为基准在放大（或者按住 F3 键，同时按住左键移动鼠标，向前移动图形以光标所在位置为基准在缩小，向后移动可看到图形以光标所在位置为基准在放大）。

- 移动图形区：按住中键移动鼠标，可看到图形跟着鼠标移动（或者按住 F2 键，同时按住左键移动鼠标，可看到图形跟着鼠标移动）。

- 旋转图形区：按住 Shift 键，同时按住中键移动鼠标，可看到图形跟着鼠标旋转（或者按住 F4 键，同时按住左键移动鼠标，可看到图形跟着鼠标旋转），此时可通过按 F5 键调整至上一视图状态；或者通过 ViewCube 工具调整至需要的平面上。

注意：图形区这样的调整不会改变图形的实际大小和实际空间位置，它的作用是便于用户查看和操作图形。

4.6 草图的绘制

4.6.1 草图绘制概述

要进行草绘，应先单击主页功能选项卡 三维模型 区域中的 ✎ 按钮，然后在屏幕图形区中选取一个基准平面，最后在 绘制 ▾ 区域中选择相应的命令就可以绘制草图。

草图绘制的基本思路是先绘制草图的大致轮廓，然后将轮廓进行编辑，添加各种几何约束（关系），标注尺寸，尺寸标注完成后再修改尺寸到最终的尺寸。

在绘制图元的过程中，当移动鼠标指针时，系统会自动确定可添加的约束并将其显示。草绘图元后，用户还可以通过 约束 ▾ 区域中的工具栏继续添加约束。

草绘环境中鼠标的使用说明：

- 草绘时，可通过单击在图形区中选择点。
- 当不处于绘制图元状态时，按 Ctrl 键并单击，可选取多个项目。
- 右击将显示带有最常用草绘命令的快捷菜单（在不处于绘制模式时使用）。
- 按 Esc 键可以结束当前命令。

4.6.2 绘制直线

Step 1 新建零件文件后，在"三维模型"功能选项卡中单击 ✎ 按钮，然后选取 XY 平面为草图平面。

说明：

- 如果创建新草图，则在进入二维草绘环境之前，必须先选取草图平面，也就是要确定新草图在空间的哪个平面上绘制。

- 以后在创建新草图时，如果没有特别的说明，则草图平面为 XY 平面。

- 草图平面可以是原始坐标系中的面，也可以是已有特征上的平面，也可以是新创建的工作平面。

Step 2 在 绘制 ▼ 区域中单击"直线"命令按钮 ✐。

注：还有两种方法进入直线绘制命令。

- 在图形区空白处右击，从系统弹出的图 4.6.1 所示的快捷菜单按钮界面中单击 ✐ 创建直线 按钮。

图 4.6.1　快捷菜单按钮界面

- 进入草绘环境后，直接按下 L 键即可执行直线命令。

Step 3 指定第一点。将光标移至图形区中的某点处，然后单击以指定第一点；此时如果移动鼠标，可看到当前光标的中心与第一点间有一条"连线"，这条线随着鼠标光标的移动可拉长或缩短，并可绕着第一点转动，一般形象地称这条"连线"为"橡皮筋"。

Step 4 指定第二点。将光标移至图形区的另一点并单击，这样系统便绘制一条线段。此时如果移动鼠标，可看到在第二点与光标之间产生一条"橡皮筋"，移动光标可调整"橡皮筋"的长短及位置，以确定下一线段。

Step 5 重复 Step4，可创建一系列连续的线段。

Step 6 按 Esc 键，结束直线的绘制。

说明：

- 在草绘环境中，单击"撤销"按钮 ⤺ 可撤销上一个操作，单击"重做"按钮 ⤼ 可重新执行被撤销的操作。这两个按钮在草绘环境中十分有用。

- Inventor 具有尺寸驱动功能，即图形的大小随着图形尺寸的改变而改变。

- 用 Inventor 进行设计，一般是先绘制大致的草图，然后再修改其尺寸，在修改尺寸时输入准确的尺寸值，即可获得最终所需的图形。

4.6.3　绘制矩形

矩形命令对于绘制拉伸、旋转的截面草图等十分有用，可省去绘制四条直线的麻烦。

方法一：创建两点矩形

Step 1　在 绘制 ▼ 区域中单击 □ 矩形 ▼ 中的 ▼，然后单击 □ 矩形 两点 按钮（或在图形区空白处右击，在弹出的快捷菜单中单击 □ 两点矩形 按钮）。

Step 2　指定矩形的第一角点。在系统 选择第一个拐角 的提示下，将光标移至图形区中的某一点处，并单击以指定矩形的第一个角点，此时移动鼠标，就会有一个临时矩形从该点延伸到光标所在处，并且矩形的大小随光标的移动而不断变化。

Step 3　指定矩形的第二角点。在系统 选择对角 的提示下，将光标移至图形区中的另一点处并单击，以指定矩形的另一个角点，此时系统即在两个对角点间绘制一个矩形并结束命令。

Step 4　按 Esc 键，结束矩形的绘制。

方法二：创建三点矩形

Step 1　单击 □ 矩形 ▼ 中的 ▼，然后单击 ◇ 矩形 三点 按钮。

Step 2　指定矩形的第一角点。在图形区所需位置单击，放置矩形的一个角点，然后拖至所需宽度。

Step 3　指定矩形的第二个角点。再次单击，放置矩形的第二个角点。此时，绘制出矩形的一条边线，向此边线的法线方向拖动鼠标至所需的大小。

Step 4　指定矩形的第三个角点。再次单击，放置矩形的第三个角点，此时，系统即在第一个角点、第二个角点和第三个角点间绘制一个矩形。

Step 5　按 Esc 键，结束矩形的绘制。

方法三：创建两点中心矩形

Step 1　单击 □ 矩形 ▼ 中的 ▼，然后单击 □ 矩形 两点中心 按钮。

Step 2　定义矩形的中心点。在图形区所需位置单击，放置矩形的中心点，然后将该矩形拖至所需大小。

Step 3　定义矩形的一个角点。再次单击，放置矩形的一个边角点。

Step 4　按 Esc 键，结束矩形的绘制。

方法四：创建三点中心矩形

Step 1　单击 □ 矩形 ▼ 中的 ▼，然后单击 ◇ 矩形 三点中心 按钮。

Step 2　定义矩形的中心点。在图形区所需位置单击，放置矩形的中心点，然后将该矩形拖至所需宽度。

Step 3 定义矩形的一边中点。再次单击，定义矩形一边的中点；然后将该矩形拖至所需长度。

Step 4 定义矩形的一个角点。再次单击，放置矩形的一个角点。

Step 5 按 Esc 键，结束矩形的绘制。

4.6.4 绘制多边形

下面介绍多边形的创建方法。

方法一：绘制内接正多边形

Step 1 在 绘制 ▾ 区域中单击 ⬡ 多边形 按钮，系统弹出图 4.6.2 所示的"多边形"对话框。

图 4.6.2 "多边形"对话框

Step 2 在"多边形"对话框中单击"内切"按钮 ⬡，然后在"边数量"文本框中输入边数值 6。

  说明： 此处的"内切"按钮 ⬡，应为"内接"按钮 ⬡，软件翻译有误。

Step 3 在图形区的某位置单击，放置多边形的中心点，然后拖动鼠标至多边形所需的大小，单击完成多边形的创建。

Step 4 按 Esc 键，结束多边形的绘制。

方法二：绘制外切正多边形

Step 1 在 绘制 ▾ 区域中单击 ⬡ 多边形 按钮，系统弹出"多边形"对话框。

Step 2 在"多边形"对话框中单击"外切"按钮 ⬡，然后在"边数量"文本框中输入边数值 6。

Step 3 在图形区的某位置单击，放置多边形的中心点，然后拖动鼠标至多边形所需的大小，单击完成多边形的创建。

Step 4 按 Esc 键，结束多边形的绘制。

  说明：

  ● 这里绘制的多边形不是通常概念上的多边形，而是正多边形。

  ● 在 Inventor 中正多边形的边数最少为 3 条，最多为 120 条。

● 在多边形创建完毕后，多边形的边数无法进行编辑或控制。

4.6.5 绘制圆

方法一：中心/点——通过选取中心点和圆上一点来创建圆

Step 1 在 绘制 ▾ 区域中单击 ⊘ 圆 ▾ 中的 ▾ ，然后单击 ⊘ 圆心 按钮。

Step 2 在某位置单击，放置圆的中心点，然后将该圆拖至所需大小并单击，完成该圆的创建。

Step 3 按 Esc 键，结束圆的绘制。

方法二：相切圆——通过选取三条直线来创建圆

在确定要相切的三条直线后，可以绘出与三条直线相切的圆。下面以图 4.6.3 所示为例来进行说明。

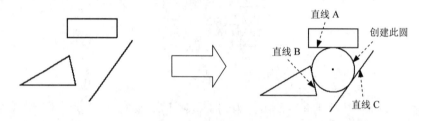

图 4.6.3 通过选取三条直线绘制圆

Step 1 打开随书光盘中的文件 D:\inv13.1\work\ch04\ch04.06\circle.ipt。

注意：打开草图文件后，需将草图处于编辑轮廓状态，具体方法是通过在"浏览器"区域中右击对应的草图，在弹出的快捷菜单中选择 编辑草图 命令，类似操作下文将不再赘述。

说明：打开文件的操作请参考本书 5.3 节的有关内容。

Step 2 在 绘制 ▾ 区域中单击 ⊘ 圆 ▾ 中的 ▾ ，然后单击 相切 按钮。

Step 3 选取直线 A 为第一参考元素，选取直线 B 为第二参考元素，选取直线 C 为第三参考元素。

Step 4 按 Esc 键，结束圆的绘制。

4.6.6 绘制椭圆

Step 1 在 绘制 ▾ 区域中单击 ⊙ 椭圆 按钮。

Step 2 定义椭圆中心点。在图形区的某位置单击，放置椭圆的中心点。

Step 3 定义椭圆长轴。在图形区的某位置单击，定义椭圆的长轴和方向。

Step 4 确定椭圆短轴。移动鼠标指针，将椭圆拉至所需形状并单击，以定义椭圆的短轴。

Step 5 按 Esc 键，结束椭圆的绘制。

4.6.7　绘制圆弧

共有三种绘制圆弧的方法，分别介绍如下。

方法一：三点画圆弧——确定圆弧的两个端点和弧上的一个附加点来创建一个三点圆弧

Step 1 在 绘制 ▾ 区域中单击 ⌒ 圆弧 |▾ 中的 |▾ ，然后单击 ⌒ 圆弧 三点 按钮。

Step 2 在图形区某位置单击，放置圆弧一个端点；在另一位置单击，放置圆弧上另一端点。

Step 3 此时移动鼠标指针，圆弧呈"橡皮筋"样变化，单击确定圆弧上的一点。

Step 4 按 Esc 键，结束圆弧的绘制。

方法二：创建相切圆弧——确定圆弧的一个切点和弧上的一个附加点来创建圆弧

Step 1 在 绘制 ▾ 区域中单击 ⌒ 圆弧 |▾ 中的 |▾ ，然后单击 ⌒ 圆弧 相切 按钮。

Step 2 选取一个图元，在图形区某位置单击作为圆弧的终点，系统便自动创建与这个图元相切的圆弧。

Step 3 按 Esc 键，结束圆弧的绘制。

注意：在选取直线时，在不同的位置单击，则可创建不同的相切圆弧。

方法三：中心和点画圆弧——通过圆心、起点和终点绘制圆弧

Step 1 在 绘制 ▾ 区域中单击 ⌒ 圆弧 |▾ 中的 |▾ ，然后单击 ⌒ 圆弧 圆心 按钮。

Step 2 在某位置单击，确定圆弧中心点，然后将圆拖动至所需大小，并在圆上单击两点以确定圆弧的两个端点。

Step 3 按 Esc 键，结束圆弧的绘制。

4.6.8　绘制圆角

下面以图 4.6.4 为例，说明绘制圆角的一般操作过程。

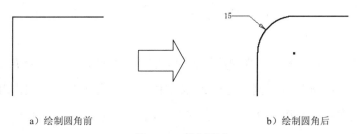

　　a）绘制圆角前　　　　　　　　　　b）绘制圆角后

图 4.6.4　绘制圆角

Step 1 打开文件 D:\inv13.1\work\ch04\ch04.06\fillet.ipt。

Step 2 在 绘制 ▼ 区域中单击 ⬜ 圆角 ▼ 中的 ▼，然后单击 ⬜ 圆角 按钮，系统弹出图 4.6.5 所示的"二维圆角"对话框。

图 4.6.5 "二维圆角"对话框

Step 3 在"二维圆角"对话框"半径"文本框中输入值 15，然后选取两个图元（两条边），系统便在这两个图元间创建圆角，并将两个图元裁剪至交点。

说明：

● 对于具有公共端点的图元，选定这个端点也可以创建圆角，对于没有公共端点的图元，必须选定两条线进行倒圆角。

● 如果两条线可以成功创建圆角，那么在选定第二条线时，两条线均呈高亮显示的状态。否则只有当前选定的线高亮显示。

● 当图 4.6.5 所示的 = 按钮被按下时，则此步操作的所有圆角将被添加"相等"半径的约束，只有一个驱动尺寸，否则每个圆角是各自的驱动尺寸。

4.6.9 绘制倒角

下面以图 4.6.6 为例，说明绘制倒角的一般操作过程。

a）绘制前　　　　　　　　　　　　　　　　b）绘制后

图 4.6.6 绘制倒角

Step 1 打开文件 D:\inv13.1\work\ch04\ch04.06\chamfer.ipt。

Step 2 在 绘制 ▼ 区域中单击 ⬜ 圆角 ▼ 中的 ▼，然后单击 ◺ 倒角 按钮，系统弹出图 4.6.7 所示的"二维倒角"对话框。

Step 3 定义倒角参数。在"二维倒角"对话框中单击 ⬚ 按钮，在"倒角边长 1"文本框中输入距离值 9，在"倒角边长 2"文本框中输入距离值 16；在图形区选取图 4.6.6 所示的边线 1 与边线 2，系统便在这两个图元间创建倒角，并将两个图元裁剪至交点。

图 4.6.7 　"二维倒角"对话框

Step 4 　在"二维倒角"对话框中单击 确定 按钮，完成倒角的创建。

图 4.6.7 所示的"二维倒角"对话框中的部分选项的说明如下：

- ： 采用"相等距离"方式绘制倒角。

- ： 采用"距离 – 距离"方式绘制倒角。

- ： 采用"角度 – 距离"方式绘制倒角。

- 倒角边长 1 文本框：用于输入距离 1。

- 倒角边长 2 文本框：用于输入距离 2。

4.6.10　绘制样条曲线

共有三种绘制样条曲线的方法，分别介绍如下。

方法一：通过选定的点创建样条曲线

下面以图 4.6.8 为例，说明绘制样条曲线的一般操作过程。

图 4.6.8 　绘制样条曲线

Step 1 　在 绘制 区域中单击 下的 样条曲线 按钮，然后单击 样条曲线 插值 按钮。

Step 2 　定义样条曲线的通过点。单击一系列点，可观察到一条"橡皮筋"样的线附着在鼠标指针上。

Step 3 　单击 ✔ 按钮，结束样条曲线的绘制。

方法二：通过控制点来创建样条曲线

下面以图 4.6.9 为例，说明绘制样条曲线的一般操作过程。

Step 1 　在 绘制 区域中单击 下的 样条曲线 按钮，然后单击 样条曲线 控制点 按钮。

Step 2 　定义样条曲线的控制顶点。单击一系列点，可观察到一条"橡皮筋"样的线附着在鼠标指针上。

图 4.6.9 绘制样条曲线

Step 3 单击 ✔ 按钮，结束样条曲线的绘制。

方法三：桥接曲线

下面以图 4.6.10 为例，说明绘制桥接曲线的一般操作过程。

a）绘制前   b）绘制后

图 4.6.10 绘制桥接曲线

Step 1 打开文件 D:\inv13.1\work\ch04\ch04.06\bridge_curve.ipt。

Step 2 在 绘制 ▼ 区域中单击 ∿ 下的 样条曲线 按钮，然后单击 桥接曲线 按钮。

Step 3 定义参考线。在图形区依次选取图 4.6.10a 所示的直线 A 与直线 B，此时系统自动在直线 A 与直线 B 之间创建图 4.6.10b 所示的桥接曲线。

说明：选取对象的位置即为桥接曲线生成的区域。

4.6.11 绘制文本轮廓

文本轮廓可以作为草图元素创建，也可以在零件上构造代表文本的特征。共有两种绘制文本轮廓的方法，分别介绍如下。

方法一：绘制普通文本轮廓

下面以图 4.6.11 为例，说明绘制普通文本轮廓的一般操作过程。

图 4.6.11 绘制文本轮廓

Step 1 进入草绘环境后，在 绘制 ▼ 区域中单击 A 文本 ▼ 中的 ▼ ，然后单击 A 文本 按钮，然后在图形区的合适位置单击以确定文本位置，此时系统弹出图4.6.12所示的"文本格式"对话框。

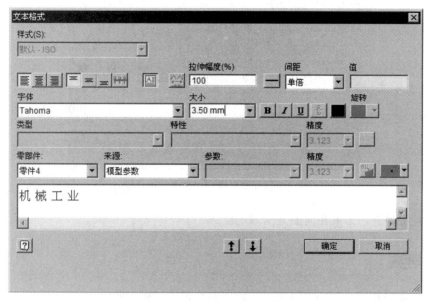

图 4.6.12　"文本格式"对话框

Step 2　在"文本格式"对话框的"文本"区域中输入"机 械 工 业"，其他选项采用系统默认设置，然后单击 确定 按钮。

Step 3　按 Esc 键，结束文本轮廓的绘制。

方法二：绘制几何图元文本

下面以图 4.6.13 为例，说明绘制几何图元文本的一般操作过程。

图 4.6.13　绘制几何图元文本

Step 1　进入草绘环境后，绘制图 4.6.13 所示的圆弧。

Step 2　在 绘制 ▾ 区域中单击 A 文本 ▾ 中的 ▾，然后单击 A 几何图元文本 按钮，然后在图形区选取绘制的圆弧以确定对齐文本，此时系统弹出图 4.6.14 所示的"几何图元文本"对话框。

Step 3　在"几何图元文本"对话框"文本"区域中输入"兆 迪 科 技"，单击 按钮，其他选项采用系统默认设置，然后单击 确定 按钮。

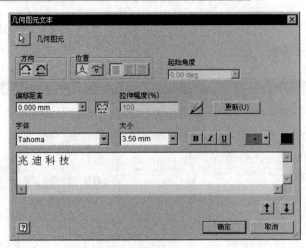

图 4.6.14 "几何图元文本"对话框

Step 4 按 Esc 键，结束几何图元文本的绘制。

4.6.12 创建点

点的创建很简单。在设计曲面时，点会起到很大的作用。

Step 1 在 绘制 ▼ 区域中单击 ⊹ 点 按钮。

Step 2 在图形区的某位置单击以放置该点。

4.6.13 将一般图元变成构造图元

Inventor 中构造图元（构造线）的作用是作为辅助线（参考线），构造图元以点画线显示。草绘中的直线、圆弧和样条线等图元都可以转化为构造图元。下面以图 4.6.15 为例，说明其创建方法。

Step 1 打开文件 D:\inv13.1\work\ch04\ch04.06\construct.ipt。

Step 2 在"浏览器"中右击草图 1，在弹出的快捷菜单中单击 编辑草图 按钮。

Step 3 按住 Ctrl 键选取图 4.6.15a 中的直线、圆和圆弧，在 格式 ▼ 区域中单击"构造"按钮 ⌐，结果如图 4.6.15b 所示。

a) 一般图元   b) 构造图元

图 4.6.15 将图元转换为构造图元

4.6.14　偏移草图

偏移复制是指对选定图元（如线、圆弧和圆等）进行同心复制。对于线而言，其圆心为无穷远，因此是平行复制。偏移曲线对象所生成的新对象将变大或变小，这取决于将其放置在源对象的哪一边。例如，将一个圆的偏移对象放置在圆的外面，将生成一个更大的同心圆；向圆的内部偏移，将生成一个小的同心圆。

偏移草图功能可以对现有的图元进行平行偏置，也可以提取已有的实体边在当前草图平面上的投影进行偏置。下面介绍偏移草图的一般操作过程。

Step 1　打开文件 D:\inv13.1\work\ch04\ch04.06\offset.ipt，如图 4.6.16 所示。

Step 2　在"浏览器"中右击草图 1，在弹出的快捷菜单中单击 编辑草图 按钮，在 修改 区域中单击 偏移 按钮，在图形区中选取图 4.6.17 所示的图元。

Step 3　在合适的位置单击确定偏移后的位置，具体的定位可参考 4.10.5 节。

说明：读者也可参考状态栏中 偏移 = 8.530 mm 的数值大概放置偏移线。

Step 4　按 Esc 键，完成草图的偏移，如图 4.6.17 所示。

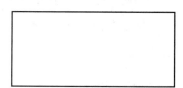

选此偏移图元

图 4.6.16　偏移前的草图　　　　图 4.6.17　偏移后的草图

说明：偏移后曲线的图元片段数量必须保证与原始曲线的图元数量相等（即组成片段一一对应）才可以创建成功。否则 Inventor 将拒绝创建新的曲线。

4.7　草图的编辑

4.7.1　删除图元

Step 1　在图形区单击或框选（框选时要框住整个图元）要删除的图元（可看到被选中的图元颜色发生变化）。

Step 2　按 Delete 键，所选图元即被删除。

4.7.2　直线的操纵

Inventor 提供了图元操纵功能，可方便地旋转、拉伸和移动图元。

直线的操纵 1 的操作流程：在图形区，把鼠标指针 移到直线上，按下左键不放，同时移动鼠标（鼠标指针变为 ），此时直线随着鼠标指针一起移动（图 4.7.1），达到绘制意图后，松开左键。

直线的操纵 2 的操作流程：在图形区，把鼠标指针 移到直线的某个端点上，按下左键不放，同时移动鼠标（鼠标指针变为 ），此时会看到直线以另一端点为固定点伸缩或转动（图 4.7.2），达到绘制意图后，松开左键。

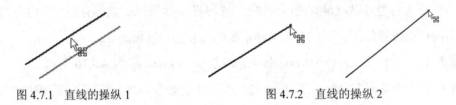

图 4.7.1 直线的操纵 1 　　　　　图 4.7.2 直线的操纵 2

4.7.3 圆的操纵

圆的操纵 1 的操作流程：把鼠标指针 移到圆的边线上，按下左键不放，同时移动鼠标，此时会看到圆在变大或缩小，如图 4.7.3 所示。达到绘制意图后，松开左键。

圆的操纵 2 的操作流程：把鼠标指针 移到圆心上，按下左键不放，同时移动鼠标，此时会看到圆随着指针一起移动，如图 4.7.4 所示。达到绘制意图后，松开左键。

图 4.7.3 圆的操纵 1 　　　　　图 4.7.4 圆的操纵 2

4.7.4 圆弧的操纵

圆弧的操纵 1 的操作流程：把鼠标指针 移到圆弧上，按下左键不放，同时移动鼠标，此时圆弧以远离鼠标指针的端点为固定点旋转，并且圆弧的圆心角及半径也在变化，如图 4.7.5 所示。达到绘制意图后，松开左键。

圆弧的操纵 2 的操作流程：把鼠标指针 移到圆弧的端点上，按下左键不放，同时移动鼠标，此时会看到圆弧以另一端点为固定点旋转，并且圆弧的圆心角也在变化，如图 4.7.6 所示。达到绘制意图后，松开左键。

圆弧的操纵 3 的操作流程：把鼠标指针 移到圆弧的圆心点上，按下左键不放，此时圆弧随着指针一起移动，如图 4.7.7 所示。达到绘制意图后，松开左键。

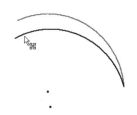

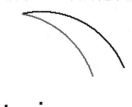

图 4.7.5 圆弧的操纵 1　　　　　图 4.7.6 圆弧的操纵 2　　　　　图 4.7.7 圆弧的操纵 3

4.7.5 样条曲线的操纵与编辑

　　样条曲线的操纵 1 的操作流程（图 4.7.8）：把鼠标指针移到样条曲线上，按下左键不放，同时移动鼠标，此时会看到样条曲线随着指针一起移动。达到绘制意图后，松开左键。

　　样条曲线的操纵 2 的操作流程（图 4.7.9）：把鼠标指针移到样条曲线的中间点或者端点上，按下左键不放，同时移动鼠标（此时鼠标指针变为），样条曲线的另一端点和中间点固定不变，其曲率随着指针移动而变化。达到绘制意图后，松开左键。

图 4.7.8 样条曲线的操纵 1　　　　　　　图 4.7.9 样条曲线的操纵 2

4.7.6 缩放草图实体

　　下面以图 4.7.10 为例，说明缩放草图实体的一般操作过程。

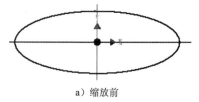

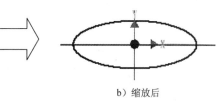

a）缩放前　　　　　　　　　　　　　　　b）缩放后

图 4.7.10 缩放草图实体

Step 1　打开文件 D:\inv13.1\work\ch04\ch04.07\zoom.ipt。

Step 2　在"浏览器"中右击草图 1，在弹出的快捷菜单中单击 编辑草图 按钮。

Step 3　选择命令。单击 草图 选项卡 修改 区域的 缩放 按钮，系统弹出图 4.7.11 所示的"缩放"对话框，然后在图形区选取椭圆为缩放的对象。

4
Chapter

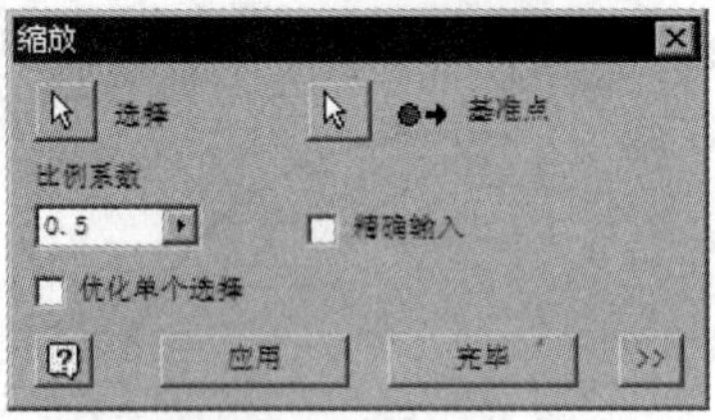

图 4.7.11 "缩放"对话框

图 4.7.11 所示的"缩放"对话框中的选项说明如下：

- ：用于选择要缩放的图元元素，默认情况下，当选取"缩放"命令后，选择命令自动激活。

- ：用于设置图元元素缩放的中心点。读者也可以选中 ☑ 精确输入 复选框输入基点的具体 x、y 坐标值。

- 比例系数 文本框：用于指定对象缩小或者放大的倍数，如果输入了具体数值，对象会及时地发生变化；读者也可以在鼠标的控制下进行缩放，此时该文本框中的数值将随着鼠标在图形窗口中的移动而更新。

- ☑ 优化单个选择 复选框：选中该复选框，读者只能选择单个图元元素；当清除该复选框后，读者可以在选择基点前选取多个几何图元。

Step 4 定义比例中心点。单击"选择基准点"按钮 ，然后选择椭圆圆心为比例缩放的中心点。

Step 5 在 比例系数 文本框中输入值 0.5，单击 应用 按钮，单击 完毕 按钮，完成草图实体的比例缩放的操作。

4.7.7 旋转草图实体

下面以图 4.7.12 所示的圆弧为例，说明旋转草图实体的一般操作过程。

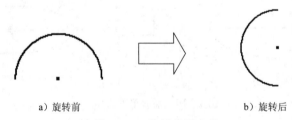

a）旋转前   b）旋转后

图 4.7.12 旋转草图实体

Step 1 打开文件 D:\inv13.1\work\ch04\ch04.07\circumgyrate.ipt。

Step 2 在"浏览器"中右击草图 1，在弹出的快捷菜单中单击 编辑草图 按钮。

Step 3 选择命令。单击 草图 选项卡 修改 区域的 旋转 按钮，系统弹出图 4.7.13 所示的"旋转"对话框。选择图形区的草图为要旋转的对象。

图 4.7.13 　"旋转"对话框

Step 4 定义旋转中心。单击"选择中心点"按钮 ，在图形区选择圆心点作为旋转中心。

Step 5 在 角度 的文本框中输入值 90，单击 应用 按钮，单击 完毕 按钮，完成旋转草图实体的操作。

4.7.8　移动草图实体

下面以图 4.7.14 所示的圆为例，说明移动草图实体的一般操作过程。

a）平移前　　　　　　　　　　　　　　b）平移后

图 4.7.14 　平移草图实体

Step 1 打开文件 D:\inv13.1\work\ch04\ch04.07\move.ipt。

Step 2 在"浏览器"中右击草图，在弹出的快捷菜单中单击 编辑草图 按钮。

Step 3 选择命令。单击 草图 选项卡 修改 区域的
移动 按钮，系统弹出图 4.7.15 所示的"移动"对话框。

图 4.7.15 　"移动"对话框

Step 4 定义要移动的元素。在图形区选择图 4.7.14a 所示的圆。

Step 5 定义移动的点。单击"选择基准点"按钮 ，在图形区选择圆心作为基准点。然后移动鼠标将元素移动至所需的位置单击。

Step 6 单击 完毕 按钮，完成草图实体的移动操作。

4.7.9　镜像图元

镜像操作是指围绕定义的直线或轴镜像所选的一个或多个元素。既可以执行不进行复制的镜像，也可以执行进行复制的镜像。下面以图 4.7.16 为例，说明镜像草图实体的一般操作过程。

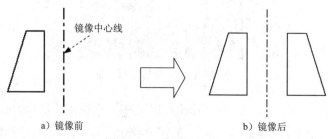

a）镜像前　　　　　　　　　　　　　　b）镜像后

图 4.7.16　草图的镜像

Step 1　打开文件 D:\inv13.1\work\ch04\ch04.07\mirror.ipt。

Step 2　在"浏览器"中右击草图，在弹出的快捷菜单中单击 编辑草图 按钮。

Step 3　选择命令。单击 草图 选项卡 阵列 区域的"镜像"按钮 ，系统弹出"镜像"对话框。

Step 4　选取要镜像的草图实体。根据系统 选择要镜像的几何图元 的提示，在图形区框选要镜像的草图实体。

Step 5　定义镜像中心线。单击"选择镜像线"按钮 ，在系统 选择镜像线 的提示下，选择图 4.7.16a 所示的构造线为镜像中心线。

Step 6　单击 应用 按钮，单击 完毕 按钮，完成镜像的操作。

4.7.10　修剪图元

修剪图元是指沿着给定的剪切边界断开对象，并删除该对象位于剪切边某一侧的部分。如果修剪对象没有与剪切边相交，则可以延伸修剪对象，使其与剪切边相交。

1. 修剪相交的对象

下面以图 4.7.17 为例，说明修剪相交对象的一般操作步骤。

Step 1　打开文件 D:\inv13.1\work\ch04\ch04.07\trim1.ipt。

Step 2　在"浏览器"中右击草图，在弹出的快捷菜单中单击 编辑草图 按钮。

Step 3　单击 草图 功能选项卡 修改 区域中的 修剪 按钮。

Step 4　分别单击各相交图元上要去掉的部分，效果如图 4.7.17b 所示。

说明：也可以通过拖动鼠标指针使其形成轨迹，让轨迹经过要修剪的区域即可。

2. 修剪不相交的对象

下面以图 4.7.18 为例，说明修剪不相交对象的一般操作步骤。

Step 1 打开文件 D:\inv13.1\work\ch04\ch04.07\ trim2.ipt。

Step 2 在"浏览器"中右击草图，在弹出的快捷菜单中单击 🔲 编辑草图 按钮。

Step 3 单击 草图 功能选项卡 修改 区域中的 ✂ 修剪 按钮。

Step 4 单击图元上要去掉的部分，效果如图 4.7.18b 所示。

a）修剪前   b）修剪后   a）修剪前   b）修剪后

图 4.7.17 修剪相交图元   图 4.7.18 修剪不相交图元

4.7.11 拉伸图元

下面以图 4.7.19 为例，说明拉伸图元的一般操作步骤。

框选此矩形

选取此点

a）拉伸前   b）拉伸后

图 4.7.19 拉伸图元

Step 1 打开文件 D:\inv13.1\work\ch04\ch04.07\stretch.ipt。

Step 2 在"浏览器"中右击草图，在弹出的快捷菜单中单击 🔲 编辑草图 按钮。

Step 3 单击 草图 功能选项卡 修改 区域中的 拉伸 按钮，系统弹出"拉伸"对话框。

Step 4 在系统 选择要拉伸的几何图元 的提示下，框选图 4.7.19a 所示的矩形为要拉伸的对象，
单击"选择基准点"按钮 ，在系统 选择基准点 的提示下，选择图 4.7.19a 所示的
点为基准点；然后移动鼠标将元素移动至所需的位置单击，效果如图 4.7.19b 所示。

注意：框选的对象中除了包括矩形四条边以外，还要包括与矩形相交的四个点。

Step 5 单击 完毕 按钮，完成拉伸图元的操作。

4.7.12 延伸草图实体

下面以图 4.7.20 为例，说明延伸草图实体的一般操作过程。

Step 1 打开文件 D:\inv13.1\work\ch04\ch04.07\extend.ipt。

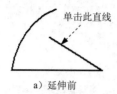

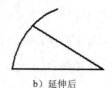

a）延伸前   b）延伸后

图 4.7.20   延伸草图实体

Step 2 在"浏览器"中右击草图，在弹出的快捷菜单中单击 编辑草图 按钮。

Step 3 选择命令。单击 草图 选项卡 修改 区域的 延伸 按钮。

Step 4 选取要延伸的草图实体。在系统 选择要延伸的曲线或按住控制键 的提示下，单击图 4.7.20a 所示的直线，系统自动将该直线延伸到最近的边界，效果如图 4.7.20b 所示。

4.7.13 分割草图实体

下面以图 4.7.21 为例，说明分割草图实体的一般操作过程。

a）分割前   b）分割后

图 4.7.21   分割草图实体

Step 1 打开文件 D:\inv13.1\work\ch04\ch04.07\divide.ipt。

Step 2 在"浏览器"中右击草图，在弹出的快捷菜单中单击 编辑草图 按钮。

Step 3 选择命令。单击 草图 选项卡 修改 区域的 分割 按钮。

Step 4 选取要分割的草图实体。在系统 选择要分割的曲线 的提示下，单击图 4.7.21a 所示的直线。

Step 5 按 Esc 键退出，完成分割草图实体的创建，此时将鼠标移动至分割对象时会显示为两段。

4.7.14 投影

"投影"功能是指将其他草图中的集合图形元素、特征或者草图几何图元投影到激活的草图平面上。投影过来的元素与之前的元素具有关联性，原来的元素做了修改，投影过来的元素也会相应地发生变化。由于关联性，这些包含的元素的位置都是相对固定的，这会给建模带来极大的方便。下面以图 4.7.22 为例，说明创建投影的一般过程。

Step 1 打开文件 D:\inv13.1\work\ch04\ch04.07\projection.ipt。

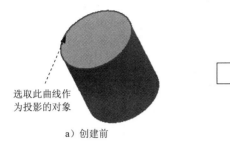
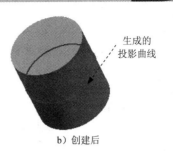

选取此曲线作
为投影的对象

生成的
投影曲线

a）创建前　　　　　　　　　　　　　　b）创建后

图 4.7.22　投影曲线

Step 2　选择命令。单击 三维模型 选项卡 草图 区域中的 按钮，然后在左侧的"浏览器"中选取 XY 平面为草图平面。

Step 3　单击 绘制 ▾ 区域中的 下的 投影几何图元 按钮，然后单击 投影几何图元 按钮。

Step 4　定义要投影的对象。根据系统 选择边、顶点、工作几何图元或草图几何图元来投影。 的提示，在图形区选取图 4.7.22 所示的曲线。

Step 5　单击"完成草图"按钮 ，完成图 4.7.22b 所示的投影曲线的创建。

说明：投影功能共有四种创建方法，分别介绍如下。

● 投影几何图元：将现有对象中的几何图元投影到当前平面上。

● 投影切割边：将与草图平面相交的模型边线投影到草图中。

● 投影到三维草图：将几何图元从激活的草图平面投影到选定的曲面上。

● 投影展开模式：将钣金中的折叠面投影到当前草图。

4.8　草图中的几何约束

按照工程技术人员的设计习惯，在草绘时或草绘后，希望对绘制的草图增加一些平行、相切、相等和共线等约束来帮助定位几何，Inventor 软件可以很容易地做到这一点。下面对约束进行详细的介绍。

4.8.1　约束的显示与隐藏

1. 约束的屏幕显示控制

单击 草图 选项卡 约束 ▾ 区域中的 按钮，然后框选图形区的全部图元即可显示所有约束。

说明：读者也可以通过按 F8 键与 F9 键来控制约束的显示与隐藏。F8 键用来显示所有约束，F9 键用来隐藏所有约束。

2. 各种约束符号列表

各种约束的显示符号见表 4.8.1。

表 4.8.1 约束符号列表

约束名称	约束显示符号
重合	
共线	
同心	
固定	
平行	
垂直	
水平	
竖直	
相切	
平滑	
对称	
等长	

4.8.2 Inventor 软件所支持的约束种类

Inventor 软件所支持的约束种类见表 4.8.2。

表 4.8.2 Inventor 所支持的约束种类

按钮	约束
	使选取的点位于二维或者三维草图中的其他图元中
	使两条直线重合
	使选取的两个圆的圆心位置重合
	使选取的草图实体位置固定
	被指定该约束后的两条直线将自动处于平行状态
	使两直线垂直
	使直线或两点水平
	使直线或两点竖直
	使选取的两个草图实体相切
	使样条曲线和其他曲线之间建立曲率连接
	使选取的草图实体对称于中心线
	使选取的直线长度相等或圆弧的半径相等

4.8.3　创建几何约束

下面以几个例子说明创建约束的步骤。

1. 相切约束

Step 1　打开文件 D:\inv13.1\work\ch04\ch04.08\tangency1.ipt。

Step 2　在"浏览器"中右击草图，在弹出的快捷菜单中单击 编辑草图 按钮。

Step 3　单击 草图 功能选项卡 约束 ▾ 区域中的"相切约束"按钮 。

Step 4　在系统消息区 选择第一曲线 的提示下，选取图 4.8.1 所示的直线；然后在 选择第二曲线

的提示下，选取图 4.8.1 所示的圆；图 4.8.1 中会显示"相切"约束符号 。

说明：若约束符号不显示，可单击图 4.8.2 所示的"约束"区域中的 ，然后选取图

4.8.1 所示的直线或圆，此时约束符号即可显示出来。

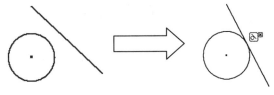

图 4.8.1　图元的相切约束　　　　　　　图 4.8.2　"约束"工具栏

2. 水平/竖直约束

Step 1　打开文件 D:\inv13.1\work\ch04\ch04.08\constrain_01.ipt。

Step 2　在"浏览器"中右击草图，在弹出的快捷菜单中单击 编辑草图 按钮。

Step 3　选择命令。单击 草图 功能选项卡 约束 ▾ 区域中的"竖直约束"按钮 。

Step 4　在系统消息区 选择直线、椭圆轴或第一点 的提示下，选取图 4.8.3a 所示的直线 1 添加

竖直约束。

Step 5　选择命令。单击 草图 功能选项卡 约束 ▾ 区域中的"水平约束"按钮 。

Step 6　在系统消息区 选择直线、椭圆轴或第一点 的提示下，选取图 4.8.3a 所示的直线 2 添加

水平约束。

a）约束前　　　　　　　　　　　　　　　b）约束后

图 4.8.3　水平/竖直约束

3. 重合约束

Step 1　打开文件 D:\inv13.1\work\ch04\ch04.08\constrain_02.ipt。

Step **2** 在"浏览器"中右击草图，在弹出的快捷菜单中单击 ▣ 编辑草图 按钮。

Step **3** 选择命令。单击 草图 功能选项卡 约束 ▾ 区域中的"重合约束"按钮 └。

Step **4** 选取图 4.8.4a 所示的点 1 和点 2，则在这两条线的端点处添加了重合约束，结果如图 4.8.4b 所示。

图 4.8.4　重合约束

4. 平行约束

Step **1** 打开文件 D:\inv13.1\work\ch04\ch04.08\constrain_03.ipt。

Step **2** 在"浏览器"中右击草图，在弹出的快捷菜单中单击 ▣ 编辑草图 按钮。

Step **3** 选择命令。单击 草图 功能选项卡 约束 ▾ 区域中的"平行约束"按钮 ∥。

Step **4** 选取图 4.8.5a 所示的直线 1 和直线 2，则在这两条线上添加了平行约束，结果如图 4.8.5b 所示。

图 4.8.5　平行约束

5. 相等约束

Step **1** 打开文件 D:\inv13.1\work\ch04\ch04.08\constrain_03.ipt。

Step **2** 在"浏览器"中右击草图，在弹出的快捷菜单中单击 ▣ 编辑草图 按钮。

Step **3** 选择命令。单击 草图 功能选项卡 约束 ▾ 区域中的"等长约束"按钮 ＝。

Step **4** 选取图 4.8.6a 所示的直线 1 和直线 2，则在这两条线上添加了相等约束，结果如图 4.8.6b 所示。

图 4.8.6　相等约束

6. 对称约束

Step 1 打开文件 D:\inv13.1\work\ch04\ch04.08\constrain_04.ipt。

Step 2 在"浏览器"中右击草图，在弹出的快捷菜单中单击 编辑草图 按钮。

Step 3 选择命令。单击 草图 功能选项卡 约束 区域中的"对称约束"按钮 。

Step 4 选取图 4.8.7a 所示的直线 2 和直线 3，然后选取直线 1 为对称中心线，则直线 2 和直线 3 关于中心线对称，结果如图 4.8.7b 所示。

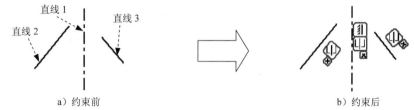

图 4.8.7   对称约束

说明：线与线的对称只能保证两条线分别与对称线的夹角保持不变，不能保证线的端点与对称线对称，若需保证两端点关于对称线对称，可添加两点与线的对称约束。

7. 同心约束

Step 1 打开文件 D:\inv13.1\work\ch04\ch04.08\constrain_05.ipt。

Step 2 在"浏览器"中右击草图，在弹出的快捷菜单中单击 编辑草图 按钮。

Step 3 选择命令。单击 草图 功能选项卡 约束 区域中的"同心约束"按钮 ◎ 。

Step 4 选取图 4.8.8a 所示的圆 1 和圆 2，则在这两个圆上添加了同心约束，结果如图 4.8.8b 所示。

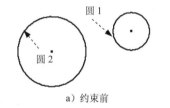

图 4.8.8   同心约束

8. 垂直约束

Step 1 打开文件 D:\inv13.1\work\ch04\ch04.08\constrain_03.ipt。

Step 2 在"浏览器"中右击草图，在弹出的快捷菜单中单击 编辑草图 按钮。

Step 3 选择命令。单击 草图 功能选项卡 约束 区域中的"垂直约束"按钮 √ 。

Step 4 选取图 4.8.9a 所示的直线 1 和直线 2，则在这两条直线上添加了垂直约束，结果如图 4.8.9b 所示。

9. 共线约束

Step 1 打开文件 D:\inv13.1\work\ch04\ch04.08\constrain_06.ipt。

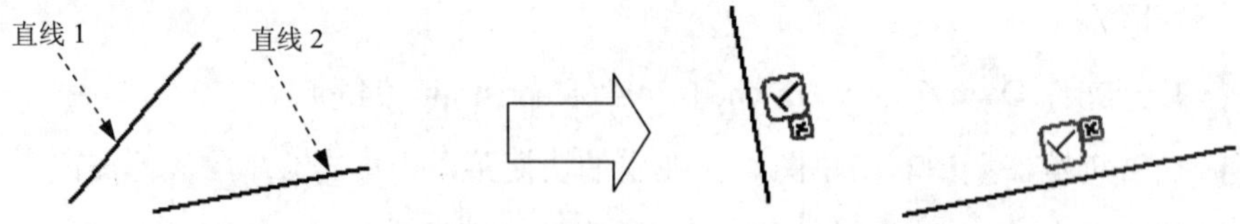

a）约束前　　b）约束后

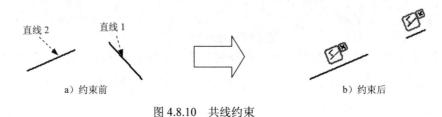

图 4.8.9　垂直约束

Step 2　在“浏览器”中右击草图，在弹出的快捷菜单中单击 编辑草图 按钮。

Step 3　选择命令。单击 草图 功能选项卡 约束 ▾ 区域中的“共线约束”按钮。

Step 4　选取图 4.8.10a 所示的直线 1 和直线 2，则在这两条直线上添加了共线约束，结果如图 4.8.10b 所示。

a）约束前　　b）约束后

图 4.8.10　共线约束

4.8.4　删除约束

删除约束有如下两种方法。

方法一：

Step 1　单击要删除的约束的显示符号（如上例中的），选中后，约束符号的颜色发生变化。

Step 2　按下 Delete 键，系统删除所选的约束。

方法二：

在图形区选中要删除的约束符号右击，在弹出的快捷菜单中选择 删除(D) 命令。

4.8.5　操作技巧：使用约束捕捉设计意图

一般用户的习惯是在绘制完毕后，手动创建大量所需的约束，其实在绘制过程中，大量的约束可以由系统自动创建。下面举例说明这个操作技巧。如图 4.8.11 所示，要在圆 A 和直线 B 之间创建一个圆弧。

Step 1　打开文件 D:\inv13.1\work\ch04\ch04.08\tangency.ipt。

Step 2　在“浏览器”中右击草图，在弹出的快捷菜单中单击 编辑草图 按钮。

Step 3　单击“圆弧”命令 圆弧 ▾ 中的 圆弧三点 按钮，此时系统提示“选择圆弧的起点”。

Step 4　当把鼠标指针移到圆 A 上时，可看到圆上出现黄色的点且右下角出现 ↘ 符号（图 4.8.12），表明系统已经捕捉到圆上一点作为圆弧的起点，单击，接受"点在圆上"这一约束，此时系统便将该点作为圆弧的起点，同时系统提示"选择圆弧的终点"。

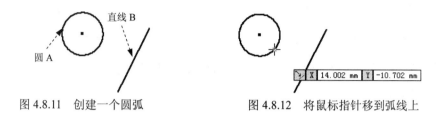

图 4.8.11　创建一个圆弧　　　　　　　图 4.8.12　将鼠标指针移到弧线上

Step 5　移动鼠标指针寻找圆弧的终点（设计意图是想把终点放在直线 B 上），当鼠标指针移到直线 B 上时，鼠标指针右下方出现 ↘ 图标（图 4.8.13），表明系统已经捕捉到直线上的一点作为圆弧的终点。

Step 6　沿直线 B 移动鼠标，当移到直线的中点位置时，可看到 ↘ 图标变成 ↘（图 4.8.14），表明系统已经捕捉到直线的中点。

Step 7　继续移动鼠标指针，当鼠标指针移到直线的某一端点处时，可看到端点右下角出现 ↘ 符号（图 4.8.15），表明系统已捕捉到该端点。

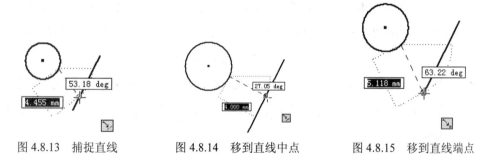

图 4.8.13　捕捉直线　　　　　图 4.8.14　移到直线中点　　　　　图 4.8.15　移到直线端点

注意：以上步骤讲的是与直线有关的几种 Inventor 系统自动捕捉的约束形式，下面以其中的一种形式——圆弧的终点在直线 B 的下部的端点上为例，说明系统如何进一步帮助用户捕捉设计意图。

Step 8　当鼠标指针再次移到直线 B 的下部端点处，端点右下角出现 ↘ 符号时，单击，接受"终点与直线 B 的端点重合"这一约束，此时系统提示"选择圆弧上的一点"。

Step 9　随着鼠标指针的不断移动，系统继续自动捕捉许多约束或约束组合。

下面说明其中几种情况：

● 如图 4.8.16 所示，圆弧与圆相切。

● 如图 4.8.17 所示，圆弧与直线相切。

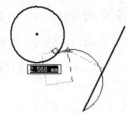

图 4.8.16　圆弧与圆相切

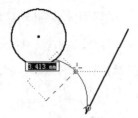

图 4.8.17　圆弧与直线相切

Step 10 当以上某种约束（组合）符合用户的设计要求时，单击，接受显示的约束，完成
圆弧的创建。

4.9　草图关系检查

"草图关系检查"可以通过预定义颜色的显示检查草图是否已经完全约束。草图的
完全约束是指草图的几何关系和尺寸均满足绘制的要求，并且草图的形状和位置完全确
定。不同约束条件下的草图颜色是不同的，读者还可通过以下几种方法查看草图是否完
全约束：

- 通过查看草图的自由度判断草图是否完全约束，操作方法如下：单击状态栏中的
  "显示所有自由度"按钮 ，若草图完全约束，则草图中不会有任何的自由度
  方向；若草图没有完全约束，则草图中会出现某点或者某线的移动或者旋转的箭
  头，以表示该草图在箭头方向上可以移动或者旋转。

- 通过查看状态栏右侧的约束提示区域中的约束提示来判断草图是否完全约束，若
  草图没有完全约束，提示栏如 需要 1 个尺寸 所示；若草图已经完全约束，提示栏如
  全约束 所示。

4.10　草图的标注

4.10.1　草图标注概述

草图标注是指确定草图中的几何图形的尺寸，例如长度、角度、半径和直径等，它是
一种以数值来确定草图实体精确尺寸的约束形式。一般情况下，在绘制草图之后，需要对
图形进行尺寸定位，使尺寸满足预定的要求。在绘制过程中，应先将草图的几何关系处理
完成后再标注尺寸，在标注尺寸时，最好将所需尺寸标注完成后，确定草图处于完全定义
的状态下，再修改尺寸。

4.10.2　标注线段长度

Step 1　打开文件 D:\inv13.1\work\ch04\ch04.10\length.ipt。

Step 2　在"浏览器"中右击草图，在弹出的快捷菜单中单击 编辑草图 按钮。

Step 3　选择命令。选择 草图 选项卡 约束 ▼ 区域中的"尺寸"命令 。

Step 4　在系统 选择要标注尺寸的几何图元 的提示下，单击位置 1 以选择直线（图 4.10.1）。

Step 5　确定尺寸的放置位置。在位置 2 单击，系统弹出图 4.10.2 所示的"编辑尺寸"对话框。

图 4.10.1　线段长度尺寸的标注

图 4.10.2　"编辑尺寸"对话框

Step 6　单击 ✔ 按钮，完成线段长度的标注。

4.10.3　标注一点和一条直线之间的距离

Step 1　打开文件 D:\inv13.1\work\ch04\ch04.10\distance_02.ipt。

Step 2　在"浏览器"中右击草图，在弹出的快捷菜单中单击 编辑草图 按钮。

Step 3　选择命令。选择 草图 选项卡 约束 ▼ 区域中的"尺寸"命令 。

Step 4　单击位置 1 以选择点，单击位置 2 以选择直线，单击位置 3 放置尺寸，如图 4.10.3 所示。

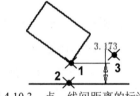

图 4.10.3　点、线间距离的标注

Step 5　单击 ✔ 按钮，完成一点和一条直线之间距离的标注。

4.10.4　标注两点间的距离

Step 1　打开文件 D:\inv13.1\work\ch04\ch04.10\distance_03.ipt。

Step 2　在"浏览器"中右击草图，在弹出的快捷菜单中单击 编辑草图 按钮。

Step 3　选择命令。选择 草图 选项卡 约束 ▼ 区域中的"尺寸"命令 。

Step 4　分别单击位置 1 和位置 2 以选择两点，单击位置 3 放置尺寸，如图 4.10.4 所示。

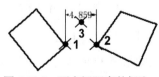

图 4.10.4　两点间距离的标注

Step 5 单击 ✔ 按钮，完成两点间距离的标注。

4.10.5 标注两条平行线间的距离

Step 1 打开文件 D:\inv13.1\work\ch04\ch04.10\distance_01.ipt。

Step 2 在"浏览器"中右击草图，在弹出的快捷菜单中单击 编辑草图 按钮。

Step 3 选择命令。选择 草图 选项卡 约束 ▾ 区域中的

"尺寸"命令 ┤├。

Step 4 分别单击位置 1 和位置 2 以选择两条平行线，
然后单击位置 3 以放置尺寸，结果如图 4.10.5
所示。

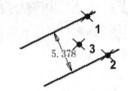

图 4.10.5　平行线距离的标注

Step 5 单击 ✔ 按钮，完成两条平行线间距离的标注。

4.10.6 标注直径

Step 1 打开文件 D:\inv13.1\work\ch04\ch04.10\diameter.ipt。

Step 2 在"浏览器"中右击草图，在弹出的快捷菜单中单击 编辑草图 按钮。

Step 3 选择命令。选择 草图 选项卡 约束 ▾ 区域中的"尺寸"命令 ┤├。

Step 4 选取要标注的元素。单击位置 1 以选择圆，如图 4.10.6
所示。

Step 5 确定尺寸的放置位置。在位置 2 处单击以放置尺寸，
如图 4.10.6 所示。

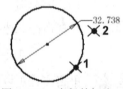

图 4.10.6　直径的标注

Step 6 单击 ✔ 按钮，完成直径的标注。

4.10.7 标注半径

Step 1 打开文件 D:\inv13.1\work\ch04\ch04.10\radius.ipt。

Step 2 在"浏览器"中右击草图，在弹出的快捷菜单中单击 编辑草图 按钮。

Step 3 选择命令。选择 草图 选项卡 约束 ▾ 区域中的"尺寸"命令 ┤├。

Step 4 单击位置 1 选择圆上一点，然后单击位置 2 以放置尺
寸，如图 4.10.7 所示。

Step 5 单击 ✔ 按钮，完成半径的标注。

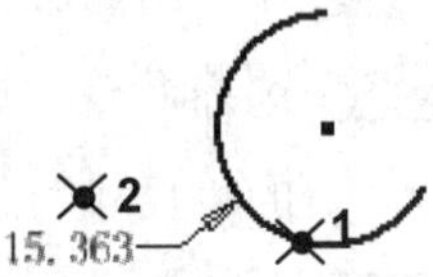

说明：若想标注图 4.10.8 所示圆弧的直径可参考以下步骤。

图 4.10.7　半径的标注

Step 6 打开文件 D:\inv13.1\work\ch04\ch04.10\radius.ipt。

Step 7 在"浏览器"中右击草图,在弹出的快捷菜单中单击 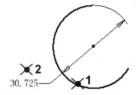 编辑草图 按钮。

Step 8 选择命令。选择 草图 选项卡 约束 ▼ 区域中的"尺寸"命令 ┌┐。

Step 9 单击位置 1(图 4.10.8)选择圆上一点,然后右击,在弹出图 4.10.9 所示的下拉式快捷菜单中将尺寸类型设置为直径,然后单击位置 2 以放置尺寸,如图 4.10.8 所示。

图 4.10.8 圆弧直径的标注

图 4.10.9 下拉式快捷菜单

Step 10 单击 ✔ 按钮,完成圆弧直径的标注。

4.10.8 标注两条直线间的角度

Step 1 打开文件 D:\inv13.1\work\ch04\ch04.10\angle.ipt。

Step 2 在"浏览器"中右击草图,在弹出的快捷菜单中单击 🖉 编辑草图 按钮。

Step 3 选择命令。选择 草图 选项卡 约束 ▼ 区域中的"尺寸"命令 ┌┐。

Step 4 分别在两条直线上选择点 1 和点 2,单击位置 3 以放置尺寸(锐角,图 4.10.10),或单击位置 4 放置尺寸(钝角,图 4.10.11 所示)。

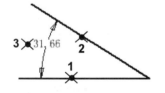

图 4.10.10 两条直线间角度的标注——锐角

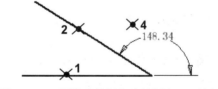

图 4.10.11 两条直线间角度的标注——钝角

Step 5 单击 ✔ 按钮,完成角度的标注。

4.11 修改尺寸标注

4.11.1 移动尺寸

Step 1 把鼠标指针 ↖ 移到尺寸数值上,此时可看到尺寸被预选中,并且鼠标指针变化为 ↖。

说明:若鼠标指针并没有发生变化,可先在空白区域单击,然后再进行Step1的操作。

Step 2 按下左键并移动鼠标,将尺寸文本拖至所需位置。

4.11.2 修改尺寸值的小数位数

可以使用"文档设置"对话框来指定尺寸值的默认小数位数。

Step 1 选择命令。单击 工具 选项卡 选项 ▼ 区域中的"文档设置"按钮 ▣ 。

Step 2 在系统弹出的"文档设置"对话框中单击 单位 选项卡，此时"文档设置"对话框如图 4.11.1 所示。

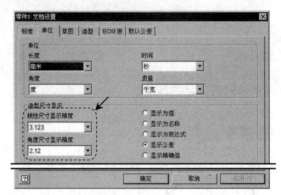

图 4.11.1 "文档设置"对话框

Step 3 定义尺寸值的小数位数。在"文档设置"对话框的 造型尺寸显示 区域的 线性尺寸显示精度 与 角度尺寸显示精度 下拉列表中选择尺寸值的小数位数。

Step 4 单击"文档设置"对话框中的 确定 按钮，完成尺寸值的小数位数的修改。

4.11.3 修改尺寸值

Step 1 打开文件 D:\inv13.1\work\ch04\ch04.11\dim.ipt。

Step 2 在"浏览器"中右击草图，在弹出的快捷菜单中单击 ▣ 编辑草图 按钮。

Step 3 在要修改的尺寸（如 2.22）文本上双击，此时出现图 4.11.2b 所示的"编辑尺寸"对话框。

Step 4 在尺寸修正框 中输入新的尺寸值（如 1.8）后，按回车键完成修改，如图 4.11.2c 所示。

a）修改前　　　　　　　b）修改中　　　　　　　c）修改后

图 4.11.2 修改尺寸值

Step **5**　重复步骤 Step3 和 Step4，修改其他尺寸值。

4.11.4　删除尺寸

删除尺寸的操作方法如下。

Step **1**　单击需要删除的尺寸（按住 Ctrl 键可多选）。

Step **2**　按下 Delete 键（或右击在弹出的快捷菜单中选择 删除(D) 命令），选取的尺寸即被
删除。

4.12　草绘范例 1

与其他二维软件（如 AutoCAD）相比，Inventor 的二维截面草图的绘制有自己的方法、规律和技巧。用 AutoCAD 绘制二维图形，通过一步步地输入准确的尺寸，可以直接得到最终需要的图形。而用 Inventor 绘制二维图形，一般开始不需要给出准确的尺寸，而是先绘制草图，勾勒出图形的大概形状，然后对草图创建符合工程需要的尺寸布局，最后修改草图的尺寸，在修改时输入各尺寸的准确值（正确值）。由于 Inventor 具有尺寸驱动功能，所以在修改草图尺寸后，图形的大小会随着尺寸而变化。这种绘制图形的方法虽然繁琐，但在实际的产品设计中，它比较符合设计师的思维方式和设计过程。例如，某个设计师现需要对产品中的一个零件进行全新设计，在设计刚开始时，设计师的脑海里只会有这个零件的大概轮廓和形状，所以他会先以草图的形式把它勾勒出来，草图完成后，设计师接着会考虑图形（零件）的尺寸布局和基准定位等，最后设计师根据诸多因素（如零件的功能、零件的强度要求、零件与产品中其他零件的装配关系等），确定零件每个尺寸的最终准确值，从而完成零件的设计。由此看来，Inventor 的这种"先绘草图、再改尺寸"的绘图方法是有一定道理的。

范例概述：

本范例从新建一个草图开始，详细介绍草图的绘制、编辑和标注的过程，要重点掌握的是绘图前的设置、约束的处理以及尺寸的处理技巧。图形如图 4.12.1 所示，其绘制过程如下。

Stage1．新建文件

启动 Inventor 软件，选择"应用程序菜单"按钮 下的 新建 ➡ 零件 命令，系统自动进入零件设计环境。

Stage2．绘制草图前的准备工作

在 三维模型 选项卡 草图 区域单击 按钮，然后选择 XY 平面为草图平面，系统进

入草图设计环境（如未加说明，本章中的范例都采用 XY 平面作为草图平面）。

Stage3．绘制草图的大致轮廓

说明：由于 Inventor 具有尺寸驱动功能，开始绘图时只需绘制大致的形状即可。

单击 绘制 ▼ 区域中的"直线"按钮 ✐，在图形区绘制图 4.12.2 所示的大体轮廓，按 F8 键可查看系统自动添加的约束关系。

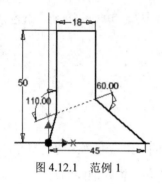

图 4.12.1　范例 1

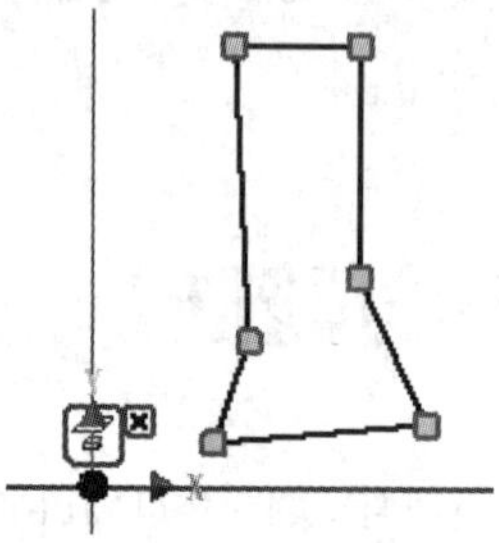

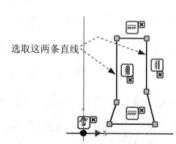

图 4.12.2　绘制大体轮廓

Stage4．添加几何约束

Step 1　添加图 4.12.3 所示的"水平"约束。在 约束 ▼ 区域单击 〓 按钮，选择图 4.12.3 所示的两条直线，系统则在此线条上添加水平约束。

Step 2　添加图 4.12.4 所示的"竖直"约束。在 约束 ▼ 区域单击 ⑴ 按钮，选择图 4.12.4 所示的直线，系统则在此线条上添加竖直约束。

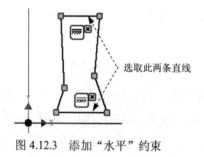

图 4.12.3　添加"水平"约束

选取这两条直线

图 4.12.4　添加"竖直"约束

Step 3　添加图 4.12.5 所示的"重合"约束。在 约束 ▼ 区域单击 ⌊ 按钮，选择图 4.12.5 所示的直线的端点和原点，系统则在此线条上添加重合约束。

说明：读者在进行添加重合约束时，若没有显示坐标系，可通过单击 工具 选项卡 选项 ▼ 区域中的"应用程序选项"按钮 ▤，在该对话框中单击 草图 选项卡，然后选中 ☑ 坐标系指示器 复选框即可。

Step 4　添加图 4.12.6 所示的"相等"约束。在 约束 ▼ 区域单击 ＝ 按钮，选择图 4.12.6 所示的两条直线，系统则在这两条线上添加相等约束。

Step 5　添加构造线。首先确认 格式 ▼ 区域的 ⟋ 按钮被按下，然后单击 绘制 ▼ 区域中的

"直线"按钮 ，在图形区绘制图 4.12.7 所示的直线。

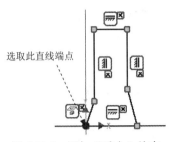
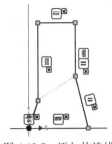

选取此直线端点

图 4.12.5　添加"重合"约束　　选取此两直线　图 4.12.6　添加"相等"约束　　图 4.12.7　添加构造线

Stage5．添加尺寸约束

选择 草图 选项卡 约束 ▾ 区域中的"尺寸"命令，添加图 4.12.8 所示的尺寸约束。

Stage6．修改尺寸约束

Step 1 在图 4.12.8 所示的要修改的尺寸文本上双击，在系统弹出的"编辑尺寸"文本框中输入值 110，按 Enter 键，结果如图 4.12.9 所示。

Step 2 参照 Step1 修改其他尺寸约束，结果如图 4.12.10 所示。

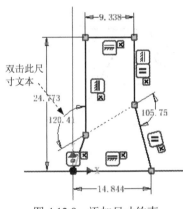
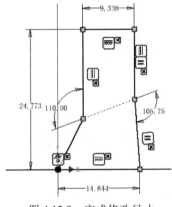
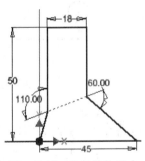

双击此尺寸文本

图 4.12.8　添加尺寸约束　　　图 4.12.9　完成修改尺寸　　　图 4.12.10　修改其他尺寸

Stage7．保存文件

单击 草图 区域中的"完成草图"按钮 ✔ 退出草图环境，单击 💾 命令，系统弹出"另存为"对话框，在其中的 保存在(I): 下拉列表中选择目录 D:\inv13.1\work\ch04\ch04.12，在 文件名(N): 文本框中输入 spsk1，单击 保存 按钮，完成文件的保存操作。

4.13　草绘范例 2

范例概述：

本范例主要介绍对已有草图的编辑过程，重点讲解用"修剪"、"延伸"的方法进行草图的编辑。图形如图 4.13.1 所示，其编辑过程如下。

图 4.13.1　范例 2

Stage1．打开文件

打开文件 D:\inv13.1\work\ch04\ch04.13\spsk2.ipt，在"浏览器"中右击草图，在弹出的快捷菜单中单击 🗋 编辑草图 按钮，进入草图的编辑状态。

Stage2．编辑草图

Step 1 延伸草图实体，如图 4.13.2 所示。

（1）选择命令。选择 修改 区域中的 →| 延伸 按钮。

（2）定义延伸的草图实体。选取图 4.13.2a 所示的边线，系统自动将该曲线延伸到最近的边界，如图 4.13.2b 所示。

a）延伸前　　　　　　　　　　　　　　　　b）延伸后

图 4.13.2　延伸草图实体

Step 2 修剪草图实体，如图 4.13.3 所示。

（1）选择命令。选择 修改 区域中的 ⅍ 修剪 按钮。

（2）定义修剪的草图实体。按住鼠标左键并拖动绘制图 4.13.3a 所示的路径，与此路径相交的部分被剪掉。

a）修剪前　　　　　　　　　　　　　　b）修剪后

图 4.13.3　修剪草图实体

Stage3．保存文件

单击 ✔ 按钮，退出草图环境，并保存文件。

4.14　草绘范例 3

范例概述：

本范例主要介绍利用"添加约束"的方法进行草图编辑的过程。图形如图 4.14.1 所示，其编辑过程如下。

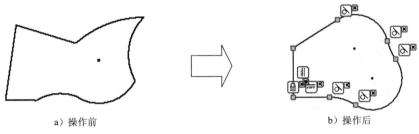

a）操作前　　　　　　　　　　　　　　b）操作后

图 4.14.1　范例 3

Stage1．打开文件

打开文件 D:\inv13.1\work\ch04\ch04.14\spsk3.ipt，在"浏览器"中右击草图，在弹出的快捷菜单中单击 按钮，进入草图的编辑状态。

Stage2．添加几何约束

Step 1　添加图 4.14.2 所示的"竖直"约束。

Step 2　添加图 4.14.3 所示的"水平"约束。

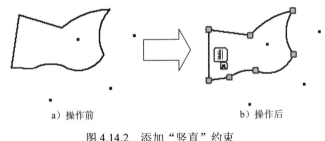

a）操作前　　　　　　　　b）操作后

图 4.14.2　添加"竖直"约束

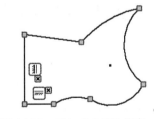

图 4.14.3　添加"水平"约束

Step 3　调整图形。

（1）单击顶点1，拖动鼠标至位置1，如图4.14.4所示。

（2）单击顶点2，拖动鼠标至位置2，如图4.14.5所示。

（3）单击顶点3，拖动鼠标至位置3，如图4.14.6所示。

Step 4　添加图 4.14.7 所示的其他"相切"约束（若图形变化太大可通过操纵命令将图形调整至合适的状态，然后再添加相应的约束）。

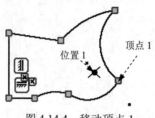

图 4.14.4 移动顶点 1

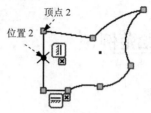

图 4.14.5 移动顶点 2

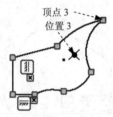

图 4.14.6 移动顶点 3

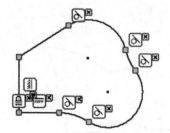

图 4.14.7 添加其他"相切"约束

Stage3. 保存文件

单击 ✔ 按钮，退出草图环境，并保存文件。

4.15 草绘范例 4

范例概述：

本范例讲解的是草图标注的技巧。在图 4.15.1a 中，标注了圆角圆心到一个顶点的距离值 12.8，如果要将该尺寸变为图 4.15.1b 中的尺寸 17.1，那么就必须先绘制两直线的交点，然后创建尺寸 17.1。操作步骤如下。

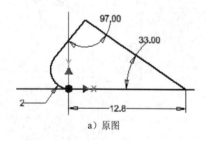

a）原图

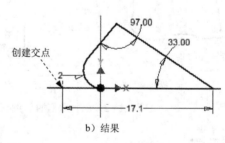

b）结果

图 4.15.1 范例 4

Stage1. 打开文件

打开文件 D:\inv13.1\work\ch04\ch04.15\spsk4.ipt，在"浏览器"中右击草图，在弹出的快捷菜单中单击 📄 编辑草图 按钮，进入草图的编辑状态。

Stage2. 绘制草图

Step 1 删除水平尺寸 12.8。在图形区选中水平尺寸 12.8，按 Delete 键将尺寸删除。

Step 2 绘制点。单击"点"命令按钮 ┼ 点。

Step 3 在图形区的某位置单击以放置该点，如图 4.15.2 所示。

Stage3．添加几何约束

Step 1 添加图 4.15.3 所示的"重合"约束 1。选择图 4.15.3 所示的直线 1 和点。

Step 2 添加图 4.15.3 所示的"重合"约束 2。选择图 4.15.3 所示的直线 2 和点。

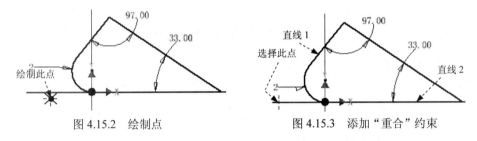

图 4.15.2　绘制点　　　　　　　图 4.15.3　添加"重合"约束

Stage4．添加尺寸约束

选择 草图 选项卡 约束 ▼ 区域中的"尺寸"按钮 ┠┤，添加图 4.15.4 所示的尺寸约束。

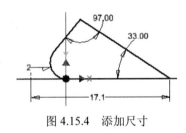

图 4.15.4　添加尺寸

Stage5．保存文件

单击 ✔ 按钮，退出草图环境，并保存文件。

4.16　草绘范例 5

范例概述：

本范例主要介绍利用"缩放"、"旋转"和"镜像"命令进行图形编辑的过程。图形如图 4.16.1 所示，其编辑过程如下。

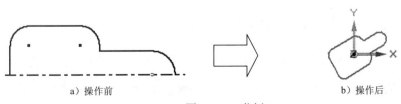

a）操作前　　　　　　　　　　b）操作后

图 4.16.1　范例 5

Stage1. 打开文件

打开文件 D:\inv13.1\work\ch04\ch04.16\spsk5.ipt，在"浏览器"中右击草图，在弹出的快捷菜单中单击 编辑草图 按钮，进入草图的编辑状态。

Stage2. 镜像图元

Step 1 选择命令。选择 草图 选项卡 阵列 区域的"镜像"命令，系统弹出"镜像"对话框。

Step 2 选取要镜像的草图实体。根据系统 选择要镜像的几何图元 的提示下，在图形区框选要镜像的草图实体。

Step 3 定义镜像线。在"镜像"对话框中单击 按钮，然后在系统 选择镜像线 的提示下，选择图 4.16.2a 所示的中心线为镜像线，单击 应用 按钮，单击 完毕 按钮，结果如图 4.16.2b 所示。

a）镜像前　　　　　　　　　　　　　　　　　　b）镜像后

图 4.16.2　镜像草图

Stage3. 旋转图元

Step 1 选择命令。选择 草图 选项卡 修改 区域中的 旋转 命令，系统弹出"旋转"对话框，框选图形区的草图为要旋转的元素。

Step 2 定义旋转中心。单击"选择中心点"按钮 ，在图形区选择图 4.16.3 所示的点作为旋转中心。

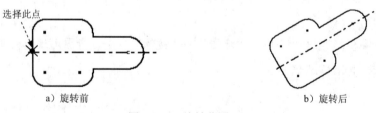

选择此点

a）旋转前　　　　　　　　　　　　　　　　　　b）旋转后

图 4.16.3　旋转草图

注意：若此时系统提示"是否删除约束"，应删除约束，否则元素不能旋转。

Step 3 在 角度 文本框中输入值 30，单击 应用 按钮，单击 完毕 按钮，完成旋转的操作。

Stage4．缩放图元

Step 1 选择命令。选择 草图 选项卡 修改 区域中的 ⬜ 缩放 命令，系统弹出"缩放"对话框，然后在图形区框选所有草图为缩放的对象。

Step 2 定义比例缩放的中心点。单击"选择基准点"按钮 ⬀，然后选择图 4.16.4 所示的点为比例缩放的中心点。

Step 3 在 比例系数 的文本框中输入值 0.5，按 Enter 键，单击 完毕 按钮，完成草图的比例缩放的操作。

a）缩放前   b）缩放后

图 4.16.4　缩放图元

Stage5．保存文件

单击 ✔ 按钮，退出草图环境，并保存文件。

4.17　草绘范例 6

范例概述:

本范例主要介绍草图的绘制、编辑和标注的过程，读者要重点掌握约束与尺寸的处理技巧。图形如图 4.17.1 所示，其绘制过程如下。

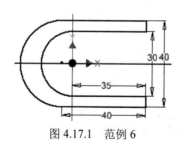

图 4.17.1　范例 6

Stage1．新建文件

启动 Inventor 软件，选择"应用程序菜单"按钮 下的 新建 ➡ 零件 命令，系统自动进入零件设计环境。

Stage2．绘制草图前的准备工作

在 三维模型 选项卡 草图 区域中单击 按钮，然后选择 XY 平面为草图平面，系统

进入草图设计环境。

Stage3．绘制草图的大致轮廓

Step 1 单击 绘制 ▼ 区域中的"直线"按钮 ✏，在图形区绘制图 4.17.2 所示的直线。

Step 2 单击 绘制 ▼ 区域中的"圆弧"按钮 ⌒ 圆弧 ▼ 中的 ⌒圆弧相切，在图形区绘制图 4.17.3 所示的圆弧。

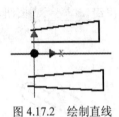

图 4.17.2　绘制直线　　　　　　　图 4.17.3　绘制圆弧

Stage4．添加几何约束

Step 1 添加图 4.17.4 所示的"水平"约束。在 约束 ▼ 区域单击 ⚏ 按钮，选择图 4.17.4 所示的四条直线，系统则在这四条线条上添加了水平约束。

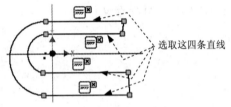

选取这四条直线

图 4.17.4　添加"水平"约束

Step 2 添加图 4.17.5 所示的"相等"约束。在 约束 ▼ 区域单击 ＝ 按钮，选择图 4.17.5 所示的直线，系统则分别在对应的两条线上添加了相等约束。

Step 3 添加图 4.17.6 所示的"水平"约束，选择图 4.17.6 所示的两圆弧的圆心。

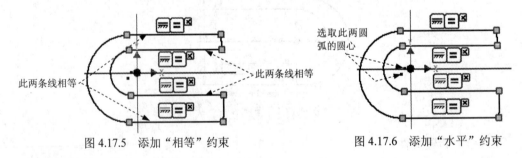

此两条线相等　　　　　此两条线相等　　　选取此两圆弧的圆心

图 4.17.5　添加"相等"约束　　　　　图 4.17.6　添加"水平"约束

Step 4 添加其他约束，结果如图 4.17.7 所示。

Stage5．添加尺寸约束

Step 1 选择 草图 选项卡 约束 ▼ 区域中的"尺寸"命令 ⊢，添加图 4.17.8 所示的尺寸约束。

Step 2 修改尺寸约束，完成后的结果如图 4.17.9 所示。

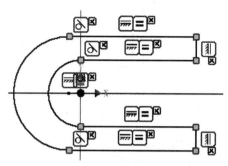

图 4.17.7　添加其他约束

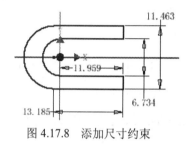

图 4.17.8　添加尺寸约束

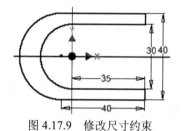

图 4.17.9　修改尺寸约束

Stage6．保存文件

单击 退出 区域中的"完成草图"按钮 ✔，单击 🖫 命令，系统弹出"另存为"对话框，在其中的 保存在(I): 下拉列表中选择目录 D:\inv13.1\work\ch04\ch04.17，在 文件名(N): 文本框中输入 spsk06，单击 保存 按钮，完成文件的保存操作。

4.18　草绘范例 7

范例概述：

本范例主要介绍草图的绘制、编辑和标注的过程，读者要重点掌握绘制草图的技巧，先绘制大体轮廓，然后再修剪，最后添加相关的约束与尺寸；图形如图 4.18.1 所示，其绘制过程如下。

Stage1．新建文件

启动 Inventor 软件，选择"应用程序菜单"按钮 🔧 下的 📄 新建 ➡ 🞑 零件 命令，系统自动进入零件设计环境。

Stage2．绘制草图前的准备工作

在 三维模型 选项卡 草图 区域单击 📝 按钮，然后选择 XY 平面为草图平面，系统进入草图设计环境。

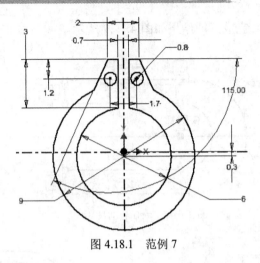

图 4.18.1 范例 7

Stage3．绘制草图的轮廓

Step 1 首先将 格式 ▾ 区域的"中心线"按钮 ⊕ 按下，然后单击 绘制 ▾ 区域中的"直线"按钮 ／，在图形区绘制通过坐标原点的水平与竖直的中心线。

Step 2 单击 绘制 ▾ 区域中的"圆"按钮 ⊙ 圆 ▾，在图形区绘制图 4.18.2 所示的圆 1，并且保持圆心在 Y 轴上。

Step 3 单击 绘制 ▾ 区域中的"圆"按钮 ⊙ 圆 ▾，在图形区绘制图 4.18.3 所示的圆 2，并且与第一个圆同心。

Step 4 单击 绘制 ▾ 区域中的"直线"按钮 ／，在图形区绘制图 4.18.4 所示的直线。

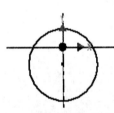
图 4.18.2 绘制圆 1

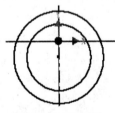
图 4.18.3 绘制圆 2

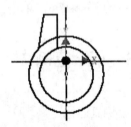
图 4.18.4 绘制直线

Step 5 单击 阵列 区域中的"镜像"按钮 ⋈，系统弹出"镜像"对话框，在图形区选取 Step4 中创建的直线为要镜像的几何图元，然后单击"镜像"对话框中的"选择镜像线"按钮 ▶，选取图 4.18.5 所示的竖直中心线为镜像线；单击 应用 按钮，单击 完毕 按钮，完成镜像的创建。

Step 6 单击 绘制 ▾ 区域中的"圆"按钮 ⊙ 圆 ▾，在图形区绘制图 4.18.6 所示的圆，并且保持两圆心在同一条水平线上。

Step 7 单击 修改 区域中的"修剪"按钮 ✂ 修剪，在图形区单击不需要的线条，修剪结果如图 4.18.7 所示。

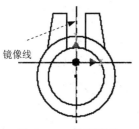

图 4.18.5　镜像图元　　　　　　　　　图 4.18.6　绘制圆

Stage4．添加几何约束

Step 1 添加图 4.18.8 所示的"相等"约束。在 约束 ▾ 区域单击 ＝ 按钮，选择图 4.18.8 所示的圆，系统则在此两圆上添加了相等约束。

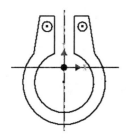

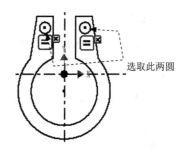

选取此两圆

图 4.18.7　修剪图元　　　　　　　　　图 4.18.8　添加"相等"约束

Step 2 添加图 4.18.9 所示的"对称"约束。在 约束 ▾ 区域单击 ▯ 按钮，选择图 4.18.8 所示的圆，然后再选取竖直中心线，系统则在此两圆上添加了对称约束。

Step 3 添加其他约束。结果如图 4.18.10 所示。

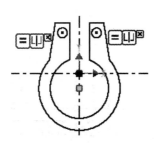

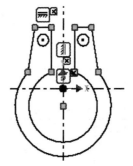

图 4.18.9　添加"对称"约束　　　　　　图 4.18.10　添加其他约束

Stage5．添加尺寸约束

Step 1 选择 草图 选项卡 约束 ▾ 区域中的"尺寸"命令 ▭，添加图 4.18.11 所示的尺寸约束。

Step 2 修改尺寸约束，完成后的结果如图 4.18.12 所示。

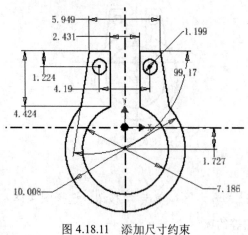

图 4.18.11　添加尺寸约束

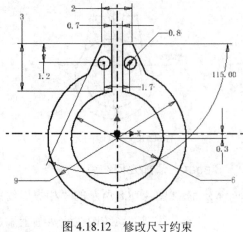

图 4.18.12　修改尺寸约束

Stage6．保存文件

单击 草图 区域中的"完成草图"按钮 ✔ 退出草图环境，单击 💾 命令，系统弹出"另存为"对话框，在其中的 保存在 (I): 下拉列表中选择目录 D:\inv13.1\work\ch04\ch04.18，在 文件名 (N): 文本框中输入 spsk07，单击 保存 按钮，完成文件的保存操作。

4.19　习题

1．习题 1

绘制并标注图 4.19.1 所示的草图。

2．习题 2

绘制并标注图 4.19.2 所示的草图。

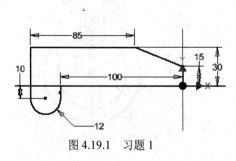

图 4.19.1　习题 1

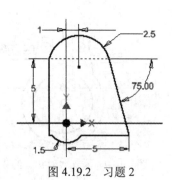

图 4.19.2　习题 2

3．习题 3

绘制并标注图 4.19.3 所示的草图。

4．习题 4

绘制并标注图 4.19.4 所示的草图。

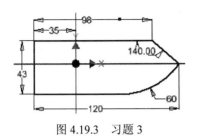

图 4.19.3　习题 3

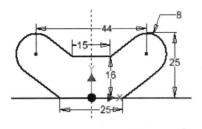

图 4.19.4　习题 4

5．习题 5

绘制并标注图 4.19.5 所示的草图。

6．习题 6

绘制并标注图 4.19.6 所示的草图。

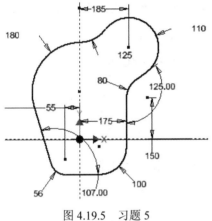

图 4.19.5　习题 5

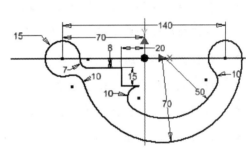

图 4.19.6　习题 6

7．习题 7

绘制并标注图 4.19.7 所示的草图。

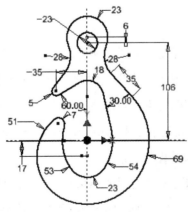

图 4.19.7　习题 7

5

零件设计

 本章提要

　　零件设计都是以零件建模为基础的，而零件模型则是建立在特征的运用之上。本章先介绍用拉伸特征创建一个零件模型的一般操作过程，然后介绍其他一些基本的特征工具，包括旋转、倒角、圆角、孔、抽壳和加强筋（肋）等。主要内容包括：

- 实体特征的创建（包括拉伸、旋转、扫掠、放样和螺旋扫掠等）。
- 三维建模的管理工具——浏览器。
- 特征的编辑和编辑定义。
- 特征失败的出现和处理方法。
- 参考几何体（包括工作平面、工作轴、点和坐标系）的创建。
- 特征（包括圆角、倒角、孔、拔模和抽壳等）的创建。

5.1　三维建模基础

5.1.1　基本的三维模型

　　一般来说，基本的三维模型是具有长、宽（或直径、半径等）和高的三维几何体。图5.1.1 中列举了几种典型的基本模型，它们是由三维空间的几个面拼成的实体模型，这些面形成的基础是线，线构成的基础是点，要注意三维几何图形中的点是三维概念的点，也就是说，点需要由三维坐标系（如笛卡尔坐标系）中的 X、Y、Z 三个坐标值来定义。用 CAD 软件创建基本三维模型的一般过程如下：

　　（1）选取或定义一个用于定位的三维坐标系或三个垂直的空间平面，如图 5.1.2 所示。

　　（2）选定一个面（一般称为"草图平面"），作为二维平面几何图形的绘制平面。

　　（3）在草图平面上创建形成三维模型所需的截面和轨迹线等二维平面几何图形。

（4）形成三维立体模型。

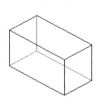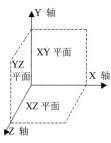

图 5.1.1　基本三维模型　　　　　　　　图 5.1.2　坐标系

　　注意：三维坐标系其实是由三个相互垂直的平面——XY 平面、XZ 平面和 YZ 平面构成的（图 5.1.2），这三个平面的交点就是坐标原点，XY 平面与 XZ 平面的交线就是 X 轴所在的直线，XY 平面与 YZ 平面的交线就是 Y 轴所在的直线，YZ 平面与 XZ 平面的交线就是 Z 轴所在的直线。这三条直线按笛卡尔右手定则确定方向，就产生了 X、Y 和 Z 轴。

5.1.2　复杂的三维模型

　　图 5.1.3 所示图形是一个由基本的三维几何体构成的复杂三维模型。

　　在目前的 CAD 软件中，对于这类复杂的三维模型有两种创建方法，下面分别予以介绍。

　　一种方法是布尔运算，通过对一些基本的三维模型做布尔运算（并、交、差）来形成复杂的三维模型。例如图 5.1.3 中的三维模型的创建过程如下：

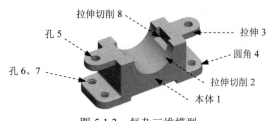

图 5.1.3　复杂三维模型

　　（1）用 5.1.1 节介绍的基本三维模型的创建方法创建本体 1。

　　（2）在本体 1 上减去一个半圆柱体，形成拉伸切削 2。

　　（3）在本体 1 上加上一个长圆形实体，形成拉伸 3。

　　（4）在本体 1 上减去四个截面为弧形的柱体，形成倒圆 4。

　　（5）在拉伸 3 上减去一个圆柱体，形成孔 5。

　　（6）在本体 1 上减去四个圆柱体，形成孔 6。

　　（7）在本体 1 上减去四个圆柱体，形成孔 7。

　　（8）在本体 1 上减去一个长方体，形成拉伸切削 8。

　　这种方法的优点是，无论什么形状的实体都能创建，但其缺点也有不少：

　　第一，用 CAD 软件创建的所有三维模型将来都要进行生产、加工和装配，以获得真正的产品，所以我们希望 CAD 软件在创建三维模型时，从创建的原理、方法和表达方式上，应该有很强的工程意义（即制造意义）。显然，在用布尔运算的方法创建圆角、倒角、筋（肋）、壳等这类工程意义很强的几何形状时，从创建原理和表达方式来说，其工程意义不是很明确，因为它强调的是点、线、面、体等这些没有什么实际工程意义的内容，以及由这些要素构成的"几何形状"的并、交、差运算。

第二，这种方法的图形和 NC 处理等的计算非常复杂，需要较高配置的计算机硬件，同时用这种方法创建的模型，一般需要得到边界评估的支持来处理图形和 NC 计算等问题。

5.1.3 节将介绍第二种三维模型的创建方法，即"特征添加"的方法。

5.1.3 "特征"与三维建模

目前，"特征"或者"基于特征的"这些术语在 CAD 领域中频频出现，在创建三维模型时，人们普遍认为这是一种更直接、更有用的创建表达方式。

下面是一些书中或文献中对"特征"的定义：

- "特征"是表示与制造操作和加工工具相关的形状和技术属性。
- "特征"是需要一起引用的成组几何或者拓扑实体。
- "特征"是用于生成、分析和评估设计的单元。

一般来说，"特征"是构成一个零件或者装配件的单元，虽然从几何形状上看，它也包含作为一般三维模型基础的点、线、面或者实体单元，但更重要的是，它具有工程制造意义，也就是说基于特征的三维模型具有常规几何模型所没有的附加的工程制造等信息。

用"特征添加"方法创建三维模型的优点如下：

- 表达更符合工程技术人员的习惯，并且三维模型的创建过程与其加工过程十分相近，操作容易上手和深入。
- 添加特征时，可附加三维模型的工程制造等信息。
- 由于在模型的创建阶段，特征结合于零件模型中，并且采用来自数据库的参数化通用特征来定义几何形状，这样在设计进行阶段就可以很容易地做出一个更为丰富的产品工艺，能够有效地支持下游活动的自动化，如模具和刀具等的准备、加工成本的早期评估等。

下面以图 5.1.4 为例，说明用"特征"创建三维模型的一般过程。

（1）创建或选取作为模型空间定位的基准特征，如工作平面、基准线或基准坐标系。

（2）创建基础拉伸特征——本体 1。

（3）添加切削拉伸特征——拉伸切削 2。

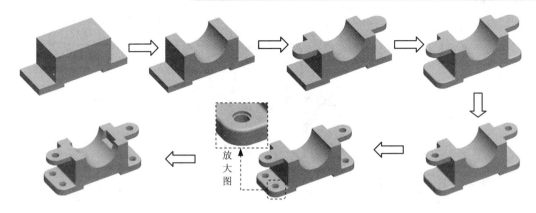

图 5.1.4　复杂三维模型的创建流程

（4）添加拉伸特征——拉伸 3。

（5）添加倒圆角特征——圆角 4。

（6）添加孔特征——孔 5。

（7）添加孔特征——孔 6、7。

（8）添加切削拉伸特征——拉伸切削 8。

5.2　创建 Inventor 零件模型的一般过程

用 Inventor 系统创建零件模型，其方法十分灵活，按大的方法分类，有以下几种。

1. "积木"式的方法

"积木"式的方法是大部分机械零件的实体三维模型的创建方法。这种方法是先创建一个反映零件主要形状的基础特征，然后在这个基础特征上添加其他的一些特征，如伸出、切槽（口）、倒角和圆角等。

2. 由曲面生成零件的实体三维模型的方法

由曲面生成零件的实体三维模型的方法是指先创建零件的曲面特征，然后把曲面转换成实体模型。

3. 从装配中生成零件的实体三维模型的方法

从装配中生成零件的实体三维模型的方法是指先创建装配体，然后在装配体中创建零件。

本章将主要介绍用第一种方法创建零件模型的一般过程，其他的方法将在后面的章节中陆续介绍。

下面将以一个零件——滑块（slide.ipt）为例，说明用 Inventor 软件创建零件三维模型的一般过程，同时介绍拉伸（Extrude）特征的基本概念及创建方法。滑块的三维模型如图 5.2.1 所示。

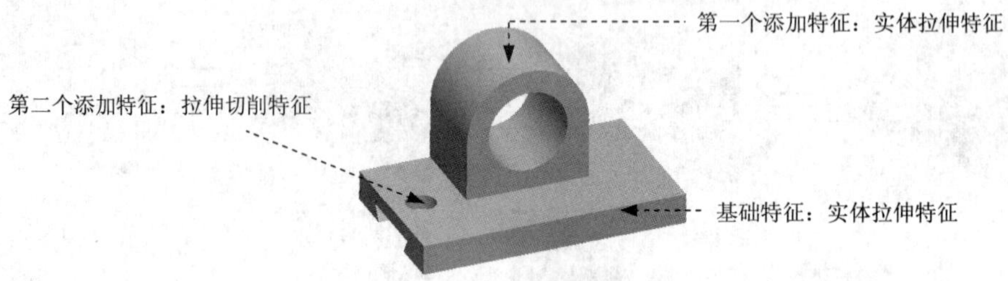

第一个添加特征：实体拉伸特征

第二个添加特征：拉伸切削特征

基础特征：实体拉伸特征

图 5.2.1　滑块三维模型

5.2.1　新建一个零件三维模型

新建一个零件模型文件的操作步骤如下。

选择下拉菜单  命令，如图 5.2.2 所示。

图 5.2.2　"新建"界面

说明：每次新建一个文件时，Inventor 会显示一个默认名。如果要创建的是零件，默认名称的格式是.ipt 前跟一个序号（如零件 1.ipt），以后再新建一个零件，序号自动加 1。

5.2.2　创建一个拉伸特征作为零件的基础特征

基础特征是一个零件的主要轮廓特征，创建什么样的特征作为零件的基础特征比较重要，一般由设计者根据产品的设计意图和零件的特点灵活掌握。本小节中，滑块零件的基础特征是一个拉伸特征（图 5.2.3）。拉伸特征是将截面草图沿着草图平面的垂直方向拉伸而形成的，它是最基本且经常使用的零件建模工具。

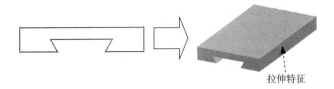

拉伸特征

图 5.2.3　"拉伸"示意图

1.　选取特征命令

进入 Inventor 零件设计环境后，在软件界面上方会显示图 5.2.4 所示的"三维模型"选项卡，该功能选项卡中包含 Inventor 中所有的零件建模工具，特征命令的选取方法一般是单击其中的命令按钮。

图 5.2.4　"三维模型"选项卡

在 创建 ▼ 区域中单击 按钮后，系统弹出图 5.2.5 所示的"创建拉伸"对话框。

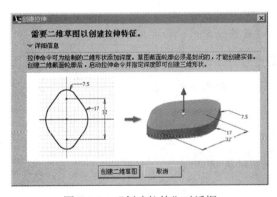

图 5.2.5　"创建拉伸"对话框

2.　定义拉伸特征的截面草图

定义拉伸特征的截面草图的方法有两种：一是选择已有草图作为截面草图；二是创建新草图作为截面草图。本例中，介绍定义拉伸特征截面草图的第二种方法，具体定义过程如下。

Step **1** 定义草图平面。

对草图平面的概念和有关选项介绍如下：

● 草图平面是特征截面草图或轨迹的绘制平面。

● 选择的草图平面可以是 XZ 平面、XY 平面和 YZ 平面中的一个，也可以是模型的某个平整的表面。

单击图 5.2.5 所示"创建拉伸"对话框中的 创建二维草图 按钮，完成本步操作后，在系统 选择平面以创建草图或编辑现有草图 的提示下，选取 XY 平面作为草图平面，进入草图绘制环境。

Step **2** 创建特征的截面草图。

基础拉伸特征的截面草图如图 5.2.6 所示。下面将以此为例介绍特征截面草图的一般创建步骤。

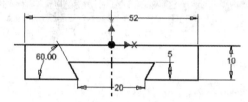

图 5.2.6 基础拉伸特征的截面草图

（1）设置草绘环境，调整草绘区。

操作提示与注意事项：

● 进入草绘环境后，如果草图视图与屏幕不平行，可通过 ViewCube 工具调整至需要的平面上。

● 除可以移动和缩放草绘区外，如果用户想在三维空间绘制草图或希望看到模型截面草图在三维空间的方位，可以旋转草绘区，方法是按住 Shift 键和中键并移动鼠标，此时可看到图形跟着鼠标旋转。

（2）创建截面草图。下面将介绍创建截面草图的一般过程，在以后的章节中，创建截面草图时，可参照这里的内容。

① 绘制截面几何图形的大体轮廓。

操作提示与注意事项：

绘制草图时，开始时没有必要很精确地绘制截面的几何形状、位置和尺寸，只要大概的形状与图 5.2.7 相似即可。

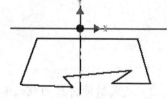

图 5.2.7 草绘横截面的初步图形

② 建立几何约束。建立图 5.2.8 所示的水平、竖直、对称和重合约束。

③ 建立尺寸约束。单击"草图"选项卡中的 按钮，标注图 5.2.9 所示的五个尺寸，

建立尺寸约束。

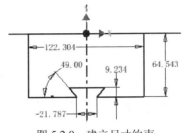

图 5.2.8　建立几何约束　　　　　图 5.2.9　建立尺寸约束

说明：每次标注尺寸时，系统都会弹出"编辑尺寸"对话框，此时可不做修改，若读者不想让系统弹出"编辑尺寸"对话框，可通过以下操作进行设置：单击 **工具** 选项卡 **选项▾** 区域中的"应用程序选项"按钮，系统弹出图 5.2.10 所示的"应用程序选项"对话框，单击该对话框中的"草图"选项卡，取消选中 □ **在创建后编辑尺寸** 复选框，如图 5.2.10 所示。

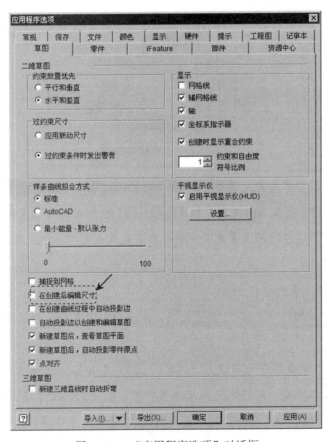

图 5.2.10　"应用程序选项"对话框

④ 修改尺寸。将尺寸修改为设计要求的尺寸，如图 5.2.11 所示。

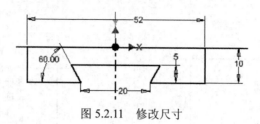

图 5.2.11　修改尺寸

其操作提示与注意事项如下：

- 尺寸的修改应安排在建立完约束以后进行。

- 注意修改尺寸的顺序，先修改对截面外观影响不大的尺寸。

Step 3 完成草图绘制后，单击"三维模型"选项卡中的"完成草图"按钮 ✔ ，退出草绘环境。

说明：除 Step3 中的叙述外，还有两种方法可退出草绘环境。

- 在图形区右击，在系统弹出的图 5.2.12 所示的菜单按钮界面中单击 ✔ 完成二维草图 按钮。

图 5.2.12　菜单按钮界面

- 在"浏览器"中右击"草图 1"，在弹出的快捷菜单中选择 ✔ 完成二维草图 命令。

说明：草图轮廓主要有两种类型：开放的和封闭的；封闭的轮廓多用于创建实体特征，开放的轮廓主要用于创建路径或者曲面；另外草图轮廓也可以通过投影模型中的几何图元的方式来进行创建。

3. 定义拉伸深度属性

Step 1 再次单击 创建 ▾ 区域中的 按钮，系统弹出图 5.2.13 所示的"拉伸"对话框。

说明：

- 原则上，在完成草图的基础上通过单击 草图 选项卡 返回到三维 中的 按钮，就可切换至三维环境，然后定义深度属性即可，就无需再次单击 按钮；但由于此草图在进行编辑时，草图 选项卡 返回到三维 区域处于隐藏状态，无法单击该区域中的 按钮，因此才再次单击 创建 ▾ 区域的 按钮；在后续特征创建时，若可以单击 草图 选项卡 返回到三维 中的 按钮，就直接执行此命令即可。

● 如果草图中包含一个封闭的轮廓，则在使用拉伸命令时，草图轮廓会被自动选中，如果草图中包含两个或者多个轮廓，就需要在拉伸特征中手动选择需要的封闭轮廓；在本例中所绘制的草图只有一个封闭的轮廓，所以在选取拉伸命令后会自动选取该封闭轮廓。

图 5.2.13　"拉伸"对话框

Step **2**　定义拉伸深度方向。采用系统默认的深度方向。

　　说明：按住 Shift 键和中键并移动鼠标，可将草图旋转到便于观察的三维视图状态，若要改变拉伸深度的方向，可拖动图 5.2.14 所示的方向箭头使其处于草图法向的某一侧；也可以通过"拉伸"对话框中的方向箭头来调整拉伸深度方向。

Step **3**　定义拉伸深度类型。

　　在"拉伸"对话框 范围 区域中的下拉列表中选择 距离 选项，将拉伸方向设置为"两侧对称"拉伸类型 ⬈⬊ 。

　　说明：读者不仅可以在"拉伸"对话框中设置各个参数，也可以在图 5.2.15 所示的小工具栏中设置各个参数。

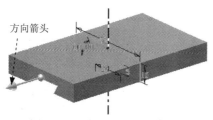

方向箭头

图 5.2.14　定义拉伸深度方向

图 5.2.15　小工具栏

图 5.2.13 所示的"拉伸"对话框的部分选项说明如下：

● "拉伸"对话框中 形状 选项卡中的选项说明如下：

　☑ 🔝 按钮：单击此按钮用于选择要拉伸的面域或者截面轮廓。如果草图中有多个截面轮廓，并且没有选择其中的一个，可以单击此按钮，然后在图形区选取一个或多个封闭的截面轮廓；对于"实体"类型的输出结果，必须是封闭的草图，对于"曲面"类型的输出结果，截面可以开放。

☑ 按钮：若模型中存在多个实体，单击此按钮可选择单个实体参与运算。

☑ 按钮：用于从开放或闭合轮廓创建实体特征，对于基础特征不能选择开放的截面轮廓。

☑ 按钮：用于从开放或闭合轮廓创建曲面特征，可以用来构造曲面作为其他特征的终止条件，也可以作为分割工具创建分割零件或将单个零件分割为多个实体；需要注意的是此按钮对部件拉伸或基本要素不可用。

☑ 按钮：用于将拉伸特征产生的体积添加到另外一个特征或实体中，此按钮对于部件的拉伸不可用，效果如图 5.2.16 所示。

☑ 按钮：用于将拉伸特征产生的体积从另外一个特征或实体中移除，效果如图 5.2.17 所示。

 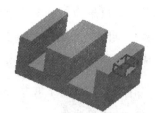

图 5.2.16　求并操作　　　　　　　　图 5.2.17　求差操作

☑ 按钮：用于将拉伸特征产生的体积与其他特征公共体积的部分作为新特征，未包含在公共体积内的材料将被移除，此按钮对部件拉伸不可用，效果如图 5.2.18 所示。

☑ 按钮：用于创建新实体，如果拉伸的是零件文件中的第一个实体，那么此选项就是默认的选项；选择该选项可在包含实体的零件文件中创建新实体；每个实体都与其他的实体相互分离，成为独立的特征集合，此时在"浏览器"中会多出一个实体，如图 5.2.19 所示。

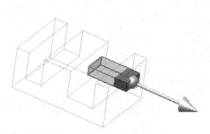 

图 5.2.18　求交操作　　　　　　　　图 5.2.19　新建实体操作

☑ "拉伸"对话框中 范围 区域的下拉列表，各拉伸深度类型选项说明如下：

➢ 距离 ：用于创建确定深度尺寸类型的特征，此时特征将从草图平面开始，按照所输入的数值（即拉伸深度值）向特征创建方向的一侧进行拉伸，效果如图 5.2.20 所示。

➢ 到表面或平面 ：用于创建按箭头方向拉伸到第一个有意义的接触面而进行的拉伸，效果如图 5.2.21 所示。

a）方向 1

b）方向 2

图 5.2.20　"距离"选项　　　图 5.2.21　"到表面或平面"选项

➢ 到 ：用于创建按箭头方向拉伸到选定的终点、顶点、面或者平面的特征。对于点或者顶点相当于在选定的点或者顶点上创建一个平行于草图平面的工作平面，以此面作为拉伸的终止条件；对于面或者平面，将以选定的面作为拉伸的终止面，效果如图 5.2.22 所示。

➢ 介于两面之间 ：用于创建在指定的起始面和终止面之间的拉伸，效果如图 5.2.23 所示。

图 5.2.22　"到"选项　　　　图 5.2.23　"介于两面之间"选项

➢ 贯通 ：用于创建在指定的方向上拉伸至与所有的面相交的特征，选择此选项后并集操作将不可用，效果如图 5.2.24 所示。

a）方向 1

b）方向 2

图 5.2.24　"贯通"选项

➢ 　按钮：表示特征从草图工作平面的法向方向进行拉伸（效果如图 5.2.25 所示）。

➢ 　按钮：表示特征从草图工作平面的另外一个法向方向进行拉伸（效果如图 5.2.26 所示）。

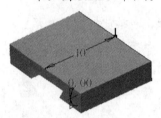

图 5.2.25　方向 1

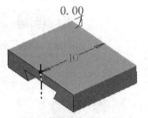

图 5.2.26　方向 2

➢ 　按钮：表示特征从草图工作平面的两个方向同时进行拉伸，并且两侧拉伸的值均为输入值的一半（效果如图 5.2.27 所示）。

➢ 　按钮：表示特征从草图工作平面的两个方向同时进行拉伸，且两侧拉伸的深度可以随意指定（效果如图 5.2.28 所示）。

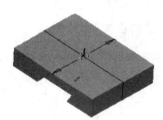

图 5.2.27　对称拉伸

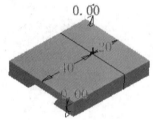

图 5.2.28　不对称拉伸

● "拉伸"对话框中 更多 选项卡中的部分选项说明如下：

☑ 锥度 下拉列表：用于在创建拉伸特征的同时，对实体进行拔模操作，如果输入的值为正，则特征将沿矢量方向增大截面面积，如果输入的值为负，则特征将沿矢量方向减小截面面积（效果如图 5.2.29 所示）。

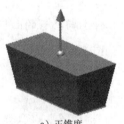

a）正锥度

b）负锥度

图 5.2.29　锥度选项

Step 4　定义拉伸深度值。在"拉伸"对话框"范围"区域的下拉列表中选择 距离 选项，并在其下方的文本框中输入 90.0，完成拉伸深度值的定义。

4. 完成凸台特征的定义

Step 1　特征的所有要素被定义完毕后，预览所创建的特征，以检查各要素的定义是否正确。

说明：预览时，可按住 Shift 键加鼠标中键进行旋转查看，如果所创建的特征不符合设计意图，可选择对话框中的相关选项重新定义。

Step 2　预览完成后，单击"拉伸"对话框中的 确定 按钮，完成特征的创建。

5.2.3　添加其他拉伸特征

1. 添加拉伸特征

在创建完零件的基本特征后，可以增加其他特征。现在要创建图 5.2.30 所示的拉伸特征，操作步骤如下。

图 5.2.30　添加拉伸特征

Step 1　选择命令。在 创建 ▼ 区域中单击 按钮，系统弹出"创建拉伸"对话框。

Step 2　创建截面草图。

（1）选取草图平面。单击"创建拉伸"对话框中的 创建二维草图 按钮，选取图 5.2.31 所示的模型表面作为草图平面，进入草图绘制环境。

说明：读者在选取图 5.2.31 所示的平面进入草绘环境后，若系统自动投影了模型边线，而这些边线并不是我们需要的，可进行如下操作：单击 工具 选项卡 选项 ▼ 区域中的"应用程序选项"按钮 ，系统弹出"应用程序选项"对话框，单击 草图 选项卡，取消选中 □ 自动投影边以创建和编辑草图 复选框。

（2）绘制特征的截面草图。

a）绘制一条图 5.2.32 所示的竖直中心线。

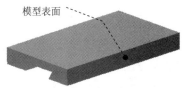

图 5.2.31　选取草图平面

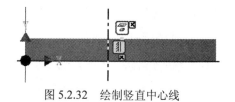

图 5.2.32　绘制竖直中心线

b）在 约束 ▼ 区域单击 按钮，选择图 5.2.33 所示的图元元素（一条中心线与一个点），系统则在此线条上添加了重合约束。

图 5.2.33 添加重合约束

c）绘制草图轮廓。绘制图 5.2.34 所示的截面草图的大体轮廓。

d）建立几何约束。建立图 5.2.35 所示的对称、相切、重合和同心约束。

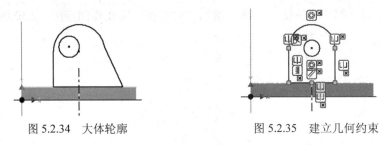

图 5.2.34 大体轮廓　　　　　　　　图 5.2.35 建立几何约束

e）建立尺寸约束。标注图 5.2.36 所示的三个尺寸。

f）修改尺寸。修改各尺寸如图 5.2.37 所示。

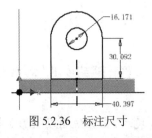

图 5.2.36 标注尺寸　　　　　　　　图 5.2.37 修改尺寸

g）完成草图绘制后，单击 草图 选项卡 返回到三维 区域中的 按钮，然后单击草图的封闭区域，退出草图绘制环境。

Step 3　选择拉伸类型。在"拉伸"对话框 范围 区域中的下拉列表中选择 距离 选项，将拉伸方向设置为方向 2 的拉伸类型 ，在"拉伸"对话框 距离 下拉列表下方的文本框中输入 30.0，完成拉伸深度值的定义。

Step 4　完成特征的创建。

（1）特征的所有要素被定义完毕后，预览所创建的特征，以检查各要素的定义是否正确。如果所创建的特征不符合设计意图，可选择对话框中的相关选项，重新定义。

（2）在对话框中单击 确定 按钮，完成特征的创建。

注意：我们在上述截面草图的绘制中引用了基础特征的一条边线的中点，这就形成了它们之间的父子关系，则该拉伸特征是基础特征的子特征。在创建和添加特征的过程中，特征的父子关系很重要，父特征的删除或隐含等操作会直接影响到子特征。

2. 添加切削特征

Step 1　选择命令。在 创建 ▾ 区域中单击 ▢ 按钮，系统弹出"创建拉伸"对话框。

Step 2　创建特征的截面草图。

（1）选取草图平面。单击"创建拉伸"对话框中的 创建二维草图 按钮，选取图 5.2.38 所示的模型表面作为草图平面。

（2）绘制截面草图。在草绘环境中创建图 5.2.39 所示的截面草图。

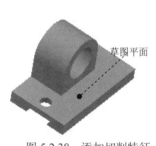

图 5.2.38　添加切削特征

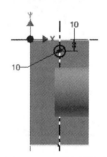

图 5.2.39　截面草图

（3）完成草图绘制后，单击"三维模型"选项卡中的"完成草图"按钮 ✔，退出草绘环境。

Step 3　选择拉伸类型。在 创建 ▾ 区域中单击 ▢ 按钮，在"拉伸"对话框中单击 ⊟ 按钮，然后在 范围 下拉列表中选择 贯通 选项。

Step 4　单击对话框中的 确定 按钮，完成特征的创建。

5.2.4　保存 Inventor 文件

Step 1　单击快速访问工具栏中的 🖫 按钮（或选择下拉菜单 🅿PRO ➡ 🖫 保存 命令），系统弹出图 5.2.40 所示的"另存为"对话框，文件名出现在 文件名(N): 文本框中。

Step 2　在"另存为"对话框的 保存在(I): 下拉列表中选择文件保存的路径，在 文件名(N): 文本框中输入可以识别的文件名，单击 保存 按钮，即可保存文件。如果不进行保存操作，单击 取消 按钮。

注意：

● 🅿PRO 下拉菜单中还有一个 🖫 另存为 命令，🖫 保存 与 🖫 另存为 命令的区别在于：🖫 保存 命令是保存当前的文件，🖫 另存为 命令是将当前的文件复制进行保存，并且保存时可以更改文件的名称，原文件不受影响。

● 如果打开多个文件，并对这些文件进行了编辑，可以选择下拉菜单 ➡️ ➡️ 命令，将所有文件进行保存。

图 5.2.40　"另存为"对话框

5.3　打开 Inventor 文件

进入 Inventor 软件后，假设要打开名称为 down_base 的文件，其操作过程如下。

Step 1 选择下拉菜单 ➡️ 命令（或单击快速访问工具栏中的"打开"按钮 ，或单击 快速入门 选项卡 启动 区域中的 按钮），系统弹出图 5.3.1 所示的 "打开"对话框。

图 5.3.1　"打开"对话框

Step 2 在文件列表中选择要打开的文件名 down_base.ipt，然后单击 打开（0） 按钮，即可 打开文件，或者双击文件名也可打开文件。

5.4 控制模型的显示

学习本节时，请先打开模型文件 D:\inv13.1\work\ch05\ch05.04\orient.ipt。

在 Inventor 中单击 视图 功能选项卡，将进入图 5.4.1 所示的界面，该选项卡用于控制模型视图和管理文件窗口。

图 5.4.1 "视图"选项卡

图 5.4.1 所示的"视图"选项卡中各个区域的功能按钮简要说明如下：

● 可见性 区域：用于控制特征、用户特征、二维草图、三维草图、UCS 特征、重心空间坐标系、分析结果、iMate 图示符的显示与隐藏。

● 外观 ▼ 区域：用于设置模型的外观以及视图样式等。

● 窗口 区域：用于定制工作界面以及切换文件窗口等。

● 导航 区域：用于调整模型在图形区中的显示大小，控制模型的显示方位。

5.4.1 模型的几种显示方式

在 Inventor 软件中，模型有十种显示方式，单击 视图 功能选项卡 外观 ▼ 区域中的"视觉样式"按钮 ，在弹出的菜单中选择相应的显示样式，可以切换模型的显示方式。

● 显示方式（真实）：使用真实外观显示零部件的材料、颜色和纹理，如图 5.4.2a 所示。

● 显示方式（着色）：将可见零部件显示为着色对象，模型边为不可见，如图 5.4.2b 所示。

● 显示方式（带边着色）：使用标准外观显示零部件，且外部模型边为可见，如图 5.4.2c 所示。

● 显示方式（带隐藏边着色）：使用标准外观显示零部件，且隐藏模型边可见，如图 5.4.2d 所示。

- 显示方式（线框）：模型以线框形式显示，模型所有的边线显示为深颜色的实线，如图 5.4.2e 所示。

- 显示方式（带隐藏边的线框）：模型以线框形式显示，可见的边线显示为深颜色的实线，不可见的边线显示为虚线，如图 5.4.2f 所示。

- 显示方式（仅带可见边的线框）：模型以线框形式显示，可见的边线显示为深颜色的实线，不可见的边线被隐藏起来（即不显示），如图 5.4.2g 所示。

- 显示方式（灰度）：使用灰度的简化外观显示可见的零部件，如图 5.4.2h 所示。

- 显示方式（水彩色）：使用手绘水彩色外观显示可见的零部件，如图 5.4.2i 所示。

- 显示方式（插图）：使用手绘外观显示可见的零部件，如图 5.4.2j 所示。

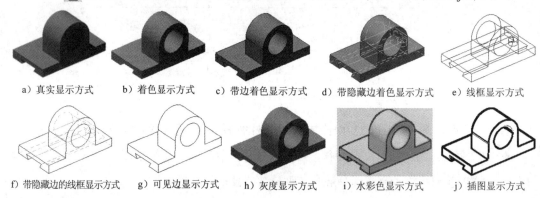

a）真实显示方式　　b）着色显示方式　　c）带边着色显示方式　　d）带隐藏边着色显示方式　　e）线框显示方式

f）带隐藏边的线框显示方式　　g）可见边显示方式　　h）灰度显示方式　　i）水彩色显示方式　　j）插图显示方式

图 5.4.2　模型的十种显示方式

5.4.2　模型的移动、旋转与缩放

视图的平移、旋转与缩放是零部件设计中常用的操作，这些操作只改变模型的视图方位而不改变模型的实际大小和空间位置，下面叙述其操作方法。

1. 平移的操作方法

平移模型有以下三种操作方法。

（1）单击 视图 功能选项卡 导航 区域中的"平移"按钮，然后在图形区按住左键并移动鼠标，此时模型会随着鼠标的移动而平移。

（2）在图形区单击"导航栏"中的"平移"按钮，然后在图形区按住左键并移动鼠标，此时模型会随着鼠标的移动而平移。

（3）按住中键不放并移动鼠标，模型将随着鼠标的移动而平移。

2. 旋转的操作方法

旋转模型有以下四种操作方法。

（1）单击 视图 功能选项卡 导航 区域中 下的"动态观察"按钮 动态观察，然后在图形区按住左键并移动鼠标，此时模型会随着鼠标的移动而旋转（此命令的快捷键为 F4 键+鼠标左键）。

（2）单击 视图 功能选项卡 导航 区域中 下的"受约束的动态观察"按钮 受约束的动态观察 ，然后在图形区按住左键并移动鼠标，此时模型也会随着鼠标的移动而旋转。

（3）在图形区单击动态观察导航区中的"自由动态观察"按钮 ，然后在图形区按住左键并移动鼠标，此时模型会随着鼠标的移动而旋转。

（4）按住 Shift 键加中键并移动鼠标，模型将随着鼠标的移动而旋转。

3．缩放的操作方法

缩放视图有以下六种操作方法。

（1）使用智能鼠标滚轮放大和缩小。

向后滚动鼠标滚轮以在当前光标位置放大，向前滚动鼠标滚轮缩小。

（2）使用"全部缩放"命令缩小或放大。

单击 视图 功能选项卡 导航 区域中 下的"全部缩放"按钮 全部缩放 ，此时图形区的所有元素都显示在图形窗口中。

（3）使用"缩放"命令缩小或放大。

单击 视图 功能选项卡 导航 区域中 下的"缩放"按钮 缩放 ，然后在图形区按住左键并移动鼠标，向下移动时放大，向上移动时缩小。

（4）使用"缩放窗口"命令缩小或放大。

单击 视图 功能选项卡 导航 区域中 下的"缩放窗口"按钮 缩放窗口 ，然后在图形区合适的位置按住左键并移动鼠标绘制出一个矩形轮廓，松开鼠标左键，此时矩形区域内的元素都会显示在图形窗口中。

（5）使用"缩放选定实体"命令缩小或放大。

单击 视图 功能选项卡 导航 区域中 下的"缩放选定实体"按钮 缩放选定实体 ，然后在图形区选取边、特征或其他元素，此时选定的元素都会显示在图形窗口中。

（6）读者也可以在动态观察导航区中找到对应的命令进行缩放操作。

注意：采用以上方法对模型进行缩放和移动操作时，只是改变模型的显示状态，而不能改变模型的真实大小和位置。

5.4.3　模型的视图定向

在设计零部件时，经常需要改变模型的视图方向，利用模型的"定向"功能可以将图形区中的模型精确定向到某个视图方向（图 5.4.3）。通过 ViewCube 工具调整至所需要的视图方位。

- 前视图：沿着 Z 轴正向的平面视图，如图 5.4.4 所示。

说明：将视图调整至前视图后还可以通过图 5.4.5 所示的旋转箭头对视图进行旋转，单击图 5.4.5 所示的箭头后，视图将调整为图 5.4.6 所示的位置。

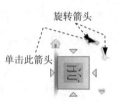

图 5.4.3　原始视图方位　　图 5.4.4　前视图 1　　图 5.4.5　ViewCube 工具　　图 5.4.6　前视图 2

- 后视图：沿着 Z 轴负向的平面视图，如图 5.4.7 所示。
- 左视图：沿着 X 轴正向的平面视图，如图 5.4.8 所示。
- 右视图：沿着 X 轴负向的平面视图，如图 5.4.9 所示。

图 5.4.7　后视图　　　　　图 5.4.8　左视图　　　　　图 5.4.9　右视图

- 下视图：沿着 Y 轴负向的平面视图，如图 5.4.10 所示。
- 上视图：沿着 Y 轴正向的平面视图，如图 5.4.11 所示。

图 5.4.10　下视图　　　　　　　　图 5.4.11　上视图

说明：若读者在创建好一个视图后又想返回到主视图的状态，可单击 ViewCube 工具中的"主视图"按钮 或者使用快捷键 F6 快速地将视图调回至主视图状态。

5.4.4　模型的剖切

下面说明模型的剖切的一般操作过程。

Step 1　打开模型文件 D:\inv13.1\work\ch05\ch05.04\orient.ipt。

Step 2　选择命令。单击 检验 功能选项卡 分析 区域中的"剖视"按钮，系统弹出图 5.4.12 所示的"截面分析"对话框。

Step 3　设置平面。在"浏览器"中选取 YZ 平面为参考面。

Step 4　设置方向。将方向箭头调整至图 5.4.13 所示的方向。

图 5.4.12　"截面分析"对话框

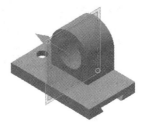

图 5.4.13　调整方向箭头

Step 5　单击 确定 按钮，完成模型剖切的创建，如图 5.4.14 所示。

图 5.4.14　模型的剖切

说明：在"浏览器"右击 中 分析:剖视1(开)，在弹出的快捷菜单中选中 ✔ 分析可见性 选项，则剖视图显示，若取消选中 分析可见性 选项，则剖视图被隐藏。

图 5.4.12 所示的"截面分析"对话框各选项的说明如下：

- 按钮：表示分析类型按照单一剖切平面提供零件的剖视图，与二维草图中的切片类似。

- 平面按钮：用于选取剖切平面，此剖切面可以是模型的表面也可以是系统提供的基准平面。

- 方向按钮：用于设置剖切的方向。

- 剖视偏移 文本框：用于设置相对于选定平面的偏移值，读者可以在文本框中输入一个具体的值也可以在图形区拖动平面动态设置该值。

- 按钮：提供了有关任意数量的剖切平面的更详细的信息，其中包括壁厚分析和面积物理特性的计算。

5.5 Inventor 的浏览器

5.5.1 浏览器概述

Inventor 的浏览器一般出现在窗口左侧，它的功能是以树的形式显示当前活动模型中的所有特征或零件，在树的顶部显示根（主）对象，并将从属对象（零件或特征）置于其下。在零件模型中，设计树列表的顶部是零部件名称，下方是每个特征的名称；在装配体模型中，设计树列表的顶部是总装配，总装配下是各子装配和零件，每个子装配下方则是该子装配中的每个零件的名称，每个零件名称的下方是零件的各个特征的名称。

如果打开了多个 Inventor 窗口，则设计树内容只反映当前活动文件（即活动窗口中的模型文件）。

5.5.2 浏览器界面简介

在学习本节时，请先打开模型文件 D:\inv13.1\work\ch05\ch05.05\slide.ipt，Inventor 的浏览器界面如图 5.5.1 所示。

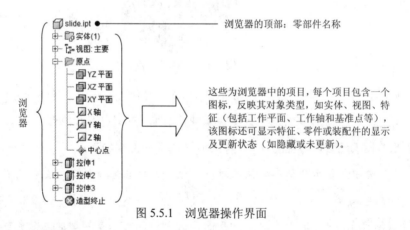

图 5.5.1　浏览器操作界面

5.5.3 浏览器的作用与操作

（1）在浏览器中选取对象。

可以从浏览器中选取要编辑的特征或零件对象。当要选取的特征或零件在图形区的模型中不可见时，此方法尤为有用。当要选取的特征和零件在模型中禁用选取时，仍可在浏览器中进行选取操作。

（2）更改项目的名称。

在浏览器的项目名称上右击，选择 特性(P) 命令，然后在 名称(N) 对话框中输入新名称，即可更改所选项目的名称。

（3）在设计树中使用快捷命令。

单击或右击浏览器中的特征名或零件名，可弹出一个快捷菜单，从中可选择相对于选定对象的特定操作命令。

（4）确认和更改特征的生成顺序。

浏览器中有一个"造型终止"选项，其作用是指明在创建特征时特征的插入位置。在默认情况下，它的位置总是在浏览器列出的所有项目的最后。可以在浏览器中将其上下拖动，插入到浏览器中的其他特征之间。将"造型终止"选项移动到新位置时，"造型终止"后面的项目将被隐含，这些项目将不在图形区的模型上显示。

可在"造型终止"位于任何地方时保存模型；当再次打开文档时，可直接拖动"造型终止"选项至所需位置。

5.6　设置零件模型的材料

5.6.1　概述

在零件模块中，选择 工具 选项卡 材料和外观 ▾ 区域中的"材料"命令 🌑，系统弹出图 5.6.1 所示的"材料浏览器"对话框（一），在此对话框中可创建新材料并定义零件材料的属性。

5.6.2　零件模型材料的设置

下面说明设置零件模型材料属性的一般操作步骤。

下面以一个简单模型为例，说明设置零件模型材料属性的一般操作步骤，操作前打开模型文件 D:\inv13.1\work\ch05\ch05.06\slide.ipt。

Step 1　将材料应用到模型。

（1）选择 工具 选项卡 材料和外观 ▾ 区域中的"材料"命令 🌑，系统弹出"材料浏览器"对话框（二）。

（2）在 Inventor 材质库 区域中单击图 5.6.2 所示的"将材料添加到文档"按钮 ⬆ 或者双击材料，将材料应用到模型，然后关闭此对话框。

Step 2　创建新材料。

（1）选择 工具 选项卡 材料和外观 ▼ 区域中的"材料"命令 ⬤，在弹出的"材料浏览器"对话框（二）中单击"在文档中创建新材质"按钮 ，系统弹出图 5.6.3 所示的"材料编辑器"对话框，在"材料编辑器"对话框中的"指定材质名称"文本框中输入 45steel，然后在外观特性以及物理特性中可分别填入材料的属性值，如 热膨胀系数 、 密度 和 泊松比 等，设置完成后单击 确定 按钮。

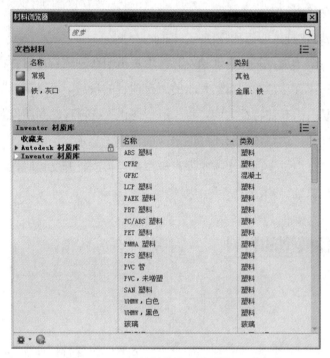

图 5.6.1 "材料浏览器"对话框（一）

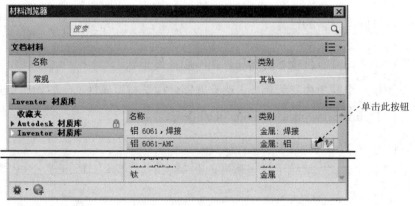

图 5.6.2 "材料浏览器"对话框（二）

（2）在"材料浏览器"对话框 文档材料 区域会多出一个上步创建的 45steel 材质，单击该材质，即可将该材料应用到模型。

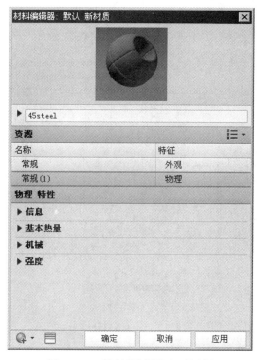

图 5.6.3 "材料编辑器"对话框

5.7 特征的编辑

特征的编辑是指修改特征尺寸、编辑草图轮廓、改变特征的深度变化方式、隐藏以及删除特征。

5.7.1 编辑特征尺寸

特征尺寸的编辑是指对特征的尺寸和相关修饰元素进行修改，下面将举例说明其操作方法。

1. 显示特征尺寸值

Step 1 打开文件 D:\inv13.1\work\ch05\ch05.07\slide.ipt。

Step 2 在图 5.7.1 所示模型（slide）的浏览器中，右击实体拉伸特征（特征名为"拉伸 2"），在弹出的快捷菜单中选择 显示尺寸(M) 命令，此时该特征的所有尺寸都显示出来，如图 5.7.2 所示，以便进行编辑。

2. 修改特征尺寸值

通过上述方法进入尺寸的编辑状态后，如果要修改特征的某个尺寸值，方法如下。

重复 打开(R) ——————— 重复上步的打开零件操作
三维夹点 ——————— 使用"三维夹点"命令编辑当前特征
移动特征 ——————— 移动所选特征
复制　　　　 Ctrl+C ——————— 复制所选的特征
删除(D) ——————— 删除
显示尺寸(M) ——————— 显示所选特征尺寸
编辑草图 ——————— 编辑当前特征的截面特征
编辑特征 ——————— 重定义当前特征的属性
类推 iMate
测量(M) ——————— 用于测量距离、面积等特性
创建注释(C) ——————— 用于创建文本注释
移动 EOP 标记(E) ——————— 用于将"造型终止"选项移动至所选命令下
抑制特征 ——————— 抑制所选的特征
自适应(A) ——————— 用于将当前几何特征与零部件之间建立关系
展开所有项(N) ——————— 用于展开次特征的所有子项目
收拢所有子项(S)
在窗口中查找(W)　　End
特性(P) ——————— 用于修改当前特征的特性
编辑 形式
编辑 形式副本
如何进行(H)... ——————— 用于参看当前特征的创建方法

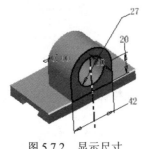

图 5.7.1　浏览器快捷菜单

Step 1　在模型中双击要修改的某个尺寸，系统弹出图 5.7.3 所示的"编辑尺寸"对话框。

图 5.7.2　显示尺寸

图 5.7.3　"编辑尺寸"对话框

Step 2　在文本框中输入新的尺寸（如 25），并单击对话框中的 ✓ 按钮。

Step 3　编辑特征的尺寸后，单击 管理 选项卡 更新 区域中的"更新"按钮 ，这样修改后的尺寸才会重新驱动模型。

5.7.2　编辑特征属性

　　当特征创建完毕后，如果需要重新定义特征的属性或特征的深度选项，就必须对特征进行"编辑定义"，也叫"编辑特征"。下面以滑块（slide）模型为例，说明其操作方法。

　　在图 5.7.1 所示的滑块（slide）的浏览器中，右击实体拉伸特征（特征名为"拉伸 1"），在弹出的快捷菜单中选择 编辑特征 命令（图 5.7.1），此时系统弹出图 5.7.4 所示的"拉伸1"对话框，即可重新定义该特征的属性。

图 5.7.4 "拉伸 1" 对话框

5.7.3 编辑草图属性

在图 5.7.1 所示的滑块（slide）的浏览器中，右击实体拉伸特征（特征名为"拉伸 1"），在弹出的快捷菜单中选择 编辑草图 命令（图 5.7.1），系统再次进入草绘环境，可以在草绘环境中修改特征草绘截面的尺寸、约束关系和形状等；修改完成后，单击"完成草图"按钮 。

5.7.4 编辑三维夹点

编辑三维夹点特征的一般操作步骤如下。

Step 1 选择命令。在浏览器中右击某一特征，然后在图 5.7.1 所示的快捷菜单中，选择 三维夹点 命令。

Step 2 编辑尺寸。选取此命令后，图形区会将该特征的尺寸显示出来（如图 5.7.5 所示），此时可以通过双击要修改的尺寸，系统会弹出图 5.7.6 所示的"编辑尺寸"对话框，然后输入尺寸值，单击 确定 按钮。

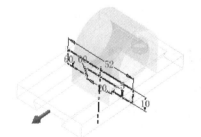

图 5.7.5 显示尺寸

图 5.7.6 "编辑尺寸"对话框

Step 3 在图形区空白处右击，选择 完毕 命令，完成编辑特征的操作。

说明：

● 此方法在修改尺寸后，特征也会随尺寸改变而变化，无需再进行更新。

● 除 Step2 中修改尺寸的方法外，还有另外一种方法修改尺寸值。将鼠标移动至草图的边线上，此时会出现一个与此线段垂直的箭头，我们可以通过拖动此箭头来更改整体尺寸的大小。

5.7.5　修改特征的名称

在浏览器中，可以修改各特征的名称，以便于识别，操作说明如下。

在浏览器中右击图 5.7.7 所示的 拉伸3，在弹出的快捷菜单中选择 特性(P) 命令，系统弹出"特征特性"对话框，然后在"名称"文本框中输入"切削拉伸 3"，并按回车键确认。

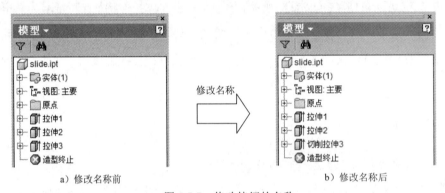

a）修改名称前　　　　　　　　　　　　　　b）修改名称后

图 5.7.7　修改特征的名称

5.7.6　删除特征

删除特征的一般操作步骤如下。

（1）选择命令。在浏览器中右击图 5.7.7 所示的 拉伸3，然后在图 5.7.1 所示的快捷菜单中，选择 删除(D) 命令，系统弹出图 5.7.8 所示的"删除特征"对话框。

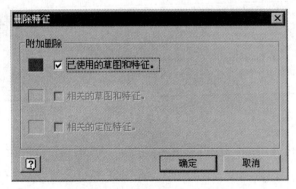

图 5.7.8　"删除特征"对话框

（2）定义是否删除已使用的草图和特征。在"删除特征"对话框中选中 ☑ 已使用的草图和特征。复选框。

说明：已使用的草图和特征即所选特征的子代特征，如本例中所选特征的已使用的草图和特征即为"草图3（草图）"，若取消选中 ☐ 已使用的草图和特征。复选框，则系统执行删除命令时，只删除特征，而不删除草图。

（3）单击对话框中的 确定 按钮，完成特征的删除。

说明：如果要删除的特征是零部件的基础特征（如模型 slide 中的拉伸特征"拉伸1"），选中 ☑ 已使用的草图和特征。复选框和 ☑ 相关的草图和特征。复选框，所有特征将均被删除。

5.7.7　特征的显示与隐藏

在滑块（slide）零件模型的浏览器中，右击某些基准特征名（如 XY 平面），从弹出的图 5.7.9 所示的快捷菜单中选择 可见性(V) 命令，即可"显示"该基准特征，也就是在零件模型上能看见此特征。

如果想要隐藏基准特征，可在浏览器中右击要隐藏的特征名，再在弹出的快捷菜单中选择✔ 可见性(V) 命令，如图 5.7.10 所示，即可"隐藏"该基准特征，也就是在零件模型上看不见此特征。

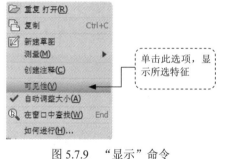

图 5.7.9　"显示"命令

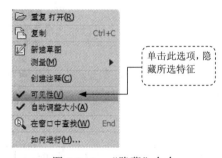

图 5.7.10　"隐藏"命令

5.7.8　特征的抑制

在滑块（slide）零件模型的浏览器中，右击某些零件特征（如拉伸3），在弹出的图 5.7.11 所示的快捷菜单中选择 抑制特征 命令，即可"抑制"该零件特征，在零件模型上即看不见此特征。浏览器中的符号也会更改，以反映抑制了该特征，如图 5.7.12 所示。

如果想要取消被抑制的特征，可在浏览器中右击被抑制的特征，再在弹出的快捷菜单中选择 解除特征抑制 命令，如图 5.7.13 所示。

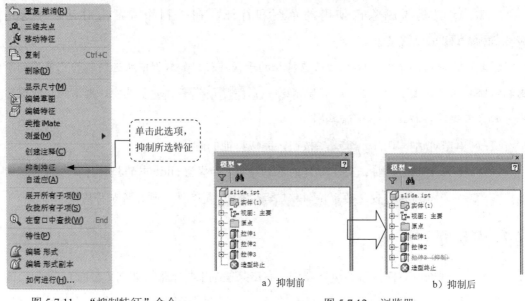

图 5.7.11 "抑制特征"命令

图 5.7.12 浏览器

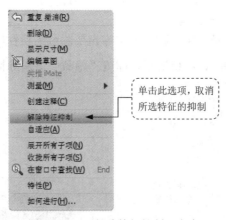

图 5.7.13 "解除特征抑制"命令

5.8 特征的多级撤销/重做功能

多级撤销/重做（Undo/Redo）功能，意味着在所有对特征、组件和工程图的操作中，如果错误地删除、重定义或修改了某些内容，只需一个简单的"撤销"操作就能恢复原状。下面以一个例子进行说明。

Step 1 新建一个零件模型。

Step 2 创建图 5.8.1 所示的拉伸特征。

Step 3 创建图 5.8.2 所示的拉伸切削特征。

Step 4 删除上步创建的拉伸切削特征，然后单击快速访问工具栏中的 ⟲ （撤销）按钮，则刚刚被删除的拉伸切削特征又恢复回来；如果再单击快速访问工具栏中的 （重做）按钮，恢复的拉伸切削特征又将被删除。

　　　　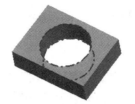

图 5.8.1　拉伸特征　　　　　　　图 5.8.2　拉伸切削特征

5.9　旋转特征

5.9.1　旋转特征简述

如图 5.9.1 所示，旋转（Revolve）特征是指将截面绕着一条中心轴线旋转而形成的形状特征。注意旋转特征必须有一条绕其旋转的中心线。

要创建或重新定义一个旋转特征，可按下列操作顺序给定特征要素。

定义特征属性包括草图平面→绘制旋转中心线→绘制特征截面→确定旋转方向→输入旋转角。

注意：旋转体特征分为旋转特征和旋转切削特征（图 5.9.1 所示为旋转特征），这两种旋转特征的截面草图都必须是封闭的。

5.9.2　创建旋转特征的一般过程

下面以图 5.9.1 所示的零件——短轴（pin）为例，说明在新建一个以旋转特征为基础特征的零件模型时，创建旋转特征的详细过程。

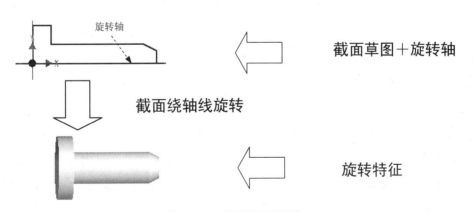

图 5.9.1　旋转特征示意图

Task1. 新建文件

单击 ![icon] ➡️ ![新建] ➡️ ![零件] 命令。

Task2. 创建图 5.9.1 所示的实体旋转特征

Step **1** 在 创建 ▼ 区域中选择 ![icon] 命令后，系统弹出图 5.9.2 所示的"创建旋转"对话框。

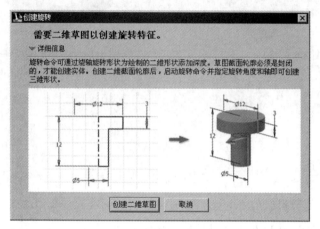

图 5.9.2 "创建旋转"对话框

Step **2** 定义特征的截面草图。

（1）选择草图平面。单击 创建二维草图 按钮，在系统 选择平面以创建草图或编辑现有草图 的提示下，选取 XZ 平面作为草图平面，进入草图绘制环境。

（2）绘制图 5.9.3 所示的截面草图（包括旋转中心线）。

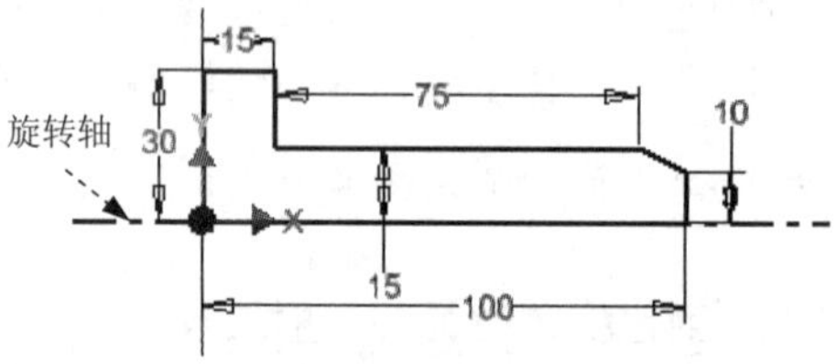

① 绘制草图的大致轮廓。

② 建立图 5.9.3 所示的几何约束和尺寸约束，修改并整理尺寸。

图 5.9.3 截面草图

Step **3** 定义旋转属性。单击 草图 选项卡 返回到三维 区域中的 ![icon] 按钮，系统弹出"旋转"对话框。在"旋转"对话框 范围 区域的下拉列表中选中 全部 选项。

Step **4** 单击对话框中的 确定 按钮，完成旋转的创建。

Step **5** 单击 ![icon] ➡️ ![保存] 命令，命名为 pin.ipt，保存零件模型。

说明：

● 旋转特征必须有一条旋转轴线，围绕轴线旋转的草图只能在该轴线的一侧。

● 实体特征的截面必须是封闭的，而曲面特征的截面则可以不封闭。

● 旋转轴线一般是用 ![icon] 命令绘制的一条中心线，也可以是用 ![icon] 命令绘制的一条直线，也可以是草图轮廓的一条直线边。

5.9.3　创建旋转切削特征的一般过程

下面以图 5.9.4 所示的一个简单模型为例，说明创建旋转切削特征的一般过程。

图 5.9.4　旋转切削特征

Step **1**　打开文件 D:\inv13.1\work\ch05\ch05.09\revolve_cut.ipt。

Step **2**　选择命令。在 创建 ▾ 区域中选择 🔾 命令后，系统弹出图 5.9.2 所示的"创建旋转"对话框。

Step **3**　定义特征的截面草图。

（1）选择草图平面。单击 创建二维草图 按钮，在系统 选择平面以创建草图或编辑现有草图 的提示下，选取 XZ 平面作为草图平面，进入草图绘制环境。

（2）绘制图 5.9.5 所示的截面草图（包括旋转中心线）。

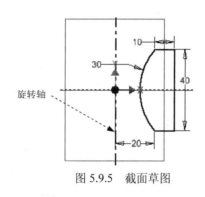

图 5.9.5　截面草图

① 绘制草图的大致轮廓。

② 建立图 5.9.5 所示的几何约束和尺寸约束，修改并整理尺寸。

Step **4**　定义旋转属性。单击 草图 选项卡 返回到三维 区域中的 🔾 按钮，系统弹出"旋转"对话框，在"旋转"对话框 范围 区域的下拉列表中选中 全部 选项，将布尔运算类型设置为"求差"类型 🔲。

Step **5**　单击窗口中的 确定 按钮，完成旋转切削的定义。

Step **6**　单击 📄 ➜ 📁 另存为 命令，命名为 revolve_cut_ok.ipt，保存零件模型。

5.10　倒角特征

5.10.1　倒角特征简述

倒角（Chamfer）特征实际上是一个在两个相交面的交线上建立斜面的特征。倒角特征属于构建特征。构建特征不能单独生成，而只能在其他特征之上生成，构建特征包括倒角特征、圆角特征、孔特征和修饰特征等。

5.10.2　创建简单倒角特征的一般过程

下面以图 5.10.1 所示的简单零件为例，说明在一个模型上添加倒角特征的详细过程。

a）倒角前　　　　　　　　　　　　　　　　　b）倒角后

图 5.10.1　倒角特征

Step 1　打开文件 D:\inv13.1\work\ch05\ch05.10\chamfer.ipt。

Step 2　选择命令。在 修改 ▼ 区域中单击 ⬭ 倒角 按钮，系统弹出图 5.10.2 所示的"倒角"对话框。

图 5.10.2 所示的"倒角"对话框的说明如下：

- ⬭ 按钮：创建的倒角沿两个邻接曲面距选定边的距离相等，需输入倒角边长的值。

- ⬭ 按钮：创建的倒角沿一邻接曲面距选定边的距离为倒角边长值，并且与该面成一指定夹角；只能在两个平面之间使用该命令，需输入角度和倒角边长的值，如图 5.10.3 所示。

- ⬭ 按钮：创建的倒角沿第一个曲面距选定边的距离为倒角边长 1，沿第二个曲面距选定边的距离为倒角边长 2，需输入倒角边长 1 和倒角边长 2 的值，如图 5.10.4 所示。

- ⬭ 边 按钮：用于定义要倒角的各条边。

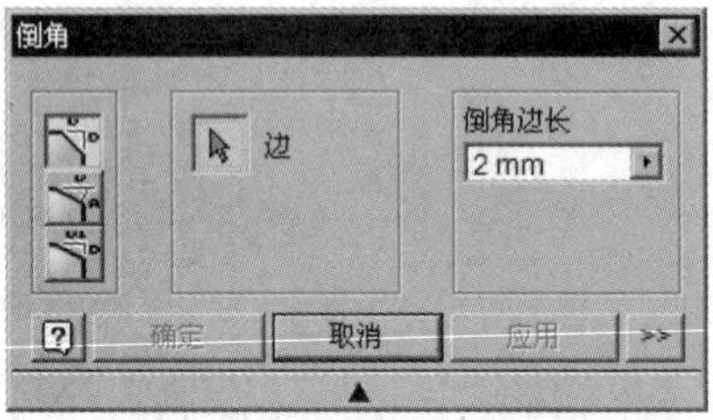

图 5.10.2　"倒角"对话框

图 5.10.3   应用"倒角边长和角度"的倒角   图 5.10.4   应用"两个倒角边长"的倒角

- 面按钮：用于定义由距离和角度定义的倒角边。
- 按钮：对于由两个距离定义的倒角，使倒角距离的方向相反。
- 倒角边长 文本框：用于指定倒角的距离。
- 角度 文本框：用于由距离和角度选项定义倒角时指定倒角的角度。
- 按钮：用于选择所有相连相切边。
- 按钮：用于选择独立的边。
- 按钮：用于在平面相交处联接倒角，如图 5.10.5 所示。
- 按钮：用于在平面相交处形成角点，如图 5.10.6 所示。

图 5.10.5   应用"过渡"的倒角   图 5.10.6   无过渡的倒角

Step 3   定义倒角类型。在"倒角"对话框中定义倒角类型为"倒角边长"选项。

Step 4   选取模型中要倒角的边线，如图 5.10.1 所示。

Step 5   定义倒角参数。在"倒角"对话框 倒角边长 文本框中输入 2.0。

Step 6   单击"倒角"对话框中的 确定 按钮，完成倒角特征的定义。

Step 7   单击 ⏺ ➡ 另存为 命令，命名为 chamfer_ok，保存零件模型。

5.11   圆角特征

5.11.1   圆角特征简述

使用圆角（Round）命令可创建曲面间的圆角或中间曲面位置的圆角。曲面可以是实体模型的曲面，也可以是曲面特征。在 Inventor 中提供了三种创建圆角的方法，用户可以根据不同情况进行圆角操作。这里将其中的两种创建圆角的方法介绍如下。

5.11.2　创建等半径圆角

下面以图 5.11.1 所示的一个简单模型为例，说明创建等半径圆角特征的一般操作步骤。

a）倒圆角前　　　　　　　　　　　　　　　b）倒圆角后

图 5.11.1　等半径圆角特征

Step 1　打开文件 D:\inv13.1\work\ch05\ch05.11\round_1.ipt。

Step 2　选择命令。在 修改 ▾ 区域中单击⬦按钮，系统弹出图 5.11.2 所示的"圆角"对话框（一）。

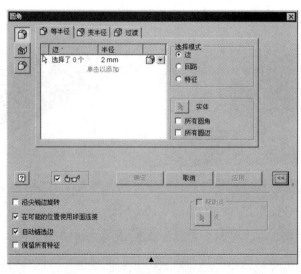

图 5.11.2　"圆角"对话框（一）

Step 3　定义圆角类型。在"圆角"对话框（一）中单击"边圆角"按钮⬦，并确认⬦ 等半径选项卡被激活。

Step 4　选取要倒圆角的对象。在系统选择一条边进行圆角 的提示下，选取图 5.11.1 所示的模型边线为要倒圆角的对象。

Step 5　定义倒圆角参数。在"倒圆角"小工具栏"半径 R"文本框中输入 10。

Step 6　单击"圆角"对话框中的 确定 按钮，完成等半径圆角特征的创建，如图 5.11.1 所示。

图 5.11.2 所示的"圆角"对话框（一）的说明如下：

- ☐（边圆角）按钮：用于在零件的一条或者多条边线上添加圆角。

- ☐（面圆角）按钮：用于在不需要共享边的两个选定的面集之间添加圆角。

- ☐（全圆角）按钮：用于添加与三个相邻面相切的变半径的圆角。

- 边 选项：用于显示当前所选边的数目。

- 半径 选项：用于指定所选边线倒圆的半径值。

- 选择模式 区域：用于改变在一组边中添加或者删除边的方法。

  - ☑ ⊙ 边 单选按钮：用于选择或者删除单条边线。

  - ☑ ⊙ 回路 单选按钮：用于选择或者删除在一个面上形成封闭回路的边。

  - ☑ ⊙ 特征 单选按钮：用于选择或者删除因某个特征与其他面相交所导致的边以外的所有边。

- ☐ 实体按钮：用于选择多实体零件中的参与实体，在单实体零件中不可用。

- ☑ 所有圆角 复选框：用于选择或删除所有剩余的凹边和拐角，在部件环境中不可用。

- ☑ 所有圆边 复选框：用于选择或删除所有剩余的凸边和拐角，在部件环境中不可用。

- ☐ 沿尖锐边旋转 复选框：选中该复选框可以在需要时改变指定的半径，以保证相邻面的边壁延伸。

- ☑ 在可能的位置使用球面连接 复选框：选中该复选框用于创建一个边圆角，若清除该复选框则在锐利拐角的边圆角之间建立连续相切的过渡（效果如图 5.11.3 所示）。

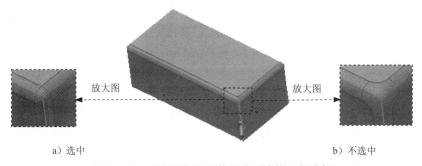

　　　　a）选中　　　　　　　　　　　　　　　　　b）不选中

图 5.11.3　"在可能位置使用球面连接"复选框

- ☑ 自动链选边 复选框：选中该复选框可以在选择一条圆角边时自动选取所有与其相切的边。

- ☐ 保留所有特征 复选框：选中该复选框，所有与圆角相交的特征都会被选中，并且在进行圆角操作时计算它们的交线。如果清除该复选框，则在圆角操作中只计算参与操作的边。

● ☑ 👓 复选框：用于提供当前选择的圆角预览。

5.11.3　创建变半径圆角

下面以图5.11.4所示的一个简单模型为例，说明创建变半径圆角特征的一般过程。

边线1

a）倒圆角前　　　　　　　　　　　　　　　b）倒圆角后

图 5.11.4　变半径圆角特征

Step 1　打开文件 D:\inv13.1\work\ch05\ch05.11\round_2.ipt。

Step 2　选择命令。在 修改▼ 区域中单击🔲按钮，系统弹出"圆角"对话框（一）。

Step 3　定义圆角类型。在"圆角"对话框（一）中单击"边圆角"按钮🔲，并单击 🔲 变半径 选项卡（如图5.11.2所示）。

Step 4　选取要倒圆角的对象。在系统选择一条边进行圆角 的提示下，选取图5.11.4a所示的边线1为要倒圆角的对象。

Step 5　定义倒圆角参数。在图形区选取图5.11.5所示的两个参考点，此时在图5.11.6所示的"圆角"对话框（二）的"点"区域会添加除了开始点与结束点之外的另外两个点，然后在"圆角"对话框（二）的 半径 文本框中修改各控制点的半径值，并修改点1与点2的位置（具体数值可参考图5.11.7所示）。

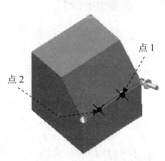

点1

点2

图 5.11.5　添加参考点

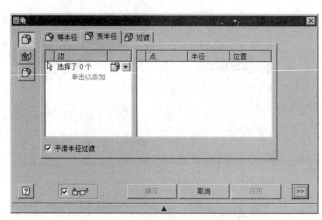

图 5.11.6　"圆角"对话框（二）

Step 6　单击"圆角"对话框（三）中的 确定 按钮，完成变半径圆角特征的定义。

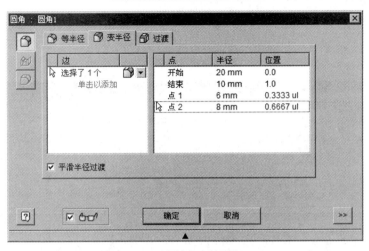

图 5.11.7　"圆角"对话框（三）

图 5.11.7 所示的"圆角"对话框（三）的说明如下：

☑ **平滑半径过渡** 复选框：选中该复选框可以使圆角在控制点之间逐渐过渡，若清除该复选框则在控制点之间用线性过渡来创建圆角，效果如图 5.11.8 所示。

a）不选中　　　　　　　　　　　　　b）选中

图 5.11.8　"平滑半径过渡"复选框

5.11.4　创建面圆角

下面以图 5.11.9 所示的一个简单模型为例，说明创建面圆角特征的一般过程。

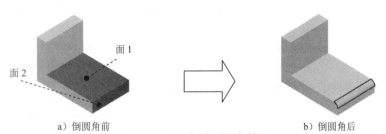

a）倒圆角前　　　　　　　　　　b）倒圆角后

图 5.11.9　创建面圆角特征

Step 1　打开文件 D:\inv13.1\work\ch05\ch05.11\round_3.ipt。

Step 2　选择命令。在 修改 ▼ 区域中单击 按钮，系统弹出"圆角"对话框（一）。

Step 3 定义圆角类型。在"圆角"对话框（一）中单击"面圆角"按钮 ，系统弹出图 5.11.10 所示的"圆角"对话框（四）。

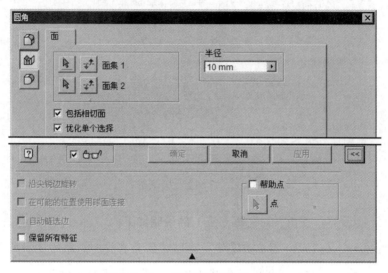

图 5.11.10 "圆角"对话框（四）

图 5.11.10 所示的"圆角"对话框（四）的说明如下：

● 面集 1 按钮：用于指定要创建圆角的第一个面集中的模型或曲面的一个或多个相切、连续面，可通过反转按钮反转在选取曲面时要在其上创建圆角的侧面。

● 面集 2 按钮：用于指定要创建圆角的第二个面集中的模型或曲面的一个或多个相切、连续面，可通过反转按钮反转在选取曲面时要在其上创建圆角的侧面。

● 包括相切面 复选框：选中此复选框则允许圆角在相切面、相邻面上自动延续。

● 优化单个选择 复选框：选中此复选框后，当单个选择后，系统自动进入下一个"选择"命令。

● 半径 文本框：用于指定所选面集的圆角半径。

Step 4 选取要倒圆角的对象。在系统 选择面进行过渡 的提示下，选取图 5.11.9a 所示的模型面 1、面 2。

Step 5 定义倒圆角参数。在"圆角"对话框（四）的 半径 文本框中输入 10。

Step 6 单击对话框中的 确定 按钮，完成面圆角特征的定义。

5.11.5 创建全圆角

全圆角：相切于三个相邻面组（一个或多个面相切）的圆角。

下面以图 5.11.11 所示的一个简单模型为例，说明创建全圆角特征的一般操作步骤。

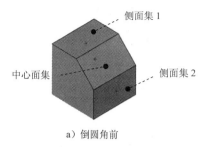

中心面集

侧面集 1

侧面集 2

a）倒圆角前   b）倒圆角后

图 5.11.11 完整圆角特征

Step 1 打开文件 D:\inv13.1\work\ch05\ch05.11\round_4.ipt。

Step 2 选择命令。在 修改 ▼ 区域中单击 按钮，系统弹出"圆角"对话框（一）。

Step 3 定义圆角类型。在"圆角"对话框中单击"全圆角"按钮 ，系统弹出图 5.11.12
所示的"圆角"对话框（五）。

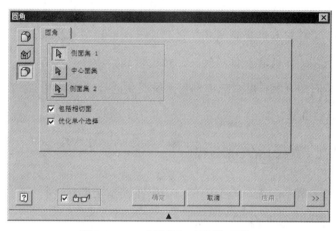

图 5.11.12 "圆角"对话框（五）

Step 4 选取要倒圆角的对象。在系统 选择面进行过渡 的提示下，依次选取图 5.11.11a 所示
的模型侧面集 1、中心面集、侧面集 2。

Step 5 单击对话框中的 确定 按钮，完成全圆角特征的定义。

说明：一般而言，在生成圆角时最好遵循以下规则。

● 在添加小圆角之前添加较大圆角。当有多个圆角汇聚于一个顶点时，应先生成较
  大的圆角。

● 在生成圆角前先添加拔模。如果要生成具有多个圆角边线及拔模面的铸模零件，
  在大多数情况下，应在添加圆角之前添加拔模特征。

● 最后添加装饰用的圆角。在大多数其他几何体定位后，尝试添加装饰圆角。越早
  添加它们，则系统需要花费越长的时间重建零件。

● 如要加快零件重建的速度，请使用单一圆角操作来处理需要相同半径圆角的多条边线。然而，如果改变此圆角的半径，则在同一操作中生成的所有圆角都会改变。

5.12 孔特征

Inventor 中提供了专门的孔（Hole）特征命令，用户可以方便而快速地创建各种要求的孔。

5.12.1 孔特征简述

在 Inventor 中，可以创建两种类型的孔特征。

● 简单孔：具有圆截面的切口，它始于放置曲面并延伸到指定的终止曲面或用户定义的深度。

● 标准孔：具有基本形状的螺孔。它是基于相关的工业标准，可带有不同的末端形状的配合孔、螺纹孔和锥螺纹孔。对选定的紧固件，既可计算攻螺纹所需参数，也可计算间隙直径；用户既可利用系统提供的标准查找表，也可创建自己的查找表来查找这些直径。

5.12.2 创建孔特征（直孔）的一般过程

下面以图 5.12.1 所示的简单模型为例，说明在模型上创建孔特征（简单直孔）的一般操作步骤。

Step 1 打开文件 D:\inv13.1\work\ch05\ch05.12\piston_hole.ipt，如图 5.12.1 所示。

孔的放置面

a）钻孔前　　　　　　　图 5.12.1　孔特征　　　　　　b）钻孔后

Step 2 选择命令。在 修改 ▾ 区域中单击 ◎ 按钮，系统弹出图 5.12.2 所示的"孔"对话框。

图 5.12.2 所示的"孔"对话框中各选项的说明如下：

● 放置 区域各选项的功能介绍如下：

　　☑ 单击"线性"选项后的小三角形，在下拉列表中可选择四种定位孔的放置方式，各选项功能如下：

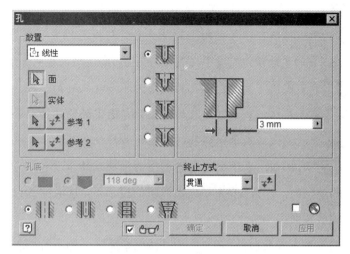

图 5.12.2　"孔"对话框

> 从草图 选项：选中此选项后，则可以利用草图中的孔中心点或者其他的可用端点作为孔的定位点。

> 线性 选项：选中此选项，则需要选取两条边线作为孔的放置参考。

> 同心 选项：选中此选项，可以创建与环形边或圆柱面同心的孔。

> 参考点 选项：用于创建与工作点重合并且根据轴、边或工作平面定位的孔。

☑ 面按钮：用于选择要放置孔的平面。

☑ 参考1按钮：用于选择为标注孔放置而参考的第一条线性边。

☑ 参考2按钮：用于选择为标注孔放置而参考的第二条线性边。

● 放置 区域右侧可以选择打孔的样式，可选择四种孔的样式，各样式的说明如下：

☑ （直孔）单选按钮：表示创建孔的样式为直孔。

☑ （沉头孔）单选按钮：表示创建孔的样式为沉头孔。

☑ （沉头平面孔）单选按钮：表示创建孔的样式为沉头平面孔。

☑ （倒角孔）单选按钮：表示创建孔的样式为倒角孔（或者称为埋头孔）。

● 孔底 区域用于设置孔的底部类型，各类型的说明如下：

☑ （平直）单选按钮：表示创建孔的底部为平面。

☑ （角度）单选按钮：表示创建孔的底部为成一定角度的。

● 终止方式 区域用于设置孔的终止方式，各终止方式的说明如下：

☑ 距离 选项：可以创建确定深度尺寸类型的特征,此时特征将从草绘平面开始,按照所输入的数值（即拉伸深度值）向特征创建方向的一侧生成。

☑ **贯通** 选项：特征将与所有曲面相交。

☑ **到** 选项：特征在拉伸方向上延伸，直到与指定的平面相交。

● **孔底** 区域下方的单选按钮组用于设置孔的类型，各类型的说明如下：

☑ ◉ ▮▮ 单选按钮：表示创建孔的类型为不带螺纹的简单孔。

☑ ◉ ▮▮ 单选按钮：表示创建孔的类型为与选定的紧固件配合的孔。

☑ ◉ ▤ 单选按钮：表示创建孔的类型为带螺纹的孔。

☑ ◉ ▤ 单选按钮：表示创建孔的类型为带螺纹的锥度孔。

Step 3 定义孔的放置面。在系统 **选择平面以放置孔** 的提示下，选取图 5.12.1a 所示的模型表面为孔的放置面。

Step 4 定义孔的放置方式及参考。在"孔"对话框 **放置** 区域的下拉列表中选择 **线性** 选项，然后选取图 5.12.3 所示的两条边线为放置的参考，定位尺寸均为 10。

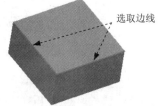

选取边线

Step 5 定义孔的样式及类型。在"孔"对话框中确认"直孔"单选按钮 ▮ 与"简单孔"单选按钮 ◉ ▮▮ 被选中。

图 5.12.3 选取边线

Step 6 定义孔的参数。

（1）定义孔的深度。在"孔"对话框 **终止方式** 区域的下拉列表中选择 **贯通** 选项。

（2）定义孔的直径。在"孔"对话框预览图像区域输入孔的直径为 8.0。

Step 7 单击"孔"对话框中的 **确定** 按钮，完成孔的创建。

5.12.3 创建螺孔（标准孔）

下面以图 5.12.4 所示的简单模型为例，说明在模型上创建孔特征（标准孔）的一般操作步骤。

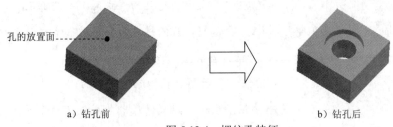

孔的放置面

a）钻孔前   b）钻孔后

图 5.12.4 螺纹孔特征

Step 1 打开文件 D:\inv13.1\work\ch05\ch05.12\piston_hole.ipt，如图 5.12.4 所示。

Step 2　选择命令。在 修改 ▼ 区域中单击⚙按钮，系统弹出"孔"对话框。

Step 3　定义孔的放置面。在系统<mark>选择平面以放置孔</mark>的提示下，选取图 5.12.4a 所示的模型表面为孔的放置面。

Step 4　定义孔的放置方式及参考。在"孔"对话框<mark>放置</mark>区域的下拉列表中选择<mark>线性</mark>选项，然后选取图 5.12.5 所示的两条边线为放置的参考，定位尺寸均为 10。

Step 5　定义孔的样式及类型。在"孔"对话框中确认"沉头孔"和"螺纹孔"单选按钮被选中，在<mark>螺纹</mark>区域<mark>螺纹类型</mark>下拉列表中选择<mark>GB Metric profile</mark>选项，在<mark>尺寸</mark>下拉列表中选择<mark>8</mark>，在<mark>规格</mark>下拉列表中选择<mark>M8x0.5</mark>，其余参数接受系统默认。

Step 6　定义孔的参数。

（1）定义孔的深度。在"孔"对话框<mark>终止方式</mark>区域的下拉列表中选择<mark>贯通</mark>选项。

（2）定义孔的直径。在"孔"对话框孔预览图像区域输入图 5.12.6 所示的参数。

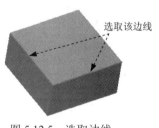

图 5.12.5　选取边线

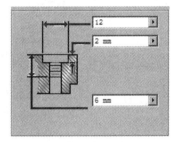

图 5.12.6　设置参数

Step 7　单击"孔"对话框中的 确定 按钮，完成孔的创建。

5.13　拔模特征

5.13.1　拔模特征简述

　　注射件和铸件往往需要一个拔模斜面才能顺利脱模，Inventor 的拔摸（斜度）特征就是用来创建模型的拔模斜面的。拔模特征共三种：固定边拔模、固定平面拔模和分模线拔模。

5.13.2　从固定平面拔模

　　下面以图 5.13.1 所示的模型为例，说明从固定平面拔模特征的一般操作过程。

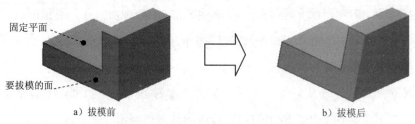

a）拔模前   b）拔模后

图 5.13.1 拔模（斜度）特征

Step 1 打开文件 D:\inv13.1\work\ch05\ch05.13\draft_general.ipt。

Step 2 选择命令。在 修改 ▼ 区域中单击 拔模 按钮，系统弹出图 5.13.2 所示的"面拔模"对话框。

图 5.13.2 "面拔模"对话框

图 5.13.2 所示的"面拔模"对话框中的各选项说明如下：

- （固定边）按钮：选中此按钮，指定的拔模角度将从零件边开始，如图 5.13.3 所示。

- （固定平面）按钮：选中此按钮，指定的拔模角度将从参考平面或平的面定义，如图 5.13.4 所示。

图 5.13.3 固定边拔模   图 5.13.4 固定面拔模

- （分模线）按钮：用于创建有关二维或三维的拔模，模型将在分模线的上方和下方进行拔模，使用此按钮的前提是有一个三维的线即分模线。

- 固定平面按钮：用于选取在拔模过程中固定不变的面，同时通过此面确定拔模的方向，读者可通过 按钮改变拔模的方向。

● 面按钮：用于选取要进行拔模的面。

● ☑ 自动链选面 复选框：选中该复选框可以在选择一个面时自动选取所有与其相切的面。

● ☑ 自动过渡 复选框：用于以圆角或其他特征过渡到其他面。

● 拔模斜度 文本框：用于设置拔模的角度。

● （单项）按钮：用于在一个方向上进行拔模。

● （对称）按钮：用于在平面或分模线的上方和下方添加同一角度的拔模。

● （不对称）按钮：用于在平面或分模线上方和下方添加不同角度的拔模。

Step 3 定义拔模类型。在"面拔模"对话框中将拔模类型设置为"固定平面"类型。

Step 4 定义固定面。在系统 选择平面或工作平面 的提示下，选取图 5.13.1a 所示的模型表面为拔模固定平面。

Step 5 定义拔模面。在系统 选择拔模面 的提示下，选取图 5.13.1a 所示的模型表面为需要拔模的面。

Step 6 定义拔模属性。在"面拔模"对话框 拔模斜度 文本框中输入 15。

Step 7 定义拔模方向。拔模方向如图 5.13.5 所示。

图 5.13.5 定义拔模方向

Step 8 单击"面拔模"对话框中的 确定 按钮，完成从固定平面拔模特征的创建。

5.14 抽壳特征

抽壳（Shell）特征是指将实体的内部掏空，留下一定壁厚（等壁厚或多壁厚）的空腔，该空腔可以是封闭的，也可以是开放的。在使用该命令时，要注意各特征的创建次序。

1. 等壁厚抽壳

下面以图 5.14.1 所示的简单模型为例，说明创建等壁厚抽壳特征的一般操作步骤。

模型表面 3　模型表面 2　模型表面 1

a）抽壳前　　　　　　　　　　　　b）抽壳后

图 5.14.1 等壁厚的抽壳

Step 1 打开 D:\inv13.1\work\ch05\ch05.14\shell_feature.ipt。

Step 2 选择命令。在 修改 ▼ 区域中单击⊡ 抽壳 按钮，系统弹出图 5.14.2 所示的"抽壳"对话框。

Step 3 定义抽壳厚度。在"抽壳"对话框 厚度 文本框中输入抽壳厚度值为 1.0。

图 5.14.2 "抽壳"对话框

图 5.14.2 所示的"抽壳"对话框中的各选项说明如下：

- (向内) 按钮：用于向零件的内部偏移壳壁，原始零件的外壁成为抽壳的外壁。
- (向外) 按钮：用于向零件的外部偏移壳壁，原始零件的外壁成为抽壳的内壁。
- (双向) 按钮：用于向零件的内部和外部以相同距离偏移壳壁，零件的每侧厚度将增加抽壳厚度的一半。
- 开口面 按钮：用于选择要删除的零件面，保留剩余的面作为壳壁。
- 厚度 文本框：用于指定抽壳面的厚度。

Step 4 选择要移除的面。在系统 选择要去除的表面 的提示下，选择图 5.14.1a 所示的模型表面为要移除的面。

Step 5 单击"抽壳"对话框中的 确定 按钮，完成抽壳特征的创建。

2. 多壁厚抽壳

利用多壁厚抽壳，可以生成在不同面上具有不同壁厚的抽壳特征。

下面以图 5.14.3 所示的简单模型为例，说明创建多壁厚抽壳特征的一般过程。

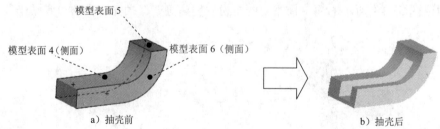

模型表面 5

模型表面 4（侧面） 模型表面 6（侧面）

a）抽壳前   b）抽壳后

图 5.14.3 多壁厚的抽壳

Step 1 打开 D:\inv13.1\work\ch05\ch05.14\shell_feature.ipt。

Step 2 选择命令。在 修改 ▾ 区域中单击 抽壳 按钮，系统弹出"抽壳"对话框，然后单击 >> 按钮。

Step 3 定义抽壳厚度。在"抽壳"对话框 厚度 文本框中输入抽壳厚度值为 2.0。

Step 4 选择要移除的面。在系统 选择要去除的表面 的提示下，选择图 5.14.1a 所示的模型表面为要移除的面。

Step 5 定义抽壳剩余面的厚度。

（1）在"抽壳"对话框 特殊面厚度 区域单击 单击以添加 使其激活，然后选取图 5.14.3a 所示的模型表面 4 为特殊面，然后在"厚度"文本框中输入数值 8.00。

（2）在 特殊面厚度 区域单击 单击以添加 ，参照上一步分别选取图 5.14.3a 所示的模型表面 5 和模型表面 6 为特殊面，分别输入厚度值 6.00 和 4.00。

Step 6 单击"抽壳"对话框中的 确定 按钮，完成抽壳特征的创建。

5.15 加强筋（肋板）特征

加强筋（肋板）是用来加固零件的，也常用来防止出现不需要的折弯。加强筋（肋板）特征的创建过程与拉伸特征基本相似，不同的是加强筋（肋板）特征的截面草图是不封闭的，其截面只是一条直线。

下面以图 5.15.1 所示的模型为例，说明创建加强筋（肋板）特征的一般过程。

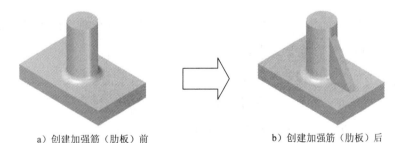

a）创建加强筋（肋板）前　　　　　　　　b）创建加强筋（肋板）后

图 5.15.1　加强筋（肋板）特征

Step 1 打开文件 D:\inv13.1\work\ch05\ch05.15\rib_feature.ipt。

Step 2 定义加强筋（肋板）特征的截面草图。

（1）在 三维模型 选项卡 草图 区域单击 按钮，然后选择 XY 平面为草图平面，系统进入草图设计环境。

（2）绘制图 5.15.2 所示的草图，单击 按钮，退出草绘环境。

Step 3 选择命令。在 创建 ▾ 区域中单击 加强筋 按钮，系统弹出图 5.15.3 所示的"加强筋"对话框。

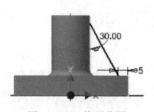

图 5.15.2 截面草图

图 5.15.3 "加强筋"对话框

图 5.15.3 所示的"加强筋"对话框中的各选项说明如下：

- ▨（垂直于草图平面）按钮：用于创建加强筋厚度垂直于草图平面的筋特征，如图 5.15.4 所示。

- ▨（平行于草图平面）按钮：用于创建加强筋厚度平行于草图平面的筋特征，如图 5.15.5 所示。

图 5.15.4 "垂直于草图平面"按钮

图 5.15.5 "平行于草图平面"按钮

- ▨ 截面轮廓按钮：用于定义加强筋形状的截面轮廓。此轮廓可以开放也可以封闭。

- ▨ ▨按钮：用于指定几何图元的拉伸方向。

- 厚度文本框：用于指定加强筋的厚度。

- ▨ ▨ ▨按钮：用于选择要创建特征的轮廓的一侧。加强筋（肋板）方向可以是向一侧、向另一侧或者双向拉伸，如图 5.15.6 所示。

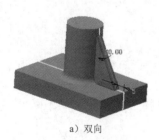

a）双向

b）左侧

c）右侧

图 5.15.6 轮廓一侧形式

- ▨（到表面或平面）按钮：使加强筋或肋板终止于下一个面，如图 5.15.7 所示。

- （有限的）按钮：设定加强筋或肋板终止的特定距离，需输入一个值，如图 5.15.8 所示。

图 5.15.7 "到表面或平面"按钮   图 5.15.8 "有限的"按钮

Step 4 指定加强筋轮廓。在图形区选取 Step2 中创建的截面草图。

Step 5 指定加强筋的类型。在"加强筋"对话框中单击"平行于草图平面"按钮 。

Step 6 定义加强筋特征的参数。

（1）定义加强筋的拉伸方向。在"加强筋"对话框中设置拉伸方向为"方向 1"类型 。

（2）定义加强筋的厚度。在 厚度 文本框中输入 4.0，将加强筋的生成方向设置为"双向"类型 ，其余参数接受系统默认设置。

Step 7 单击"加强筋"对话框中的 确定 按钮，完成加强筋特征的创建。

5.16 参考几何体

Inventor 中包括由系统默认存在的三个工作平面、三个坐标轴、一个工作点组成的"原始坐标系"，此坐标系是固定的，相当于 AutoCAD 中的 WCS。

Inventor 中的参考几何体包括工作平面、工作轴、工作坐标系和工作点等基本几何元素，这些几何元素可作为其他几何体构建时的参照，在创建零件的一般特征、曲面、零件的剖切面以及装配中起着非常重要的作用。

5.16.1 工作平面

工作平面也称基准面。它是一种自定义、参数化且无限大的坐标平面。在创建一般特征时，如果模型上没有合适的平面，用户可以创建工作平面作为特征截面的草图平面及其参考平面。

在绘制草图时也可以根据一个工作平面进行标注，就好像它是一条边。工作平面的大小可以调整，以使其看起来适合零件、特征、曲面、边、轴或半径。

要选择一个工作平面，可以在浏览器中选择其名称，或在图形区中选择它的一条边界。

5 Chapter

1. 创建平面绕边旋转一定角度的工作平面

下面以一个范例来说明创建平面绕边旋转一定角度的工作平面的一般过程。如图 5.16.1 所示，现在要创建一个工作平面 1，使其穿过图中模型的一个边线，并与模型上的一个表面成 30°的夹角。

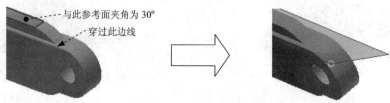

与此参考面夹角为 30º
穿过此边线

图 5.16.1　工作平面的创建 1

Step 1　打开 D:\inv13.1\work\ch05\ch05.16\ch05.16.01\connecting_rod_plane1.ipt。

Step 2　选择命令。在 定位特征 区域中单击"平面"按钮 下的 平面 ，选择 平面绕边旋转的角度 命令。

Step 3　定义工作平面的参考实体。在系统 选择线或平面 的提示下，选取图 5.16.1 所示的面为参考平面，然后选取图 5.16.1 所示的线为参考轴。

Step 4　定义参数。在系统弹出的"平面"工具栏中输入角度为 30.0，单击 按钮，完成特征的创建。

说明：工作平面有正反面之分，默认情况下正面颜色是透明淡黄色板，反面颜色是透明淡蓝色板，可以更改工作平面的名称，也可以控制显示与隐藏。

2. 创建平行于选定平面或面的工作平面

Step 1　选择命令。在 定位特征 区域中单击"平面"按钮 下的 平面 ，选择 从平面偏移 命令。

Step 2　选取某一参考平面，然后在"工作平面"工具栏的文本框中输入要偏距的距离。

Step 3　单击 按钮，完成偏距工作平面的创建。

3. 创建垂直于选定曲线的工作平面

利用点与曲线创建工作平面，此工作平面通过所选点，且与选定的曲线垂直。

如图 5.16.2 所示，通过垂直于曲线创建工作平面的一般操作步骤如下。

参考曲线

点 1

图 5.16.2　工作平面的创建 2

Step 1 打开 D:\inv13.1\work\ch05\ch05.16\ch05.16.01\connecting_rod_plane2.ipt。

Step 2 选择命令。在 定位特征 区域中单击"平面"按钮 下的 平面 ，选择 在指定点处与曲线垂直 命令。

Step 3 定义工作平面的参考实体。选取图 5.16.2 所示的曲线为参考线，然后再选取点 1。

Step 4 完成通过点 1 且垂直于参考曲线的平面的创建。

4. 创建相切于选定曲面的工作平面

通过选择一个曲面创建工作平面，此工作平面与所选曲面相切，需要注意的是创建时应指定方向矢量。下面介绍创建图 5.16.3 所示工作平面的一般操作步骤。

选取此曲面
选取此点
创建此平面

a）创建前　　　　　　　　　　　　b）创建后

图 5.16.3　创建与曲面相切的工作平面

Step 1 打开 D:\inv13.1\work\ch05\ch05.16\ch05.16.01\connecting_rod_plane3.ipt。

Step 2 选择命令。在 定位特征 区域中单击"平面"按钮 下的 平面 ，选择 与曲面相切且通过点 命令。

Step 3 定义工作平面的参考实体。选取图 5.16.3a 所示的点和曲面作为所要创建的工作平面的参考实体。

Step 4 完成工作平面的创建。

5. 控制工作平面的显示大小

尽管工作平面实际上是一个无穷大的平面，但在默认情况下，系统根据模型大小对其进行缩放显示。显示的基准平面的大小随零件尺寸的不同而改变。除了那些即时生成的平面以外，其他所有工作平面的大小都可以加以调整，以适应零件、特征、曲面、边、轴或半径，操作步骤如下。

在浏览器上单击一工作平面，然后右击，在弹出的快捷菜单中选择 自动调整大小(A) 命令，此时系统将根据图形区零件的大小自动调整工作平面。读者要想自由调整平面的大小可通过如下操作：首先确认 自动调整大小(A) 不被选择，然后选取要更改大小的工作平面，选中工作平面上的某个控制点，通过拖动工作平面上的四个控制点来调整其大小。

6. 工作平面的作用

（1）作为草图绘制时的参考面。

（2）作为创建工作轴或工作点的参考。

（3）作为创建拉伸、旋转等特征时的终止平面。

（4）作为装配时的参考平面。

（5）作为装配或零件状态下剖切观察的剖面。

（6）工作平面还可以向其他的草图平面进行投影，作为草图的定位或参考基准。

5.16.2　工作轴

"工作轴"（axis）功能用于在零件设计模块中建立轴线，同工作平面一样，工作轴也可以用于特征创建时的参照，并且工作轴对创建工作平面、同轴放置项目和径向阵列特别有用。

创建工作轴后，系统用工作轴 1、工作轴 2 等依次自动分配其名称，要选取一个工作轴，可通过选择工作轴线自身或其名称。

1. 利用两平面创建工作轴

可以利用两个平面的交线创建工作轴。平面可以是系统提供的工作平面，也可以是模型表面。如图 5.16.4b 所示，利用两平面创建工作轴的一般操作步骤如下。

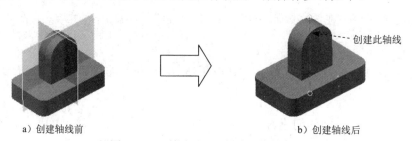

a）创建轴线前　　　　　　　　　　　　　b）创建轴线后

图 5.16.4　利用两平面创建工作轴

Step 1　打开文件 D:\inv13.1\work\ch05\ch05.16\ch05.16.02\create_datum_axis01.ipt。

Step 2　选择命令。在 定位特征 区域中单击"工作轴"按钮 ⧄ 后的小三角按钮 ▾，选择 两个平面的交集 命令。

Step 3　定义工作轴的参考实体。在系统 选择平面。 的提示下，选取 XY 平面和 YZ 平面作为要创建的工作轴的参考实体，完成工作轴的创建。

2. 利用两点/顶点创建工作轴

利用两点连线创建工作轴。点可以是顶点、边线中点或其他基准点。

下面介绍创建图 5.16.5b 所示工作轴的一般操作步骤。

Step 1　打开文件 D:\inv13.1\work\ch05\ch05.16\ch05.16.02\create_datum_axis02.ipt。

Step 2　选择命令。在 定位特征 区域中单击"工作轴"按钮 ⧄ 后的小三角按钮 ▾，选择 通过两点 命令。

Step 3 定义工作轴参考实体。在系统 选择点。 的提示下，选取图 5.16.5a 所示的顶点 1 和顶点 2 为工作轴的参考实体，完成工作轴的创建。

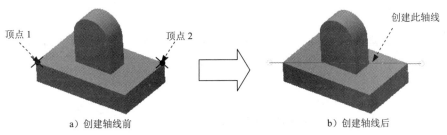

a）创建轴线前　　　　　　　　　　b）创建轴线后

图 5.16.5　利用两点/顶点创建工作轴

3. 利用圆柱/圆锥面创建工作轴

下面介绍创建图 5.16.6b 所示工作轴的一般操作步骤。

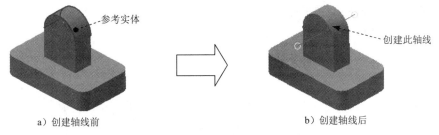

a）创建轴线前　　　　　　　　　　b）创建轴线后

图 5.16.6　利用圆柱/圆锥面创建工作轴

Step 1 打开文件 D:\inv13.1\work\ch05\ch05.16\ch05.16.02\create_datum_axis03.ipt。

Step 2 选择命令。在 定位特征 区域中单击"工作轴"按钮 后的小三角按钮，选择 通过旋转面或特征 命令。

Step 3 定义工作轴参考实体。在系统 选择圆柱曲面或旋转式曲面。 的提示下，选取图 5.16.6a 所示的半圆柱面为工作轴的参考实体，完成工作轴的创建。

4. 利用点和面/工作平面创建工作轴

选择一个曲面（或工作平面）和一个点生成工作轴，此工作轴通过所选点，且垂直于所选曲面（或工作平面）。需注意的是，如果所选面是曲面，那么所选点必须位于曲面上。

下面介绍创建图 5.16.7b 所示工作轴的一般操作步骤。

a）创建轴线前　　　　　　　　　　b）创建轴线后

图 5.16.7　利用点和面/工作平面创建工作轴

Step 1 打开文件 D:\inv13.1\work\ch05\ch05.16\ch05.16.02\create_datum_axis04.ipt。

Step 2 选择命令。在 定位特征 区域中单击"工作轴"按钮 ⟋ 后的小三角按钮 ▾，选择 ⌐╼垂直于平面且通过点 命令。

Step 3 定义工作轴参考实体。在系统 选择平面或点。 的提示下，选取图 5.16.7a 所示的平面 与点为工作轴的参考实体，完成工作轴的创建。

5．工作轴的作用

（1）作为创建工作平面或工作点的参考。

（2）为旋转特征提供旋转轴。

（3）为装配约束提供参考。

（4）为工程图尺寸提供参考。

（5）为环形阵列提供中心参考。

（6）作为对称轴。

（7）为三维草图提供参考。

5.16.3　工作点

"工作点"（point）功能用于在零件设计模块中创建点，作为其他实体创建的参考元素。

1．利用面的中心创建工作点

利用所选面的中心创建工作点。

下面介绍创建图 5.16.8b 所示工作点的一般操作步骤。

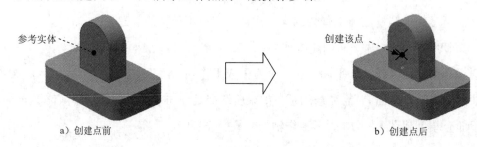

a）创建点前　　　　　　　　　　　　　　b）创建点后

图 5.16.8　利用面的中心创建工作点

Step 1 打开文件 D:\inv13.1\work\ch05\ch05.16\ch05.16.03\create_datum_point01.ipt。

Step 2 选择命令。在 定位特征 区域中单击"工作点"按钮 ◇ 后的小三角按钮 ▾，选择 ◇ 边回路的中心点 命令。

Step 3 定义工作点参考实体。在系统 选择边回路。 的提示下，选取图 5.16.8a 所示的模型表面 为工作点的参考实体，完成工作点的创建。

2．利用交叉点创建工作点

在所选参考实体的交线处创建点，参考实体可以是边线、曲线或草图线段。

下面介绍创建图 5.16.9b 所示工作点的一般操作步骤。

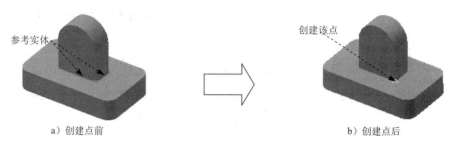

a）创建点前　　　　　　　　　　b）创建点后

图 5.16.9　利用交叉点创建工作点

Step 1 打开文件 D:\inv13.1\work\ch05\ch05.16\ch05.16.03\create_datum_point02.ipt。

Step 2 选择命令。在 定位特征 区域中单击"工作点"按钮 ◇ 后的小三角按钮 |·|，选择 两条线的交集 命令。

Step 3 定义工作点参考实体。在系统 选择线。 的提示下，选取图 5.16.9a 所示的两条边线为工作点的参考实体，完成工作点的创建。

3．工作点的作用

（1）作为创建工作平面或工作轴的参考。

（2）投影工作点可以作为二维草图的参考点。

（3）为装配约束提供参考。

（4）作为工作坐标系的参考。

（5）为三维草图提供参考。

5.16.4　用户坐标系

"用户坐标系"（coordinate）功能用于在零件设计模块中创建坐标系，作为其他实体创建的参考元素。

下面介绍创建图 5.16.10b 所示用户坐标系的一般操作步骤。

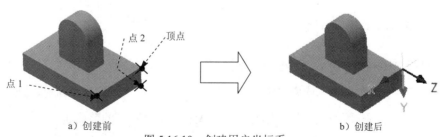

a）创建前　　　　　　　　　　b）创建后

图 5.16.10　创建用户坐标系

Step 1　打开文件 D:\inv13.1\work\ch05\ch05.16\ch05.16.04\create_datum_coordinate.ipt。

Step 2　选择命令。在 定位特征 区域中单击"用户坐标系"按钮 。

Step 3　定义坐标系参数。

（1）定义坐标系原点。在系统 拖动 UCS 至某个位置，或选择顶点或工作点来定义原点位置。 的提示下，选取图 5.16.10a 所示的顶点为坐标系原点。

（2）定义坐标系 X 轴。在系统 指定 X 轴的方向 的提示下选取图 5.16.10a 所示的点 1。

（3）定义坐标系 Y 轴。在系统 指定 Y 轴的方向 的提示下选取图 5.16.10a 所示的点 2。

5.17　特征的重新排序及插入操作

5.17.1　概述

在 5.14 节中，曾提到对一个零件进行抽壳，如果各特征的顺序安排不当，抽壳特征会生成失败，有时即使能生成抽壳，但结果也不会符合设计的要求，可按下面的操作方法进行验证。

Step 1　打开文件 D:\inv13.1\work\ch05\ch05.17\compositor.ipt。

Step 2　将底部圆角半径从 R6 改为 R15，会看到模型的底部出现多余的实体区域，如图 5.17.1 所示。显然这不符合设计意图，之所以会产生这样的问题，是因为圆角特征和抽壳特征的顺序安排不当，解决办法是将圆角特征调整到抽壳特征的前面，这种特征顺序的调整就是特征的重新排序。

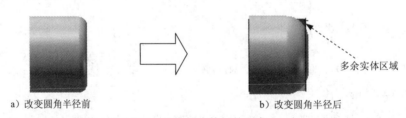

a）改变圆角半径前　　　　　　　　　　b）改变圆角半径后

多余实体区域

图 5.17.1　注意抽壳特征的顺序

5.17.2　重新排序的操作方法

这里仍以 compositor.ipt 为例，说明特征重新排序（Reorder）的操作方法。如图 5.17.2 所示，在零件的浏览器中，选中"圆角 1"特征，按住左键不放并拖动鼠标，拖至"抽壳 1"特征的上面，然后松开左键，这样圆角特征就调整到抽壳特征的前面了。

注意：特征的重新排序（Reorder）是有条件的，条件是不能将一个子特征拖至其父特征的前面。如果要调整有父子关系的特征的顺序，必须先解除特征间的父子关系。解除父子关系有两种办法：一是改变特征截面的标注参照基准或约束方式；二是改变特征的重定次序（Reroute），即改变特征的草绘平面和草绘平面的参照平面。

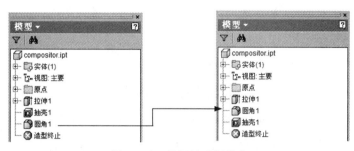

图 5.17.2　特征的重新排序

5.17.3　特征的插入操作

在上一节的 compositor.ipt 的练习中，当所有的特征完成以后，假如还要创建一个图 5.17.3b 所示的拉伸特征，并要求该特征创建在 圆角1 特征的后面，利用"特征的插入"功能可以满足这一要求，下面说明其一般操作步骤。

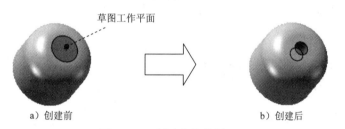

a）创建前　　　　　　　　　　　　　　b）创建后

图 5.17.3　创建拉伸特征

Step 1 定义添加特征的位置。在浏览器中选中 造型终止 选项，按住左键不放并拖动鼠标，拖至"抽壳 1"特征的上面，然后松开左键，如图 5.17.4 所示。

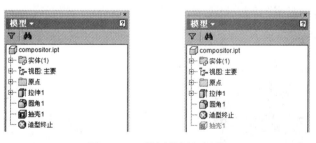

图 5.17.4　特征的插入操作

Step 2 定义添加的特征。

（1）选择命令。在 创建 ▼ 区域中单击 按钮，系统弹出"创建拉伸"对话框。

（2）定义截面草图。选择图 5.17.3 所示的模型表面作为草图平面，绘制图 5.17.5 所示的截面草图。

（3）定义拉伸属性。单击 返回到三维 区域中的 按钮，在"拉伸"对话框 范围 区域中的下拉列表中选择 距离 选项，在"距离"文本框中输入 10.0，将拉伸方向调整为"方向 2"类型 ，布尔操作选择"求差"类型 。

（4）单击"拉伸"对话框中的 确定 按钮，完成拉伸特征的创建。

Step 3 完成拉伸操作后，在浏览器中选中 造型终止 选项，按住左键不放并拖动鼠标，拖至"抽壳 1"特征的下面，然后松开左键，显示所有特征，如图 5.17.6 所示。

说明： 若不用 造型终止 插入特征，而直接将切除—拉伸特征添加到— 抽壳1 之后，则生成的模型如图 5.17.7 所示。

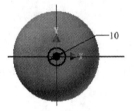

图 5.17.5　绘制截面草图

图 5.17.6　退回添加特征后

图 5.17.7　直接添加特征后

5.18　特征生成失败及其解决方法

在特征创建或重定义时，由于给定的数据不当或参考的丢失，会出现特征生成失败。下面就特征失败的情况进行讲解。

5.18.1　特征生成失败的出现

这里以一个简单模型为例进行说明。如果进行下列"编辑定义"操作（图 5.18.1），将会出现特征生成失败。

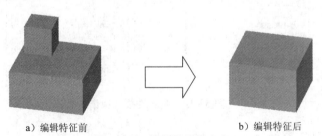

a）编辑特征前　　　　　　　　　　　　　　b）编辑特征后

图 5.18.1　特征的编辑定义

Step 1 打开 D:\inv13.1\work\ch05\ch05.18\fail.ipt。

Step 2 在图 5.18.2 所示的浏览器中，右击中  拉伸1 ，在系统弹出的快捷菜单中选择 编辑草图 命令，此时进入草图绘制环境。

Step 3 修改截面草图。将截面草图尺寸约束改为图 5.18.3 所示，单击 ✔ 按钮，完成截面草图的修改。

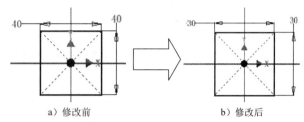

图 5.18.2 浏览器　　　　　　　　　　图 5.18.3 修改截面草图

Step 4 退出草图绘制环境后，系统弹出图 5.18.4 所示的 "Autodesk Inventor Professional－退出草图模式" 对话框，提示拉伸 2 特征有问题，这是因为拉伸 2 采用的是 "成形到下一面" 的终止条件，重定义拉伸 1 后，新的终止条件无法完全覆盖拉伸 2 的截面草图，造成特征的终止条件丢失，所以出现特征生成失败。

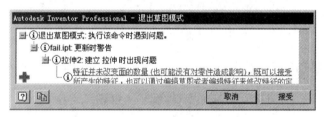

图 5.18.4 "Autodesk Inventor Professional－退出草图模式" 对话框

5.18.2 特征生成失败的解决方法

1. 解决方法一：删除特征

Step 1 在系统弹出的 "Autodesk Inventor Professional－退出草图模式" 对话框中单击 "设计医生" 按钮 ✚，系统弹出图 5.18.5 所示的 Autodesk Inventor Professional 2013 对话框。

图 5.18.5 Autodesk Inventor Professional 2013 对话框

Step 2 单击 Autodesk Inventor Professional 2013 对话框中的 是(Y) 按钮，系统弹出

图 5.18.6 所示的"设计医生"对话框（一）。

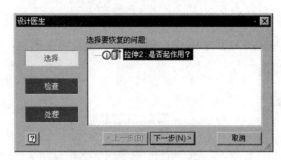

图 5.18.6　"设计医生"对话框（一）

Step 3　单击 下一步(N) > 按钮，系统弹出图 5.18.7 所示的"设计医生"对话框（二）。

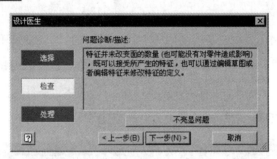

图 5.18.7　"设计医生"对话框（二）

Step 4　单击 下一步(N) > 按钮，系统弹出图 5.18.8 所示的"设计医生"对话框（三）。

图 5.18.8　"设计医生"对话框（三）

Step 5　在"设计医生"对话框（三）选择处理方法区域中选择 删除特征 选项，单击 完成 按钮，完成删除失败特征。

2. 解决方法二：重定义特征

Step 1　在系统弹出的"Autodesk Inventor Professional－退出草图模式"对话框中单击"设计医生"按钮 ，系统弹出 Autodesk Inventor Professional 2013 对话框。

Step 2　单击 Autodesk Inventor Professional 2013 对话框中的 是(Y) 按钮，系统弹出"设计医生"对话框（一）。

Step 3 单击 下一步(N) > 按钮，系统弹出"设计医生"对话框（二）。

Step 4 单击 下一步(N) > 按钮，系统弹出"设计医生"对话框（三）。

Step 5 在"设计医生"对话框（三）选择处理方法 区域中选择 编辑拉伸特征 选项，单击 完成 按钮。

Step 6 单击"拉伸"对话框中的 取消 按钮，然后右击浏览器中的 ⊕-①⬚⌷拉伸2 ，在系统弹出的快捷菜单中选择 ⊠ 编辑草图 命令，此时进入草图绘制环境。

Step 7 修改截面草图。将截面草图尺寸约束改为图 5.18.9 所示，单击 ✓ 按钮，完成截面草图的修改。

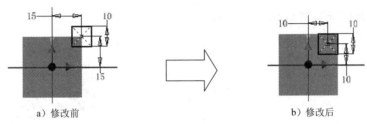

a）修改前   b）修改后

图 15.18.9   修改截面草图

3. 解决方法三：抑制特征

Step 1 在系统弹出的"Autodesk Inventor Professional－退出草图模式"对话框中单击"设计医生"按钮 ✚，系统弹出 Autodesk Inventor Professional 2013 对话框。

Step 2 单击 Autodesk Inventor Professional 2013 对话框中的 是(Y) 按钮，系统弹出"设计医生"对话框（一）。

Step 3 单击 下一步(N) > 按钮，系统弹出"设计医生"对话框（二）。

Step 4 单击 下一步(N) > 按钮，系统弹出"设计医生"对话框（三）。

Step 5 在"设计医生"对话框（三）选择处理方法 区域中选择 抑制特征 选项，单击 完成 按钮，此时出现问题的特征将被抑制。

5.19   特征的复制

"复制"（copy）命令用于创建一个或多个特征的副本，Inventor 的特征复制包括一般复制和镜像复制，下面分别介绍其操作过程。

5.19.1   特征的一般复制

特征的一般复制是指使用"复制"和"粘贴"命令，以不同的草绘平面和尺寸来创建特征的副本。

Step 1 打开 D:\inv13.1\work\ch05\ch05.19\copy.ipt。

Step 2 选择要复制的特征。在浏览器中选取要复制的拉伸 2 特征。

Step 3 选择"复制"命令。在选中的拉伸 2 特征上右击，选择 🔒 复制 命令。

Step 4 选择"粘贴"命令。在浏览器中的空白区域右击，选择 🗂 粘贴 命令，系统弹出图 5.19.1 所示的"粘贴特征"对话框。

Step 5 放置复制的特征。将鼠标指针移动至图 5.19.2 所示的面上，单击确定。

Step 6 单击 ｜ 完成 ｜ 按钮，完成一般复制特征的创建。

图 5.19.1 "粘贴特征"对话框

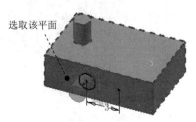

图 5.19.2 放置位置

说明：特征复制完成后读者可通过编辑复制后特征的草图来重新定义特征在平面上的位置。

5.19.2 特征的镜像复制

特征的镜像复制是指将源特征相对一个平面（这个平面称为镜像中心平面）进行镜像，从而得到源特征的一个副本。如图 5.19.3 所示，对这个圆柱体拉伸特征进行镜像复制的操作过程如下。

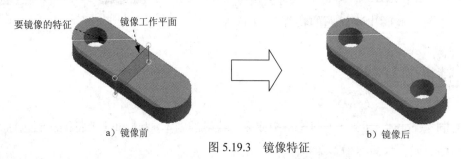

a）镜像前　　　　　　　　　　　　　　　　　b）镜像后

图 5.19.3 镜像特征

Step 1 打开 D:\inv13.1\work\ch05\ch05.19\mirror_copy.ipt。

Step 2 选择命令。在 阵列 区域中单击"镜像"按钮 ⚙，系统将弹出图 5.19.4 所示的"镜像"对话框。

Step 3 选取要镜像的特征。在图形区中选取要镜像复制的圆柱体拉伸特征（或在浏览器中选择"拉伸 2"特征）。

Step 4 定义镜像中心平面。单击"镜像"对话框中的
镜像平面 按钮，然后选取 YZ 平面作为镜像中心平面。

图 5.19.4 所示的"镜像"对话框的说明如下：

● 按钮：用于镜像复制草图特征。

● 按钮：用于镜像不能单独镜像的特征的实体。

● 特征 按钮：用于定义要复制的特征。

● 镜像平面 按钮：用于定义镜像中心平面。

图 5.19.4 "镜像"对话框

● 创建方法 区域：各单选按钮的功能说明如下：

 ☑ ● 优化 按钮：用于通过镜像特征面来创建与选定的特征完全相同的副本。

 ☑ ● 完全相同 按钮：用于通过复制原始特征的结果来创建选定的特征完全相同的副本，当优化方法不能使用时，可以使用此方法。

 ☑ ● 调整 按钮：用于通过镜像特征并分别计算每个镜像引用的范围或终止方式，来创建选定不同特征的副本。

Step 5 单击"镜像"对话框中的 确定 按钮，完成镜像操作。

5.20 特征的阵列

特征的"阵列"命令用于创建一个特征的多个副本，阵列的副本称为"实例"。阵列可以是矩形阵列（图 5.20.1），也可以是环形阵列。下面将分别介绍其操作过程。

5.20.1 矩形阵列

下面介绍图 5.20.1 中圆柱体特征的矩形阵列的操作过程。

a）阵列前　　　　　　　　　　　　　b）阵列后

图 5.20.1 创建矩形阵列

Chapter
5

Step 1　打开 D:\inv13.1\work\ch05\ch05.20\pattern_rec.ipt。

Step 2　选择命令。在 阵列 区域中单击 按钮，系统弹出图 5.20.2 所示的"矩形阵列"对话框。

Step 3　选择要阵列的特征。在图形区中选取圆柱体特征（或在浏览器中选择"拉伸 2"特征）。

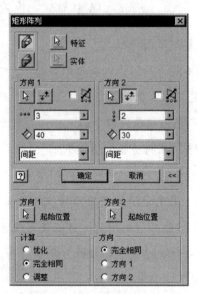

图 5.20.2　"矩形阵列"对话框

图 5.20.2 所示的"矩形阵列"对话框的说明如下：

- 按钮：用于阵列复制各个特征。

- 按钮：用于阵列包含不能单独阵列的特征的实体。

- 特征按钮：用于定义要阵列的特征。

- 方向1区域：用于设置阵列方向 1 的相关参数。

  ☑ 按钮：用于设置阵列方向 1 的方向。

  ☑ 按钮：用于反转引用的方向。

  ☑ °°° 3 文本框：用于设置方向 1 中阵列实例的数量。

  ☑ ◇ 40 文本框：用于设置阵列实例之间的距离。

- 方向2区域：用于设置阵列方向 2 的相关参数。

- 起始位置按钮：用于设置两个方向上的第一个引用的起点。阵列可以使用任何一个可选择的点作为起点。

- 计算区域：用于指定阵列特征的计算方式。

- 方向区域：用于指定阵列特征的定位方式。

☑ ⊙完全相同单选按钮：选定此单选按钮，阵列中每个引用的定位方式都和选定的第一个特征的定位方式相同。

☑ ⊙方向1和⊙方向2单选按钮：用于控制阵列特征的位置的方向。

Step 4 定义阵列参数。

（1）定义方向 1 参考边线。在"矩形阵列"对话框中单击方向1区域中的 ⬚ 按钮，然后选取图 5.20.3 所示的边线 1 为方向 1 的参考边线，阵列方向可参考图 5.20.3 所示。

（2）定义方向 1 参数。在方向1区域的 ⚬⚬⚬ 文本框中输入数值3；在 ◇ 文本框中输入数值 40。

（3）定义方向 2 参考边线。在"矩形阵列"对话框中单击方向2区域中的 ⬚ 按钮，然后选取图 5.20.3 所示的边线 2 为方向 2 的参考边线，阵列方向可参考图 5.20.3 所示。

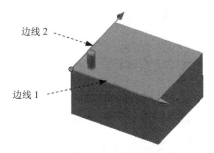

图 5.20.3　定义阵列参数

（4）定义方向 2 参数。在方向2区域的 ⚬⚬⚬ 文本框中输入数值2；在 ◇ 文本框中输入数值 30。

Step 5 单击 确定 按钮，完成矩形阵列的创建。

5.20.2　环形阵列

特征的环形阵列是指将源特征以圆周排列的方式进行复制，使源特征产生多个副本。如图 5.20.4 所示，对孔特征进行环形阵列的操作过程如下。

a）阵列前　　　　　　　　　　b）阵列后

图 5.20.4　创建环形阵列

Step 1 打开 D:\inv13.1\work\ch05\ch05.20\circle_pattern.ipt。

Step 2 选择命令。在 阵列 区域中单击 ✛ 按钮，系统弹出图 5.20.5 所示的"环形阵列"对话框。

图 5.20.5 "环形阵列"对话框

Step 3 选择要阵列的特征。在图形区中选取孔特征（或在浏览器中选择"孔 1"特征）。

Step 4 定义阵列参数。

（1）定义阵列轴。在"环形阵列"对话框中单击 ▷ 按钮，然后在浏览器中选取 Y 轴为环形阵列轴。

说明：读者除了可以在浏览器中选取阵列轴之外，还可以在图形区选取图 5.20.4 所示的圆柱面来选取阵列轴。

（2）定义阵列实例数。在 放置 区域的 ⁙ 文本框中输入数值 8。

（3）定义阵列角度。在 放置 区域的 ◇ 文本框中输入数值 360.0。

图 5.20.5 所示的"环形阵列"对话框的说明如下：

● 放置 区域：用于定义阵列中引用的数量、引用之间的角度间距和重复的方向。

 ☑ ⁙ 文本框：用于设置阵列的个数。

 ☑ ◇ 文本框：用于设置阵列的角度。

Step 5 单击 确定 按钮，完成环形阵列的创建。

5.20.3 删除阵列

下面以图 5.20.6 所示的图形为例，说明删除阵列的一般过程。

a）删除阵列前

b）删除阵列后

图 5.20.6 删除阵列

Step 1 打开 D:\inv13.1\work\ch05\ch05.20\delete_pattern.ipt。

Step 2 选择命令。如图 5.20.7 所示，在浏览器中选择 ⊞ 🔀 **环形阵列1**，然后右击，从弹出的快捷菜单中选择 **删除(D)** 命令。

图 5.20.7 浏览器

5.21 扫掠特征

5.21.1 扫掠特征简述

如图 5.21.1 所示，扫掠（sweep）特征是将一个截面沿着给定的轨迹"掠过"而生成的。要创建或重新定义一个扫掠特征，必须给定两大特征要素，即扫掠轨迹和扫掠截面。

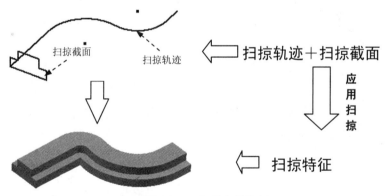

图 5.21.1 扫掠拉伸特征

5.21.2 创建扫掠拉伸特征的一般过程

下面以图 5.21.1 为例，说明创建扫掠拉伸特征的一般过程。

Step 1 新建一个零件模型。

Step 2 绘制扫掠轨迹曲线。

（1）在 **草图** 区域中单击 ✏️ 按钮。

（2）选取 XY 平面作为草图平面，系统进入草绘环境。

（3）绘制并标注扫掠轨迹，如图 5.21.2 所示。

（4）单击"完成草图"按钮 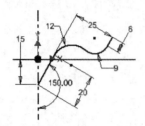，退出草绘环境，完成后的草图如图 5.21.3 所示。

图 5.21.2　扫掠轨迹（草绘环境）　　　图 5.21.3　扫掠轨迹（建模环境）

Step 3　创建工作平面 1。在 定位特征 区域中单击 按钮。选取图 5.21.4 所示的线以及线的端点，完成工作平面 1 的创建。

Step 4　绘制扫掠截面。

（1）在 草图 区域中单击 按钮。

（2）选取工作平面 1 作为草图平面，系统进入草绘环境。

（3）绘制并标注扫掠截面，如图 5.21.5 所示。

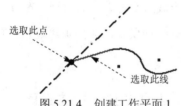

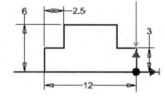

图 5.21.4　创建工作平面 1　　　图 5.21.5　扫掠截面（草绘环境）

（4）单击 按钮，退出草绘环境，完成后的草图如图 5.21.6 所示。

Step 5　选择"扫掠"命令。在 创建 ▾ 区域中单击"扫掠"按钮 扫掠，系统弹出图 5.21.7 所示的"扫掠"对话框。

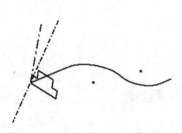

图 5.21.6　扫掠截面（建模环境）　　　图 5.21.7　"扫掠"对话框

图 5.21.7 所示的"扫掠"对话框的部分选项说明如下：

● 截面轮廓 按钮：用于指定草图的一个或多个截面轮廓以沿选定的路径进行扫掠，如果草图中只有一个封闭的截面轮廓，系统将自动选中。

-  路径按钮：用于为截面轮廓指定路径或者轨迹，路径可以开放也可以封闭，需要注意的是，路径必须穿透轮廓截面。
- 类型下拉列表：用于指定要创建的扫掠类型。
  - ☑ 路径选项：用于沿路径扫掠截面轮廓以创建扫掠特征。
  - ☑ 路径和引导轨道选项：用于沿路径和引导轨道扫掠截面轮廓以创建扫掠特征。
  - ☑ 路径和引导曲面选项：用于沿路径和引导曲面扫掠截面轮廓以创建扫掠特征。
- 输出区域：用于指定扫掠特征是实体还是曲面。
- 路径单选按钮：选中该单选按钮，扫掠截面相对于扫掠路径不变，所有扫掠截面都维持与该路径相关的原始截面轮廓，效果如图 5.21.8 所示。
- 平行单选按钮：选中该单选按钮，扫掠截面将保持与原始截面平行，效果如图 5.21.9 所示。
- 锥度文本框：用于设置垂直于草图平面的扫掠的扫掠斜角，此单选按钮不适用于"平行"。

图 5.21.8　路径

图 5.21.9　平行

Step 6　定义扫掠轨迹。在"扫掠"对话框中单击 在图形区中选取图 5.21.3 所示的扫掠轨迹，完成扫掠轨迹的选取。

Step 7　定义扫掠类型。在"扫掠"对话框 类型 区域的下拉列表中选择 路径，其他参数接受系统默认。

Step 8　单击"扫掠"对话框中的 确定 按钮，完成扫掠特征的创建。

说明：创建扫掠特征，必须遵循以下规则，否则扫掠可能失败。

- 相对于扫掠截面的大小，扫掠轨迹中的弧或样条半径不能太小，否则扫掠特征在经过该弧时会由于自身相交而出现特征生成失败。例如，图 5.21.2 中的圆角半径 R12 和 R9，相对于后面将要创建的扫掠截面不能太小。
- 对于切削材料类的扫掠特征，其扫掠轨迹不能自身相交。
- 对于填料类的扫掠特征，轮廓必须是封闭环，若是曲面扫掠，则轮廓可以是开环也可以是闭环。
- 路径可以为开环或闭环。
- 路径可以是一张草图、一条曲线或模型边线。

● 路径的起点必须位于轮廓的工作平面上。

● 不论是截面、路径还是所要形成的实体，都不能出现自相交叉的情况。

5.21.3　创建扫掠切削特征的一般过程

下面以图 5.21.10 为例，说明创建扫掠切削特征的一般过程。

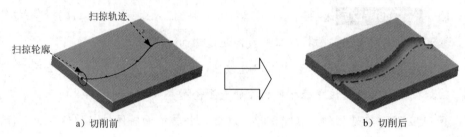

a）切削前　　　　　　　　　　　　　　　b）切削后

图 5.21.10　扫掠切削特征

Step 1　打开 D:\inv13.1\work\ch05\ch05.21\sweep_cut.ipt。

Step 2　选择扫掠命令。在 创建 ▼ 区域中单击 ✥ 扫掠 按钮，系统弹出"扫掠"对话框。

Step 3　定义扫掠轨迹。在"扫掠"对话框中单击 ◥ 按钮，然后在图形区中选取图 5.21.10 所示的扫掠轨迹，完成扫掠轨迹的选取。

Step 4　定义扫掠类型。在"扫掠"对话框 类型 区域的下拉列表中选择 路径，在区域中选中 ⊙ Ⅰ⊢Ⅰ 平行 单选按钮，其他参数接受系统默认。

Step 5　在"扫掠"对话框中单击"求差"类型 ᛒ，单击 确定 按钮，完成扫掠切削特征的创建。

5.22　放样特征

5.22.1　放样特征简述

放样特征是指将一组不同的截面沿其边线用过渡曲面连接形成一个连续的特征，放样特征分为凸台放样特征和切除放样特征，分别用于生成实体和切除实体。放样特征至少需要两个截面，且不同截面应预先绘制在不同的草图平面上。图 5.22.1 所示的放样特征是由三个平行的截面放样而成的。

5.22.2　创建放样特征的一般过程

下面以图 5.22.1 所示的实体为例，说明创建填料放样特征的一般过程。

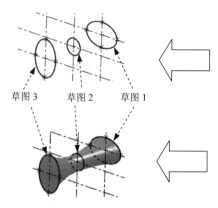

截面 1+截面 2+截面 3

放样特征

图 5.22.1 放样特征

Step 1 新建一个零件模型，进入建模环境。

Step 2 创建工作平面 1。

（1）在 定位特征 区域中单击"平面"按钮 下的 平面，选择 从平面偏移 命令。

（2）在图形区选取 XY 平面作为参考平面。在 距离: 后的文本框中输入偏移距离为 50。

（3）单击 ✓ 按钮完成工作平面 1 的创建。

Step 3 创建工作平面 2。

（1）在 定位特征 区域中单击"平面"按钮 下的 平面，选择 从平面偏移 命令。

（2）在图形区选取 XY 平面为参考平面。在 距离: 后的文本框中输入偏移距离为 100。

（3）单击 ✓ 按钮完成工作平面 2 的创建。

Step 4 创建图 5.22.2 所示的草图 1。

（1）在 草图 区域中单击 按钮。

（2）选取 XY 平面作为草图平面，进入草图绘制环境。

（3）绘制图 5.22.2 所示的草图 1。单击 ✓ 按钮，退出草绘环境。

图 5.22.2 草图 1

Step 5 创建图 5.22.3 所示的草图 2。

（1）在 草图 区域中单击 按钮。

（2）选取工作平面 1 为草图平面，进入草图绘制环境。

（3）绘制图 5.22.3 所示的草图 2。单击 ✓ 按钮，退出草绘环境。

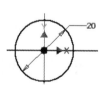

图 5.22.3 草图 2

Step 6 创建图 5.22.4 所示的草图 3。

（1）在 草图 区域中单击 按钮。

（2）选取工作平面 2 为草图平面，进入草图绘制环境。

（3）绘制图 5.22.4 所示的草图 3。单击 ✓ 按钮退出草绘环境。

Step 7 创建图 5.22.1 所示的放样特征。

（1）选择命令。在 创建▼ 区域中单击 📦 放样 按钮，系统弹出图 5.22.5 所示的"放样"对话框。

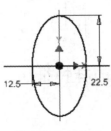

图 5.22.4　草图 3

图 5.22.5　"放样"对话框

图 5.22.5 所示的"放样"对话框的说明如下：

● 截面 列表：在该列表中指定要包括在放样中的截面轮廓。

● ⊙📦 单选按钮：用于指定截面与截面之间控制放样形状的二维或三维曲线，需要注意的是，轨迹必须与截面相交，效果如图 5.22.6 所示。

a）不添加轨迹的放样

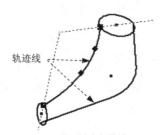

轨迹线

b）截面轮廓与轨迹

c）添加轨迹的放样

图 5.22.6　"轨迹线"单选按钮

● ⊙📦 单选按钮：用中心线引导放样形状，其作用与扫掠路径类似，效果如图 5.22.7 所示。

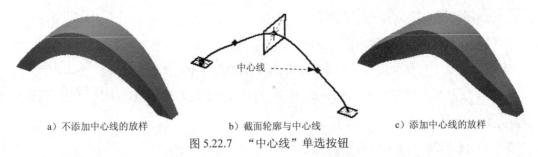

a）不添加中心线的放样　　　　b）截面轮廓与中心线　　　　c）添加中心线的放样

中心线

图 5.22.7　"中心线"单选按钮

● ⊙📦 单选按钮：用于允许控制沿中心线放样的指定点处的横截面面积。

● ☑ 封闭回路 复选框：用于将第一个截面与最后一个截面之间连接起来，以构成封闭回路。

● ☑合并相切面复选框：用于合并相切的放样面，效果如图 5.22.8 所示。

a）不选中　　　　　　　　　　　　b）选中

图 5.22.8　"合并相切面"复选框

（2）选择截面轮廓。依次选取图 5.22.1 所示的草图 1、草图 2、草图 3。

（3）单击"放样"对话框中的 ▢确定 按钮，完成特征的创建。

注意：

● 放样特征实际上是利用截面轮廓以渐变的方式生成的，所以在选择的时候要注意截面轮廓的先后顺序，否则无法正确生成实体。

● 使用轨迹线放样时，可以使用一条或多条轨迹线来连接轮廓，轨迹线可控制放样实体的外部轮廓，如图 5.22.9 所示。需注意的是，轨迹线与轮廓之间应存在几何关系，否则无法生成目标放样实体。

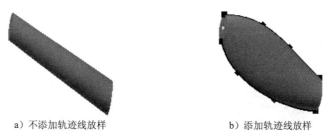

a）不添加轨迹线放样　　　　　　　b）添加轨迹线放样

图 5.22.9　轨迹线放样

5.22.3　创建放样切削特征的一般过程

创建图 5.22.10 所示的放样切削特征的一般过程如下。

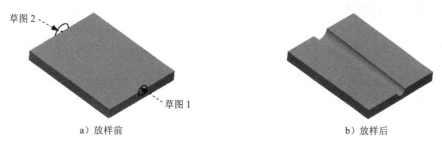

草图 2

草图 1

a）放样前　　　　　　　　　　　　b）放样后

图 5.22.10　放样切削特征

Step 1 打开文件 D:\inv13.1\work\ch05\ch05.22\blend6.ipt。

Step 2 选取命令。在 创建 ▼ 区域中单击 📥 放样 按钮，系统弹出"放样"对话框。

Step 3 选择截面轮廓。依次选择草图 1、草图 2 作为放样切削特征的截面轮廓。

Step 4 在"放样"对话框中单击"求差"类型 🖥，单击"放样"对话框中的 确定 按钮，完成特征的创建。

5.23 螺旋扫掠特征

5.23.1 螺旋扫掠特征简述

如图 5.23.1 所示，将一个截面沿着螺旋轨迹线进行扫掠，可形成螺旋扫掠（helical sweep）特征。该特征常用于创建弹簧、螺纹与蜗杆等零件形状。

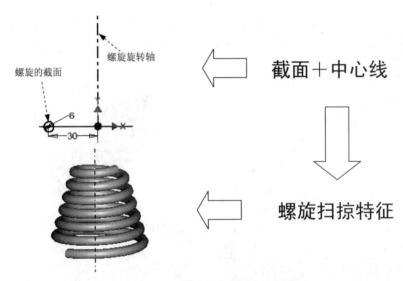

图 5.23.1 螺旋扫掠特征

5.23.2 创建螺旋扫掠特征

这里以图 5.23.1 所示的螺旋扫掠特征为例，说明创建这类特征的一般过程。

Step 1 新建一个零件模型。

Step 2 创建图 5.23.2 所示的草图 1。

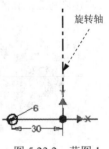

图 5.23.2 草图 1

（1）在 草图 区域中单击 ✏ 按钮。

5
Chapter

（2）选取 XY 平面为草图平面，进入草图绘制环境。

（3）绘制图 5.23.2 所示的草图 1，单击 ✔ 按钮，退出草绘环境。

Step 3 选择命令。在 创建 ▼ 区域中单击 ≋ 螺旋扫掠 按钮，系统弹出图 5.23.3 所示的"螺旋扫掠"对话框（一）。

Step 4 定义特征的旋转轴。单击 ▶ 按钮，然后在图形区将图 5.23.2 所示的线定义为旋转轴，单击 ↗ 按钮调整方向。

Step 5 定义螺旋规格。

（1）在"螺旋扫掠"对话框（一）中单击 螺旋规格 选项卡，系统弹出图 5.23.4 所示的"螺旋扫掠"对话框（二）。

图 5.23.3 "螺旋扫掠"对话框（一）

图 5.23.4 "螺旋扫掠"对话框（二）

图 5.23.3 所示的"螺旋扫掠"对话框（一）的说明如下：

- ▶ 截面轮廓 按钮：用于指定草图的一个截面轮廓，如果草图中只有一个封闭的截面轮廓，系统将自动选中；如果有多个截面轮廓，需要手动指定一个。

- ▶ ↗ 旋转轴 按钮：用于指定螺旋扫掠的旋转轴。

- 转动 区域：用于指定螺旋扫掠是顺时针方向，还是逆时针方向。

图 5.23.4 所示的"螺旋扫掠"对话框（二）的说明如下：

- 类型 下拉列表：用于定义螺旋的方式，其各选项的功能分别说明如下：

  - ☑ 螺距和转数 选项：用于通过指定螺距和圈数定义螺旋。

  - ☑ 转数和高度 选项：用于通过指定圈数和高度定义螺旋。

  - ☑ 螺距和高度 选项：用于通过指定螺距和高度定义螺旋。

  - ☑ 平面螺旋 选项：用于在一个平面内创建螺旋。

- 锥度 文本框：用于创建有一定锥度的螺旋。

（2）在"螺旋扫掠"对话框（二）类型 下拉列表中选择 转数和高度 选项，然后在 高度 文本框中输入 50，在 旋转 文本框中输入 6，在 锥度 文本框中输入–15。

Step 6 单击"螺旋扫掠"对话框中的 <u>确定</u> 按钮，完成螺旋扫掠特征的创建。

5.24 凸雕特征

"凸雕特征"命令通过投射于平面或者曲面上的闭合曲线、草图或者文本，构造与零件表面垂直的拉伸体。主要用于生成突出文字、雕刻字符、商标或者标志等。

下面说明创建这类特征的一般过程。

Step 1 新建一个零件模型。

Step 2 创建图 5.24.1 所示的拉伸特征 1。

（1）选择命令。在 <u>创建 ▼</u> 区域中单击 按钮，系统弹出"创建拉伸"对话框。

（2）定义特征的截面草图。单击"创建拉伸"对话框中的 <u>创建二维草图</u> 按钮，选取 XZ 平面作为草图平面，进入草绘环境。绘制图 5.24.2 所示的截面草图。

（3）定义拉伸属性。单击 <u>草图</u> 选项卡 <u>返回到三维</u> 区域中的 按钮，在"拉伸"对话框 <u>范围</u> 区域中的下拉列表中选择 <u>距离</u> 选项，在"距离"文本框中输入 100.0。

（4）单击"拉伸"对话框中的 <u>确定</u> 按钮，完成拉伸特征 1 的创建。

Step 3 创建图 5.24.3 所示的工作平面 1。

（1）选择命令。在 <u>定位特征</u> 区域中单击"平面"按钮 下的 <u>平面</u>，选择 <u>从平面偏移</u> 命令。

（2）定义参考平面。在图形区选取 YZ 平面作为参考平面。

（3）定义偏移距离与方向。在"工作平面"工具栏的文本框中输入要偏移的距离为 50。偏移方向参考图 5.24.3。

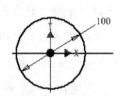

图 5.24.1 拉伸特征 1　　　图 5.24.2 截面草图　　　图 5.24.3 工作平面 1

（4）单击 按钮，完成偏移工作平面的创建。

Step 4 创建图 5.24.4 所示的草图 1。

（1）选择命令。在 <u>三维模型</u> 选项卡 <u>草图</u> 区域单击 按钮。

（2）定义特征的截面草图。

① 定义草图平面。选取工作平面 1 为草图平面，进入草绘环境。

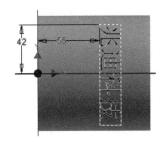

图 5.24.4　草图 1

② 在草绘环境中绘制图 5.24.4 所示的文字。单击 草图 功能选项卡 绘制 ▾ 区域中的 "文本"按钮 A 文本 。在图形区的合适位置单击以确定文本放置的位置，系统弹出"文本格式"对话框；在 字体 下拉列表中设置文字的字体为宋体；设置文字的大小为 15.00mm；在 文本(T): 区域的文本框中输入"兆迪科技"；单击 确定 按钮，完成文字的绘制。

③ 为文字添加图 5.24.4 所示的尺寸约束。

④ 单击 ✔ 按钮，退出草绘环境，完成草图 1 的创建。

Step 5　创建图 5.24.5 所示的凸雕特征 1。

（1）选择命令。单击 三维模型 功能选项卡 创建 ▾ 区域中的 凸雕 按钮。

（2）定义截面轮廓。选取图 5.24.4 所示的草图 1。

（3）定义方向和高度，调整方向至图 5.24.6 所示。在"凸雕"对话框的 深度 文本框中输入 3.00。

（4）在"凸雕"对话框中选中 ☑ 折叠到面 复选框，然后选取图 5.24.7 所示的面。

图 5.24.5　凸雕特征 1

图 5.24.6　定义方向

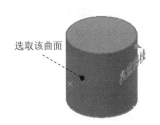

选取该曲面

图 5.24.7　定义折叠面

（5）单击"凸雕"对话框中的 确定 按钮，完成凸雕特征 1 的创建。

Step 6　保存模型文件。选择下拉菜单 ⎣ ➡ 💾 保存 命令，文件名称为 text。

5.25　范例 1——连杆模型

范例概述

在本范例中，读者要重点掌握拉伸特征的创建过程，零件模型如图 5.25.1 所示。

Step **1**　新建一个零件模型，进入建模环境。

Step **2**　创建图 5.25.2 所示的拉伸特征 1。

（1）选择命令。在 创建 ▾ 区域中单击 按钮，系统弹出"创建拉伸"对话框。

（2）定义特征的截面草图。单击"创建拉伸"对话框中的 创建二维草图 按钮，选取 XY 平面作为草图平面，进入草绘环境。绘制图 5.25.3 所示的截面草图。

图 5.25.1　范例 1

图 5.25.2　拉伸特征 1

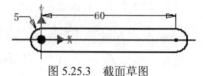

图 5.25.3　截面草图

（3）定义拉伸属性。单击 草图 选项卡 返回到三维 区域中的 按钮，在"拉伸"对话框 范围 区域中的下拉列表中选择 距离 选项，并在其下面的文本框中输入 4.0，将拉伸类型设置为"对称"类型 。

（4）单击"拉伸"对话框中的 确定 按钮，完成拉伸特征 1 的创建。

Step **3**　创建图 5.25.4 所示的拉伸特征 2。

（1）选择命令。在 创建 ▾ 区域中单击 按钮，系统弹出"创建拉伸"对话框。

（2）定义特征的截面草图。单击"创建拉伸"对话框中的 创建二维草图 按钮，选取 XY 平面作为草图平面，进入草绘环境。绘制图 5.25.5 所示的截面草图。

图 5.25.4　拉伸特征 2

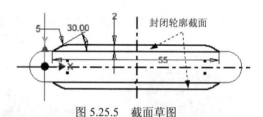

图 5.25.5　截面草图

（3）定义拉伸属性。单击 草图 选项卡 返回到三维 区域中的 按钮，然后在图形区选取图 5.25.5 所示的两个封闭轮廓，在"拉伸"对话框 范围 区域中的下拉列表中选择 距离 选项，并在其下面的文本框中输入 2.5，将拉伸方向设置为"对称"类型 。

（4）单击"拉伸"对话框中的 确定 按钮，完成拉伸特征 2 的创建。

Step **4**　创建图 5.25.6 所示的拉伸特征 3。

（1）选择命令。在 创建 ▾ 区域中单击 按钮，系统弹出"创建拉伸"对话框。

（2）定义特征的截面草图。单击"创建拉伸"对话框中的 创建二维草图 按钮，选取 XY 平面作为草图平面，进入草绘环境。绘制图 5.25.7 所示的截面草图。

（3）定义拉伸属性。单击 草图 选项卡 返回到三维 区域中的 按钮，然后选取图 5.25.7

所示的圆形区为截面轮廓，然后将布尔运算设置为"求差"类型 ▣ ，在 范围 区域中的下拉列表中选择 贯通 选项，将拉伸方向设置为"对称"类型 ▧ 。

图 5.25.6　拉伸特征 3

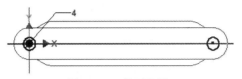

图 5.25.7　截面草图

（4）单击"拉伸"对话框中的 确定 按钮，完成拉伸特征 3 的创建。

Step 5　保存模型文件。选择下拉菜单 ▮ ➡ 🖫 保存 命令，文件名称为 connecting_rod。

5.26　范例 2——拉伸特征的应用

范例概述

在本范例中，读者要重点掌握在一个特征上添加特征时，重新选取草绘参考的技巧。零件模型如图 5.26.1 所示。

Step 1　新建一个零件模型，进入建模环境。

Step 2　创建图 5.26.2 所示的拉伸特征 1。在 创建 ▾ 区域中单击 ▯ 按钮，选取 YZ 平面作为草图平面，绘制图 5.26.3 所示的截面草图，选取图 5.26.3 所示的封闭区域为截面轮廓，然后在"拉伸"对话框 范围 区域中的下拉列表中选择 距离 选项，并在其下面的文本框中输入 225.5。单击"拉伸"对话框中的 确定 按钮，完成拉伸特征 1 的创建。

图 5.26.1　范例 2　　　　图 5.26.2　拉伸特征 1　　　　图 5.26.3　截面草图

Step 3　创建图 5.26.4 所示的拉伸特征 2。在 创建 ▾ 区域中单击 ▯ 按钮，选取 XY 平面作为草图平面，绘制图 5.26.5 所示的截面草图，在"拉伸"对话框中将布尔运算设置为"求差"类型 ▣ ，然后在 范围 区域中的下拉列表中选择 贯通 选项，将拉伸方向设置为"对称"类型 ▧ 。单击"拉伸"对话框中的 确定 按钮，完成拉伸特征 2 的创建。

5　Chapter

图 5.26.4　拉伸特征 2

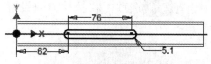

图 5.26.5　截面草图

Step 4　创建图 5.26.6 所示的拉伸特征 3。在 创建 ▼ 区域中单击 按钮，选取 XY 平面作为草图平面，绘制图 5.26.7 所示的截面草图，在 "拉伸" 对话框 范围 区域中的下拉列表中选择 距离 选项，并在其下面的文本框中输入 5，并将拉伸方向设置为 "对称" 类型 。单击 "拉伸" 对话框中的 确定 按钮，完成拉伸特征 3 的创建。

图 5.26.6　拉伸特征 3

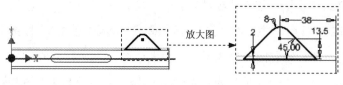

图 5.26.7　截面草图

Step 5　创建图 5.26.8 所示的拉伸特征 4。在 创建 ▼ 区域中单击 按钮，选取 XY 平面作为草图平面，绘制图 5.26.9 所示的截面草图，选取图 5.26.9 所示的区域为截面轮廓，然后在 "拉伸" 对话框 范围 区域中的下拉列表中选择 距离 选项，并在其下面的文本框中输入 12，并将拉伸方向设置为 "对称" 类型 。单击 "拉伸" 对话框中的 确定 按钮，完成拉伸特征 4 的创建。

图 5.26.8　拉伸特征 4

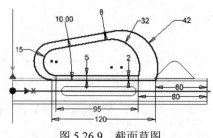

图 5.26.9　截面草图

Step 6　保存模型文件。选择下拉菜单 ➡ 保存命令，文件名称为 body。

5.27 范例 3——旋转特征的应用

范例概述

本范例是瓶口座（socket）其中的一个零件，主要运用了拉伸、旋转、旋转切削等创建特征的命令。零件模型如图 5.27.1 所示。

Step **1** 新建一个零件模型，进入建模环境。

Step **2** 创建图 5.27.2 所示的拉伸特征 1。在 创建 ▼ 区域中单击 按钮，选取 XZ 平面作为草图平面，绘制图 5.27.3 所示的截面草图，选取图 5.27.3 所示的区域为截面轮廓，然后在"拉伸"对话框 范围 区域中的下拉列表中选择 距离 选项，并在其下面的文本框中输入 38.5。单击"拉伸"对话框中的 确定 按钮，完成拉伸特征 1 的创建。

图 5.27.1 范例 3

图 5.27.2 拉伸特征 1

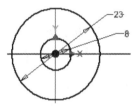

图 5.27.3 截面草图

Step **3** 创建图 5.27.4 所示的旋转特征 1。

（1）选择命令。在 创建 ▼ 区域中单击 按钮，系统弹出"创建旋转"对话框。

（2）定义特征的截面草图。单击"创建旋转"对话框中的 创建二维草图 按钮，选取 XY 平面为草图平面，进入草绘环境，绘制图 5.27.5 所示的截面草图。

图 5.27.4 旋转特征 1

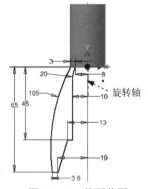

图 5.27.5 截面草图

（3）定义旋转属性。单击 草图 选项卡 返回到三维 区域中的 按钮，在"旋转"对话

框 范围 区域的下拉列表中选中 全部 选项。

（4）单击"旋转"对话框中的 确定 按钮，完成旋转特征 1 的创建。

Step 4 创建图 5.27.6 所示的旋转特征 2。

（1）选择命令。在 创建 ▾ 区域中单击 🔘 按钮，系统弹出"创建旋转"对话框。

（2）定义特征的截面草图。单击"创建旋转"对话框中的 创建二维草图 按钮，选取 XY 平面为草图平面，进入草绘环境，绘制图 5.27.7 所示的截面草图。

图 5.27.6　旋转特征 2

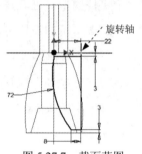

图 5.27.7　截面草图

（3）定义旋转属性。单击 草图 选项卡 返回到三维 区域中的 🔘 按钮，然后在"旋转"对话框中将布尔运算设置为"求差"类型 🔂，在 范围 区域的下拉列表中选中 全部 选项。

（4）单击"旋转"对话框中的 确定 按钮，完成旋转特征 2 的创建。

Step 5 保存模型文件。选择下拉菜单 📁 ➡ 💾 保存 命令，文件名称为 socket。

5.28　范例 4——孔特征的应用

范例概述

本范例着重讲解的是孔特征的创建过程，一个是螺纹孔，一个是直孔。读者要重点掌握孔类型的选取，以及孔的定位与选取参考的技巧。零件模型如图 5.28.1 所示。

图 5.28.1　孔特征

Task1.　打开一个已有的零件三维模型

打开文件 D:\inv13.1\work\ch05\ch05.28\body_hole.ipt。

Task2. 添加螺纹孔 1

Step **1** 创建图 5.28.2 所示的工作平面 1。

（1）选择命令。在 定位特征 区域中单击"平面"按钮 下的 平面 ，选择 从平面偏移 命令。

（2）定义参考平面。在图形区选取 XY 平面作为参考平面。

（3）定义偏移距离与方向。在"工作平面"小工具栏的文本框中输入要偏移的距离为 20。

（4）单击 按钮，完成偏移工作平面的创建。

Step **2** 创建图 5.28.3 所示的草图 1。在 三维模型 选项卡 草图 区域单击 按钮，选取工作平面 1 为草图平面，绘制图 5.28.3 所示的草图 1（此草图为一个点）。

图 5.28.2　工作平面 1

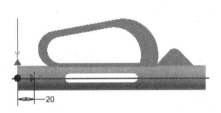

图 5.28.3　草图 1

Step **3** 创建图 5.28.1 所示的螺纹孔。

（1）选择命令。在 修改 区域中单击"孔"按钮 。

（2）定义孔的放置方式及参考。在"孔"对话框 放置 区域的下拉列表中选择 从草图 选项。

（3）定义孔的样式及类型。在"孔"对话框中确认"直孔" 与"螺纹孔" 单选按钮被选中，在 螺纹 区域 螺纹类型 下拉列表中选择 GB Metric profile 选项，在 尺寸 下拉列表中选择 4 ，在 规格 下拉列表中选择 M4x0.5 ，其余参数接受系统默认。

（4）在"孔"对话框 终止方式 区域的下拉列表中选择 贯通 选项，在"孔"对话框孔预览图像区域输入孔的螺纹长度为 40。

（5）单击"孔"对话框中的 确定 按钮，完成孔的创建。

Task3. 添加直孔 2

Step **1** 选择命令。在 修改 区域中单击"孔"按钮 。

Step **2** 定义孔的放置方式及面。在"孔"对话框 放置 区域的下拉列表中选择 同心 选项，在图形区选取图 5.28.4 所示的模型表面为孔的放置面。

Step **3** 定义孔的参考。选取图 5.28.5 所示的圆弧边线。

Step **4** 定义孔的样式及类型。在"孔"对话框中确认"直孔"单选按钮 与"简单孔"单选按钮 被选中。

图 5.28.4　定义孔的放置面

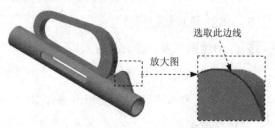

图 5.28.5　定义放置参考

Step 5　定义孔的参数。在"孔"对话框 终止方式 区域的下拉列表中选择 贯通 选项；在"孔"对话框孔预览图像区域输入孔的直径为 4.0。

Step 6　单击"孔"对话框中的 确定 按钮，完成孔的创建。

Step 7　保存模型文件。选择下拉菜单 ▶ 另存为 命令，文件名称为 body_hole_ok。

5.29　范例 5——基准特征的应用（一）

范例概述

　　本范例要掌握的重点是：借助基准特征更快、更准确地创建所要的特征。三维模型如图 5.29.1 所示，操作步骤如下。

图 5.29.1　范例 5

Step 1　新建一个零件模型，进入建模环境。

Step 2　创建图 5.29.2 所示的拉伸特征 1。在 创建 ▼ 区域中单击 按钮，选取 XY 平面作为草图平面，绘制图 5.29.3 所示的截面草图，在"拉伸"对话框 范围 区域中的下拉列表中选择 距离 选项，并在其下面的文本框中输入 10，并将拉伸方向设置为"对称"类型 。单击"拉伸"对话框中的 确定 按钮，完成拉伸特征 1 的创建。

图 5.29.2　拉伸特征 1

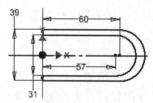

图 5.29.3　截面草图

Step 3　创建图 5.29.4 所示的工作平面 1。在 定位特征 区域中单击"平面"按钮 下的 平面 ，选择 从平面偏移 命令；在图形区选取 YZ 平面作为参考平面，输入偏移距离为 135；单击 按钮，完成偏移工作平面的创建。

Step 4　创建图 5.29.5 所示的拉伸特征 2。在 创建 ▼ 区域中单击 按钮，选取工作平面

1 为草图平面，绘制图 5.29.6 所示的截面草图，在"拉伸"对话框 范围 区域中的下拉列表中选择 到表面或平面 选项。单击"拉伸"对话框中的 确定 按钮，完成拉伸特征 2 的创建。

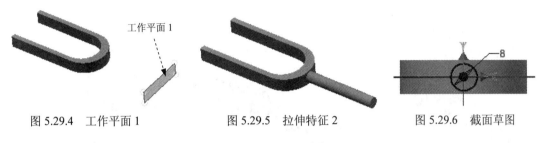

图 5.29.4　工作平面 1　　　　图 5.29.5　拉伸特征 2　　　　图 5.29.6　截面草图

Step 5　保存模型文件。选择下拉菜单 PRO ➡ 保存 命令，文件名称为 actuating_rod。

5.30　范例 6——基准特征的应用（二）

范例概述

本范例是一个特殊用途的轴，看起来似乎需要用到高级特征命令才能完成模型的创建，其实用一些基本的特征命令（拉伸、旋转命令）就可完成。通过对本范例的练习，读者可以进一步掌握这些基本特征命令的使用技巧。零件模型如图 5.30.1 所示。

Step 1　新建一个零件模型，进入建模环境。

Step 2　创建图 5.30.2 所示的拉伸特征 1。在 创建 ▾ 区域中单击 按钮，选取 XZ 平面作为草图平面，绘制图 5.30.3 所示的截面草图，在"拉伸"对话框中将拉伸方向设置为"不对称"类型 ；在 范围 区域中的下拉列表中均选择 距离 选项，并分别输入距离为 120 与 50；单击"拉伸"对话框中的 确定 按钮，完成拉伸特征 1 的创建。

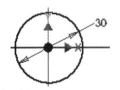

图 5.30.1　范例 6　　　　图 5.30.2　拉伸特征 1　　　　图 5.30.3　截面草图

Step 3　创建图 5.30.4 所示的工作平面 1。在 定位特征 区域中单击"平面"按钮 下的 平面 ，选择 平面绕边旋转的角度 命令；在图形区选取 XZ 平面作为参考平面，选取 X 轴为旋转轴，输入角度值为 10；单击 按钮，完成工作平面 1 的创建。

Step 4　创建图 5.30.5 所示的拉伸特征 2。在 创建 ▾ 区域中单击 按钮，选取工作平面 1 作为草图平面，绘制图 5.30.6 所示的截面草图，在"拉伸"对话框中将拉伸方向设置为"对称"类型 ⬰ ；在 范围 区域中的下拉列表中均选择 距离 选项，并在其下面的文本框中输入 50；单击"拉伸"对话框中的 确定 按钮，完成拉伸特征 2 的创建。

图 5.30.4　工作平面 1　　　　　图 5.30.5　拉伸特征 2　　　　　图 5.30.6　截面草图

Step 5 创建图 5.30.7 所示的工作平面 2。在 定位特征 区域中单击"平面"按钮 下的 平面 ，选择 ⬰ 从平面偏移 命令；在图形区选取工作平面 1 作为参考平面，输入偏移距离为 17；单击 ✓ 按钮，完成偏移工作平面的创建。

Step 6 创建图 5.30.8 所示的工作平面 3。在 定位特征 区域中单击"平面"按钮 下的 平面 ，选择 ⬰ 从平面偏移 命令；在图形区选取工作平面 1 作为参考平面，输入偏移距离为 –17；单击 ✓ 按钮，完成偏移工作平面的创建。

图 5.30.7　工作平面 2　　　　　　　　　图 5.30.8　工作平面 3

Step 7 创建图 5.30.9 所示的拉伸特征 3。在 创建 ▾ 区域中单击 按钮，选取工作平面 3 作为草图平面，绘制图 5.30.10 所示的截面草图，在"拉伸"对话框中将布尔运算设置为"求差"类型 ，然后在 范围 区域中的下拉列表中选择 距离 选项，并在其下面的文本框中输入 3，单击"拉伸"对话框中的 确定 按钮，完成拉伸特征 3 的创建。

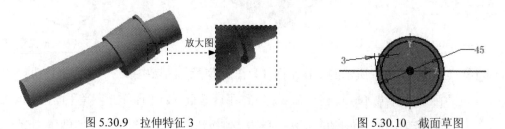

图 5.30.9　拉伸特征 3　　　　　　　　图 5.30.10　截面草图

Step 8 创建图 5.30.11 所示的拉伸特征 4。在 创建 ▾ 区域中单击 按钮，选取工作平面 2 作为草图平面，绘制图 5.30.12 所示的截面草图，在"拉伸"对话框中将布尔运算设置为"求差"类型 ▣，然后在 范围 区域中的下拉列表中选择 距离 选项，并在其下面的文本框中输入 3，将拉伸方向设为"方向 1"类型 ↘，单击"拉伸"对话框中的 确定 按钮，完成拉伸特征 4 的创建。

图 5.30.11　拉伸特征 4

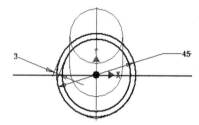

图 5.30.12　截面草图

Step 9　创建图 5.30.13b 所示的圆角特征。

图 5.30.13　创建圆角特征

（1）选择命令。在 修改 ▾ 区域中单击 ◠ 按钮。

（2）选取要倒圆角的对象。在系统的提示下，选取图 5.30.13a 所示的模型边线为倒圆角的对象。

（3）定义倒圆角参数。在"倒圆角"小工具栏"半径 R"文本框中输入 6.5。

（4）单击"圆角"对话框中的 确定 按钮，完成等半径圆角特征的定义。

Step 10　创建图 5.30.14b 所示的倒角特征。

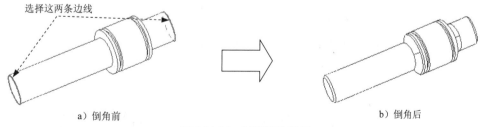

图 5.30.14　创建倒角特征

（1）选择命令。在 修改 ▾ 区域中单击 ◈ 倒角 按钮。

（2）定义倒角类型。在"倒角"对话框中单击倒角类型为"倒角边长" ▱。

（3）选取模型中要倒角的边线，在系统的提示下，选取图 5.30.14a 所示的模型边线为要倒角的对象。

（4）定义倒角参数。在"倒角"对话框 倒角边长 文本框中输入 2.0。

（5）单击"倒角"对话框中的 确定 按钮，完成倒角特征的定义。

Step 11 保存模型文件。选择下拉菜单 ⬛ ➡ 💾 保存 命令，文件名称为 drive_shaft。

5.31 范例 7——抽壳与扫掠特征的应用

范例概述

本范例主要运用了实体拉伸、扫掠、倒圆角和抽壳等命令。首先创建作为主体的拉伸及扫掠实体，然后进行倒圆角，最后利用抽壳做成壳体。零件模型如图 5.31.1 所示。

Step 1 新建一个零件模型，进入建模环境。

Step 2 创建图 5.31.2 所示的拉伸特征 1。在 创建 ▾ 区域中单击 ⬛ 按钮，选取 XY 平面作为草图平面，绘制图 5.31.3 所示的截面草图，在"拉伸"对话框 范围 区域中的下拉列表中选择 距离 选项，并在其下面的文本框中输入 200，单击"拉伸"对话框中的 确定 按钮，完成拉伸特征 1 的创建。

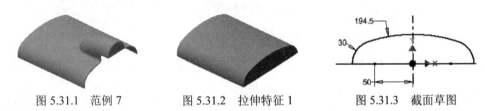

图 5.31.1 范例 7　　　　图 5.31.2 拉伸特征 1　　　　图 5.31.3 截面草图

Step 3 创建图 5.31.4 所示的草图 2。在 三维模型 选项卡 草图 区域单击 ⬛ 按钮，选取 YZ 平面为草图平面，绘制图 5.31.4 所示的草图。

Step 4 创建图 5.31.5 所示的工作平面 1。在 定位特征 区域中单击"平面"按钮 ⬛ 下的 平面 ，选择 ⬛ 在指定点处与曲线垂直 命令；在图形区选取草图 2 为参考线，然后再选取顶点，完成通过顶点且垂直于参考曲线的平面的创建。

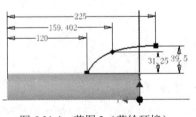

图 5.31.4 草图 2（草绘环境）

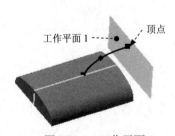

图 5.31.5 工作平面 1

Step 5 创建图 5.31.6 所示的草图 3。在 三维模型 选项卡 草图 区域单击 ✐ 按钮，选取工作平面 1 为草图平面，绘制图 5.31.7 所示的草图。

Step 6 创建图 5.31.8 所示的扫掠特征。

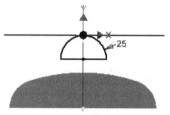

图 5.31.6　草图 3（建模环境）　　　图 5.31.7　草图 3（草绘环境）　　　图 5.31.8　添加扫掠特征

（1）选择命令。在 创建 ▾ 区域中单击"扫掠"按钮 🔩 扫掠 。

（2）定义扫掠轨迹。在"扫掠"对话框中单击 ▶ 按钮，然后在图形区中选取草图 2 为扫掠轨迹。

（3）定义扫掠类型。在"扫掠"对话框 类型 区域的下拉列表中选择 路径 ，其他参数采用系统默认值。

（4）单击"扫掠"对话框中的 确定 按钮，完成扫掠特征的创建。

Step 7 创建图 5.31.9 所示的拉伸特征 2。在 创建 ▾ 区域中单击 ▯ 按钮，选取图 5.31.9 所示的底面作为草图平面，绘制图 5.31.10 所示的截面草图，选取图 5.31.10 所示的区域为截面轮廓；在"拉伸"对话框中将布尔运算设置为"求和"类型 🖶 ，然后在 范围 区域中的下拉列表中选择 到表面或平面 选项，选取图 5.31.9 所示的面为拉伸终止面，单击"拉伸"对话框中的 确定 按钮，完成拉伸特征 2 的创建。

说明：截面草图中的圆弧不必另外画出来，直接采用投影线即可。

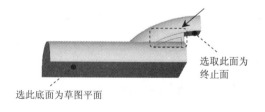

选取此面为
终止面

选此底面为草图平面

图 5.31.9　拉伸特征 2

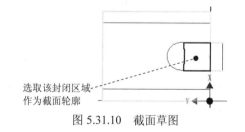

选取该封闭区域
作为截面轮廓

图 5.31.10　截面草图

Step 8 创建图 5.31.11b 所示的圆角特征 1。

（1）选择命令。在 修改 ▾ 区域中单击 ⌒ 按钮。

（2）选取要倒圆角的对象。在系统的提示下，选取图 5.31.11a 所示的模型边线为倒圆角的对象。

（3）定义圆角参数。在"倒圆角"小工具栏"半径 R"文本框中输入 3.0。

5
Chapter

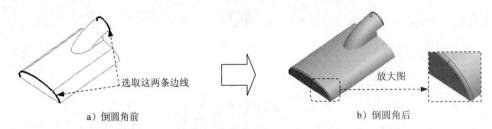

a）倒圆角前   b）倒圆角后

图 5.31.11 圆角特征 1

（4）单击"圆角"对话框中的 确定 按钮，完成圆角特征 1 的定义。

Step 9 创建图 5.31.12b 所示的圆角特征 2。选取图 5.31.12a 所示的模型边线为倒圆角的对象，输入倒圆角半径值为 5.0。

a）倒圆角前   b）倒圆角后

图 5.31.12 圆角特征 2

Step 10 创建图 5.31.13 所示的抽壳特征。

（1）选择命令。在 修改 ▾ 区域中单击 抽壳 按钮。

（2）定义薄壁厚度。在"抽壳"对话框 厚度 文本框中输入薄壁厚度值为 2.0。

（3）选择要移除的面。在系统 选择要去除的表面 的提示下，选择图 5.31.13 所示的模型表面为要移除的面。

选取这三个面为
要移除的面

图 5.31.13 抽壳特征

（4）单击"抽壳"对话框中的 确定 按钮，完成抽壳特征的创建。

Step 11 保存模型文件。选择下拉菜单 ➡ 保存 命令，文件名称为 cover_up。

5.32 范例 8——放样特征的应用

范例概述

本范例是一个比较综合的练习，其关键是模型中放样特征和变半径圆角的创建。零件模型如图 5.32.1 所示。

Step 1　新建一个零件模型，进入建模环境。

Step 2　创建图 5.32.2 所示的拉伸特征 1。在 创建 ▾ 区域中单击 按钮，选取 XZ 平面作为草图平面，绘制图 5.32.3 所示的截面草图，在"拉伸"对话框 范围 区域中的下拉列表中选择 距离 选项，在其下面的文本框中输入 250，并将拉伸方向设置为"对称"类型 。单击"拉伸"对话框中的 确定 按钮，完成拉伸特征 1 的创建。

图 5.32.1　范例 8

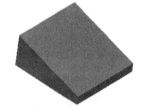

图 5.32.2　拉伸特征 1

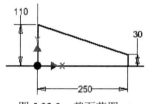

图 5.32.3　截面草图

Step 3　创建图 5.32.4 所示的拉伸特征 2。在 创建 ▾ 区域中单击 按钮，选取 XY 平面作为草图平面，绘制图 5.32.5 所示的截面草图，在"拉伸"对话框中将布尔运算设置为"求差"类型 ，然后在 范围 区域中的下拉列表中选择 距离 选项，在其下面的文本框中输入 200，单击"拉伸"对话框中的 确定 按钮，完成拉伸特征 2 的创建。

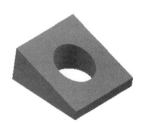

图 5.32.4　拉伸特征 2

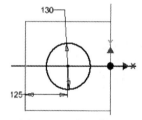

图 5.32.5　截面草图

Step 4　创建图 5.32.6 所示的工作平面 1。在 定位特征 区域中单击"平面"按钮 下的 平面 ▾，选择 从平面偏移 命令；在图形区选取 XY 平面作为参考平面，输入偏移距离为 110；单击 ✓ 按钮，完成工作平面 1 的创建。

Step 5　创建图 5.32.7 所示的工作平面 2。在 定位特征 区域中单击"平面"按钮 下的 平面 ▾，选择 从平面偏移 命令；在图形区选取 XY 平面作为参考平面，输入偏移距离为 15；单击 ✓ 按钮，完成工作平面 2 的创建。

Step 6　创建图 5.32.8 所示的草图 3。在 三维模型 选项卡 草图 区域单击 按钮，选取工作平面 1 为草图平面，绘制图 5.32.9 所示的草图。

5
Chapter

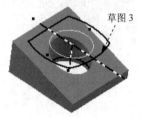

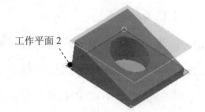

图 5.32.6　工作平面 1　　　　　　　　　图 5.32.7　工作平面 2

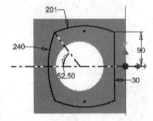

图 5.32.8　草图 3（建模环境）　　　　　图 5.32.9　草图 3（草绘环境）

Step 7　创建图 5.32.10 所示的草图 4。在 三维模型 选项卡 草图 区域单击 ✐ 按钮，选取工作平面 2 为草图平面，绘制图 5.32.11 所示的草图。

Step 8　创建图 5.32.12 所示的放样特征。

（1）选择命令。在 创建 ▾ 区域中单击 放样 按钮。

（2）选择截面轮廓。依次选取草图 3 为第一个横截面，选取草图 4 为第二个横截面。

（3）在"放样"对话框中将布尔运算设置为"求差"类型 ，单击 确定 按钮，完成放样特征的创建。

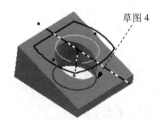

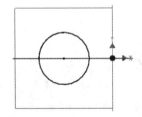

图 5.32.10　草图 4（建模环境）　　　图 5.32.11　草图 4（草绘环境）　　　图 5.32.12　放样特征

Step 9　创建图 5.32.13 所示的圆角特征 1。

（1）选择命令。在 修改 ▾ 区域中单击 按钮。

（2）定义圆角类型。在"圆角"对话框中单击"边圆角"按钮 ，并单击 变半径 选项卡。

（3）选取要倒圆角的对象。在系统 选择一条边进行圆角 的提示下，选取图 5.32.14 所示的四条模型边线为要倒圆角的对象。

（4）定义圆角参数。在"圆角"对话框中修改图 5.32.15 所示的点 1 处的半径值为 30，然后依次设置点 2、点 3、点 4、点 5、点 6、点 7、点 8 的半径值为 0、50、0、50、0、30、0。

图 5.32.13　圆角特征 1

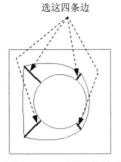

图 5.32.14　倒圆角边线

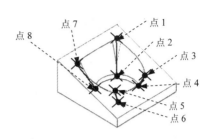

图 5.32.15　修改各处半径

（5）单击"圆角"对话框中的 确定 按钮，完成圆角特征的定义。

Step 10 创建图 5.32.16 所示的拉伸特征 3。在 创建 ▼ 区域中单击 按钮，选取图 5.32.16 所示的面作为草图平面，绘制图 5.32.17 所示的截面草图，选取图 5.32.17 所示的封闭区域作为截面轮廓，在"拉伸"对话框中将布尔运算设置为"求差"类型 ，然后在 范围 区域中的下拉列表中选择 距离 选项，并在其下面的文本框中输入 3，单击"拉伸"对话框中的 确定 按钮，完成拉伸特征 3 的创建。

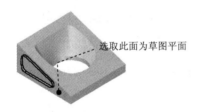

图 5.32.16　拉伸特征 3

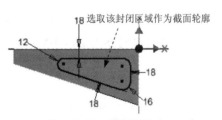

图 5.32.17　截面草图

Step 11 创建图 5.32.18 所示的镜像。

（1）选择命令。在 阵列 区域中单击"镜像"按钮 。

（2）选取要镜像的特征。在图形区中选取要镜像复制的拉伸特征 3（或在浏览器中选择"拉伸 3"特征）。

（3）定义镜像中心平面。单击"镜像"对话框中的 镜像平面 按钮，然后选取 XZ 平面作为镜像中心平面。

图 5.32.18　镜像

（4）单击"镜像"对话框中的 确定 按钮，完成镜像操作。

Step 12 创建圆角特征 2。选取图 5.32.19 所示的模型边线为倒圆角的对象，输入倒圆角半径值为 3.0。

Step 13 创建圆角特征 3。选取图 5.32.20 所示的模型边线为倒圆角的对象，输入倒圆角半径值为 5.0。

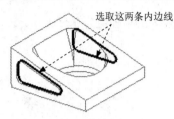

图 5.32.19　圆角特征 2

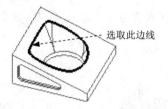

图 5.32.20　圆角特征 3

Step 14　创建圆角特征 4。选取图 5.32.21 所示的模型边线为倒圆角的对象，输入倒圆角半径值为 5.0。

Step 15　创建圆角特征 5。选取图 5.32.22 所示的模型边线（模型外沿边线）为倒圆角的对象，输入倒圆角半径值为 3.0。

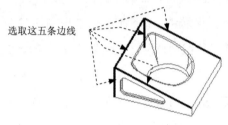

图 5.32.21　圆角特征 4

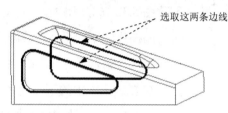

图 5.32.22　圆角特征 5

Step 16　创建图 5.32.23 所示的抽壳特征。在 修改 ▾ 区域中单击 抽壳 按钮，在"抽壳"对话框的 厚度 文本框中输入薄壁厚度值为 2.0；选择图 5.32.23 所示的模型表面为要移除的面；单击"抽壳"对话框中的 确定 按钮，完成抽壳特征的创建。

a）抽壳前　　　　　　　　　　　　　　　　　b）抽壳后

图 5.32.23　抽壳特征

Step 17　创建图 5.32.24 所示的圆角特征 6。选取图 5.32.24 所示的模型边线为倒圆角的对象，输入倒圆角半径值为 10.0。

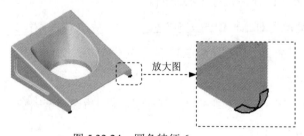

图 5.32.24　圆角特征 6

Step 18　保存模型文件。选择下拉菜单 🔽 ➡ 💾 保存 命令，文件名称为 instance_top_cover。

5.33　范例 9——螺旋扫掠特征的应用

范例概述

本范例介绍了一个钻头的创建过程，此过程的关键是要创建一个螺旋扫掠特征，然后对其阵列。零件模型如图 5.33.1 所示。

Step 1　新建一个零件模型，进入建模环境。

Step 2　创建图 5.33.2 所示的拉伸特征 1。在 创建 ▼ 区域中单击 🔳 按钮，选取 XZ 平面作为草图平面，绘制图 5.33.3 所示的截面草图，在"拉伸"对话框 范围 区域中的下拉列表中选择 距离 选项，并在其下面的文本框中输入 90，单击"拉伸"对话框中的 确定 按钮，完成拉伸特征 1 的创建。

图 5.33.1　范例 9

图 5.33.2　拉伸特征 1

图 5.33.3　截面草图

Step 3　创建图 5.33.4 所示的草图 2。在 三维模型 选项卡 草图 区域单击 📝 按钮，选取 XY 平面为草图平面，绘制图 5.33.5 所示的草图。

图 5.33.4　草图 2（建模环境）

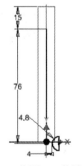
图 5.33.5　草图 2（草绘环境）

Step 4　创建图 5.33.6 所示的螺旋扫掠。

（1）选择命令。在 创建 ▼ 区域中单击 🔩 螺旋扫掠 按钮。

（2）定义特征的旋转轴。在图形区单击 🔺 按钮，然后将图 5.33.7 所示的线定义为旋转轴。

（3）定义螺旋属性及规格。在"螺旋扫掠"对话框中将布尔运算类型设置为"求差"

类型 ▣，然后单击 螺旋规格 选项卡，在 类型 下拉列表中选择 螺距和高度 选项，然后在 螺距 文本框中输入 30，在 高度 文本框中输入 76。

（4）单击"螺旋扫掠"对话框中的 确定 按钮，完成螺旋扫掠特征的创建。

Step 5 创建图 5.33.8 所示的环形阵列。

图 5.33.6　螺旋扫掠

图 5.33.7　定义旋转轴

图 5.33.8　环形阵列

（1）选择命令。在 阵列 区域中单击 ⊕ 按钮。

（2）选择要阵列的特征。在图形区中选取螺旋扫掠特征（或在浏览器中选择"螺旋扫掠 1"特征）。

（3）定义阵列参数。

① 定义阵列轴。在"环形阵列"对话框中单击 ▲ 按钮，然后在浏览器中选取 Y 轴为环形阵列轴。

② 定义阵列实例数。在 放置 区域的 ⁝⁝ 文本框中输入数值 2。

③ 定义阵列角度。在 放置 区域的 ◇ 文本框中输入数值 360.0。

（4）单击 确定 按钮，完成环形阵列的创建。

Step 6 创建图 5.33.9 所示的旋转特征。

（1）选择命令。在 创建 ▾ 区域中单击 ⬭ 按钮，系统弹出"创建旋转"对话框。

（2）定义特征的截面草图。单击"创建旋转"对话框中的 创建二维草图 按钮，选取 YZ 平面为草图平面，进入草绘环境，绘制图 5.33.10 所示的截面草图。

图 5.33.9　旋转特征

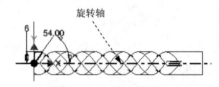
图 5.33.10　截面草图

（3）定义旋转属性。单击 草图 选项卡 返回到三维 区域中的 ⬭ 按钮，在"旋转"对话框中将布尔运算设置为"求差"类型 ▣，在 范围 区域的下拉列表中选中 全部 选项。

（4）单击"旋转"对话框中的 确定 按钮，完成旋转特征的创建。

Step 7 保存模型文件。选择下拉菜单 ▾ ➡ 🖫 保存 命令，文件名称为 driller。

5.34　Inventor 机械零件设计实际应用 1

应用概述

本应用主要讲解一款简单的塑料旋钮的设计过程，在该零件的设计过程中运用了拉伸、旋转、阵列等命令，需要读者注意的是创建拉伸特征草绘时的方法和技巧。零件模型和浏览器如图 5.34.1 所示。

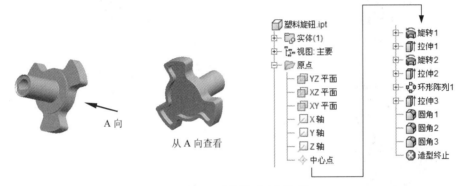

图 5.34.1　零件模型及浏览器

Step 1　新建一个零件模型文件，进入建模环境。

Step 2　创建图 5.34.2 所示的旋转特征 1。在 创建 ▼ 区域中选择 🔄 命令，选取 XY 平面为草图平面，绘制图 5.34.3 所示的截面草图；在"旋转"对话框 范围 区域的下拉列表中选中 全部 选项；单击"旋转"对话框中的 确定 按钮，完成旋转特征 1 的创建。

图 5.34.2　旋转特征 1

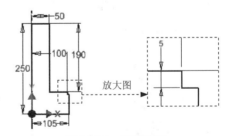

图 5.34.3　截面草图

Step 3　创建图 5.34.4 所示的拉伸特征 1。在 创建 ▼ 区域中单击 🔲 按钮，选取图 5.34.4 所示的模型表面作为草绘平面，绘制图 5.34.5 所示的截面草图，在"拉伸"对话框中将布尔运算设置为"求差"类型 🔲，然后在 范围 区域中的下拉列表中选择 距离 选项，在"距离"文本框中输入 190，将拉伸方向设置为"方向 2"类型 🔀，单击"拉伸"对话框中的 确定 按钮，完成拉伸特征 1 的创建。

Step 4　创建图 5.34.6 所示的旋转特征 2。在 创建 ▼ 区域中选择 🔄 命令，选取 YZ 平面为草图平面，绘制图 5.34.7 所示的截面草图；在"旋转"对话框中将布尔运算设置为"求差"类型 ⊟，然后在"旋转"对话框"范围"区域的下拉列表中选中 全部 选项；单击"旋转"对话框中的 确定 按钮，完成旋转特征 2 的创建。

图 5.34.4 拉伸特征 1

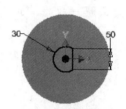

图 5.34.5 截面草图

图 5.34.6 旋转特征 2

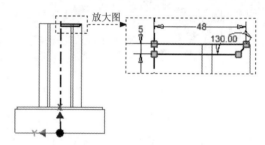

图 5.34.7 截面草图

Step 5 创建图 5.34.8 所示的拉伸特征 2。在 创建 ▾ 区域中单击 ▯ 按钮，选取 XZ 平面作为草图平面，绘制图 5.34.9 所示的截面草图，在"拉伸"对话框 范围 区域中的下拉列表中选择 距离 选项，在"距离"文本框中输入 55，并将拉伸方向设置为"方向 1"类型 ⤢，单击"拉伸"对话框中的 确定 按钮，完成拉伸特征 2 的创建。

图 5.34.8 拉伸特征 2

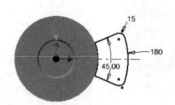

图 5.34.9 截面草图

Step 6 创建图 5.34.10 所示的环形阵列 1。在 阵列 区域中单击 ✣ 按钮，选取"拉伸 2"为要阵列的特征，选取 Y 轴为环形阵列轴，阵列个数为 3，阵列角度为 360，单击 确定 按钮，完成环形阵列的创建。

Step 7 创建图 5.34.11 所示的拉伸特征 3。在 创建 ▾ 区域中单击 ▯ 按钮，选取 XZ 平面作为草图平面，绘制图 5.34.12 所示的截面草图，在"拉伸"对话框中将布尔

运算设置为 "求差" 类型 ⬚，然后在 范围 区域中的下拉列表中选择 距离 选项，在 "距离" 文本框中输入 20，单击 "拉伸" 对话框中的 确定 按钮，完成拉伸特征 3 的创建。

图 5.34.10 环形阵列 1

图 5.34.11 拉伸特征 3

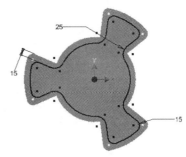

图 5.34.12 截面草图

Step 8 创建图 5.34.13 所示的圆角特征 1。选取图 5.34.13 所示的模型边线为倒圆角的对象，输入倒圆角半径值为 25。

a）倒圆角前

b）倒圆角后

图 5.34.13 圆角特征 1

Step 9 创建图 5.34.14 所示的圆角特征 2。选取图 5.34.14 所示的模型边线为倒圆角的对象，输入倒圆角半径值为 2。

a）倒圆角前

b）倒圆角后

图 5.34.14 圆角特征 2

Step 10 创建图 5.34.15 所示的圆角特征 3。选取图 5.34.15 所示的模型边线为倒圆角的对象，输入倒圆角半径值为 2。

Step 11 保存文件。文件名称为 "塑料旋钮"。

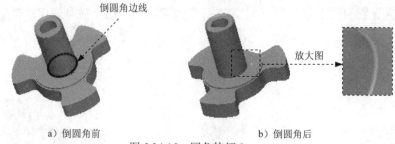

倒圆角边线

放大图

a）倒圆角前　　　　　　　　　　b）倒圆角后

图 5.34.15　圆角特征 3

5.35　Inventor 机械零件设计实际应用 2

应用概述

本应用主要讲述托架的设计过程，运用了如下命令：拉伸、加强筋、孔和镜像等。其中需要注意的是加强筋特征的创建过程及其技巧。零件模型及浏览器如图 5.35.1 所示。

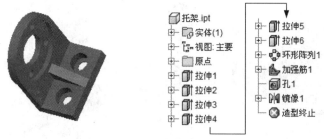

图 5.35.1　零件模型及浏览器

Step 1　新建一个零件模型文件，进入建模环境。

Step 2　创建图 5.35.2 所示的拉伸特征 1。在 创建 ▾ 区域中单击 按钮，选取 YZ 平面作为草图平面，绘制图 5.35.3 所示的截面草图，在"拉伸"对话框 范围 区域中的下拉列表中选择 距离 选项，在"距离"文本框中输入 5.5，并将拉伸方向设置为"方向 1"类型 ，单击"拉伸"对话框中的 确定 按钮，完成拉伸特征 1 的创建。

图 5.35.2　拉伸特征 1

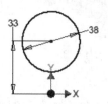

图 5.35.3　截面草图

Step 3　创建图 5.35.4 所示的拉伸特征 2。在 创建 ▾ 区域中单击 按钮，选取 YZ 平面作为草图平面，绘制图 5.35.5 所示的截面草图，在"拉伸"对话框 范围 区域中的下拉

列表中选择 距离 选项，在"距离"文本框中输入 4，并将拉伸方向设置为"方向 1"类型 ⚐，单击"拉伸"对话框中的 确定 按钮，完成拉伸特征 2 的创建。

图 5.35.4　拉伸特征 2

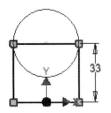

图 5.35.5　截面草图

Step 4　创建图 5.35.6 所示的拉伸特征 3。在 创建 ▾ 区域中单击 █ 按钮，选取 YZ 平面作为草图平面，绘制图 5.35.7 所示的截面草图，在"拉伸"对话框 范围 区域中的下拉列表中选择 距离 选项，在"距离"文本框中输入 20，并将拉伸方向设置为"方向 2"类型 ⚐，单击"拉伸"对话框中的 确定 按钮，完成拉伸特征 3 的创建。

图 5.35.6　拉伸特征 3

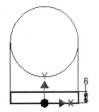

图 5.35.7　截面草图

Step 5　创建图 5.35.8 所示的拉伸特征 4。在 创建 ▾ 区域中单击 █ 按钮，选取 YZ 平面作为草图平面，绘制图 5.35.9 所示的截面草图，在"拉伸"对话框中将布尔运算设置为"求差"类型 █，然后在 范围 区域中的下拉列表中选择 距离 选项，在"距离"文本框中输入 2.5，将拉伸方向设置为"方向 1"类型 ⚐，单击"拉伸"对话框中的 确定 按钮，完成拉伸特征 4 的创建。

图 5.35.8　拉伸特征 4

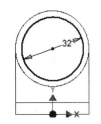

图 5.35.9　截面草图

Step 6　创建图 5.35.10 所示的拉伸特征 5。在 创建 ▾ 区域中单击 █ 按钮，选取 YZ 平面作为草图平面，绘制图 5.35.11 所示的截面草图，在"拉伸"对话框中将布尔运算设置为"求差"类型 █，然后在 范围 区域中的下拉列表中选择 贯通 选项，

Autodesk Inventor 快速入门与提高教程（2013 版）

将拉伸方向设置为"方向 1"类型 ⬎，单击"拉伸"对话框中的 确定 按钮，完成拉伸特征 5 的创建。

图 5.35.10　拉伸特征 5

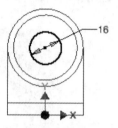

图 5.35.11　截面草图

Step 7 创建图 5.35.12 所示的拉伸特征 6。在 创建▾ 区域中单击 按钮，选取 YZ 平面作为草图平面，绘制图 5.35.13 所示的截面草图，在"拉伸"对话框中将布尔运算设置为"求差"类型 ，然后在 范围 区域中的下拉列表中选择 贯通 选项，将拉伸方向设置为"方向 1"类型 ⬎，单击"拉伸"对话框中的 确定 按钮，完成拉伸特征 6 的创建。

图 5.35.12　拉伸特征 6

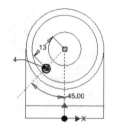

图 5.35.13　截面草图

Step 8 创建图 5.35.14 所示的环形阵列 1。在 阵列 区域中单击 按钮，选取"拉伸 6"为要阵列的特征，选取图 5.35.15 所示的圆弧面作为环形阵列轴，阵列个数为 4，阵列角度为 360，单击 确定 按钮，完成环形阵列的创建。

图 5.35.14　环形阵列 1

选取该圆弧面

图 5.35.15　选取圆弧面

Step 9 创建图 5.35.16 所示的草图 7。在 三维模型 选项卡 草图 区域单击 按钮，选取 XZ 平面作为草图平面，绘制图 5.35.16 所示的草图。

Step 10 创建图 5.35.17 所示的加强筋 1。在 创建▾ 区域中单击 加强筋 按钮，选取"草图 7"为加强筋的轮廓，将加强筋的类型设置为"平行于草图平面"方向，拉伸

5

Chapter

方向为"方向 2"类型 ，然后在 厚度 文本框中输入 5.0，并将加强筋的生成方

向设置为"双向"按钮 ，其余参数接受系统默认设置，单击"加强筋"对话

框中的 确定 按钮，完成加强筋特征的创建。

图 5.35.16　草图 7

图 5.35.17　加强筋 1

Step 11 创建图 5.35.18 所示的孔 1。

（1）选择命令。在 修改 ▼ 区域中单击"孔"按钮 。

（2）定义孔的放置面。在图形区选取图5.35.19所示的模型表面为孔的放置面。

图 5.35.18　孔 1

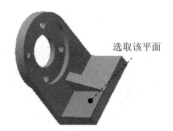

选取该平面

图 5.35.19　选取孔的放置面

（3）定义孔的放置方式及参考。在"孔"对话框 放置 区域的下拉列表中选择 线性

选项，然后选取图 5.35.20 所示的边线 1 与边线 2 为放置的参考，定位尺寸分别为 9 和 10。

（4）定义孔的样式及类型。在"孔"对话框中确认"沉头孔"单选按钮 与"简单

孔"单选按钮 被选中。

（5）定义孔的参数。在"孔"对话框 终止方式 区域的下拉列表中选择 贯通 选项；在"孔"

对话框孔预览图像区域输入图 5.35.21 所示的参数。

（6）单击"孔"对话框中的 确定 按钮，完成孔的创建。

边线 2

边线 1

图 5.35.20　选取放置参考

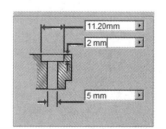

11.20mm

2 mm

5 mm

图 5.35.21　定义孔参数

Step 12 创建图 5.35.22 所示的镜像 1。在 阵列 区域中单击"镜像"按钮，选取"孔 1"为要镜像的特征，然后选取 XZ 平面作为镜像中心平面，单击"镜像"对话框中的 确定 按钮，完成镜像操作。

Step 13 保存文件。文件名称为"托架"。

图 5.35.22　镜像 1

5.36　Inventor 机械零件设计实际应用 3

应用概述

本应用是一个普通的儿童玩具篮，主要运用了实体建模的一些常用命令，包括实体拉伸、圆角和抽壳等，其中抽壳命令运用得很巧妙。零件模型及浏览器如图 5.36.1 所示。

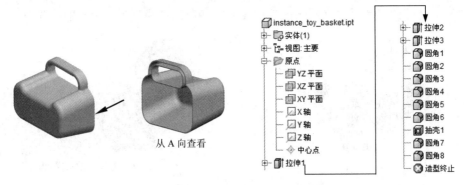

图 5.36.1　零件模型及浏览器

Step 1 启动 Inventor 软件，选择"应用程序菜单"按钮 下的 新建 ➡ 零件 命令，系统自动进入零件设计环境。

Step 2 创建图 5.36.2 所示的拉伸特征 1。

（1）选择命令。在 创建 ▼ 区域中单击 按钮，系统弹出"创建拉伸"对话框。

（2）定义特征的截面草图。单击"创建拉伸"对话框中的 创建二维草图 按钮，选取 YZ 平面作为草图平面，进入草绘环境。绘制图 5.36.3 所示的截面草图。

图 5.36.2　拉伸特征 1

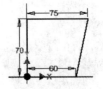

图 5.36.3　截面草图

（3）定义拉伸属性。单击 草图 选项卡 返回到三维 区域中的 按钮，在"拉伸"对话框

范围 区域中的下拉列表中选择 距离 选项，在"距离"文本框中输入 115.0，并将拉伸类型设置为"对称"类型 ⊠。

（4）单击"拉伸"对话框中的 确定 按钮，完成拉伸特征 1 的创建。

Step 3 　创建图 5.36.4 所示的拉伸特征 2。在 创建 ▼ 区域中单击 按钮，选取图 5.36.5 所示的面作为草图平面，绘制图 5.36.6 所示的截面草图，在"拉伸"对话框 范围 区域中的下拉列表中选择 距离 选项，在"距离"文本框中输入 15，并将拉伸方向设置为"方向 2"类型 ⊠，单击"拉伸"对话框中的 确定 按钮，完成拉伸特征 2 的创建。

图 5.36.4　拉伸特征 2

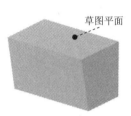

图 5.36.5　　草图平面

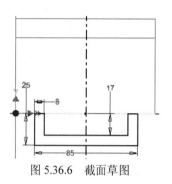

图 5.36.6　截面草图

Step 4 　添加图 5.36.7 所示的拉伸特征 3。

（1）选择命令。在 创建 ▼ 区域中单击 按钮，系统弹出"创建拉伸"对话框。

（2）定义特征的截面草图。单击"创建拉伸"对话框中的 创建二维草图 按钮，选取图 5.36.8 所示的面作为草图平面，进入草绘环境。绘制图 5.36.9 所示的截面草图。

图 5.36.7　拉伸特征 3

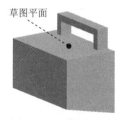

图 5.36.8　草图平面

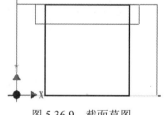

图 5.36.9　截面草图

（3）定义拉伸属性。单击 草图 选项卡 返回到三维 区域中的 按钮，首先将布尔运算设置为"求差"类型 ，在 范围 区域中的下拉列表中选择 距离 选项，在"距离"文本框中输入 8，并将拉伸方向设置为"方向 2"类型 ⊠。

（4）单击"拉伸"对话框中的 确定 按钮，完成拉伸特征 3 的创建。

Step 5 　创建图 5.36.10b 所示的圆角特征 1。

（1）选择命令。在 修改 ▼ 区域中单击 按钮。

（2）选取要倒圆角的对象。在系统的提示下，选取图 5.36.10a 所示的模型边线为倒圆角的对象。

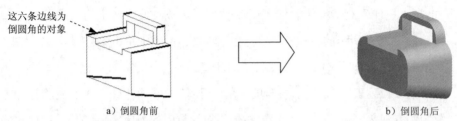

这六条边线为
倒圆角的对象

a）倒圆角前　　　　　　　　　　　　　　　　　　b）倒圆角后

图 5.36.10　圆角特征 1

（3）定义圆角参数。在"倒圆角"工具栏"半径 R"文本框中输入 20.0。

（4）单击"圆角"对话框中的 确定 按钮，完成圆角特征的定义。

Step 6　创建图 5.36.11b 所示的圆角特征 2。选取图 5.36.11a 所示的模型边线为倒圆角的对象，输入倒圆角半径值为 10.0。

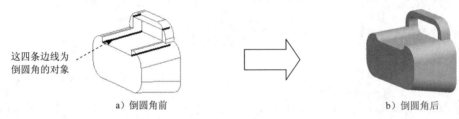

这四条边线为
倒圆角的对象

a）倒圆角前　　　　　　　　　　　　　　　　　　b）倒圆角后

图 5.36.11　圆角特征 2

Step 7　创建图 5.36.12b 所示的圆角特征 3。选取图 5.36.12a 所示的模型边线为倒圆角的对象，输入倒圆角半径值为 6.0。

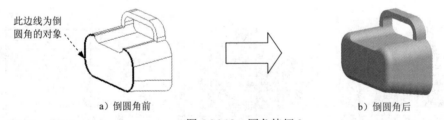

此边线为倒
圆角的对象

a）倒圆角前　　　　　　　　　　　　　　　　　　b）倒圆角后

图 5.36.12　圆角特征 3

Step 8　创建图 5.36.13b 所示的圆角特征 4。选取图 5.36.13a 所示的模型边线为倒圆角的对象，输入倒圆角半径值为 4.0。

此边线为倒
圆角的对象

a）倒圆角前　　　　　　　　　　　　　　　　　　b）倒圆角后

图 5.36.13　圆角特征 4

Step 9 创建图 5.36.14b 所示的圆角特征 5。选取图 5.36.14a 所示的模型边线为倒圆角的对象，输入倒圆角半径值为 3.0。

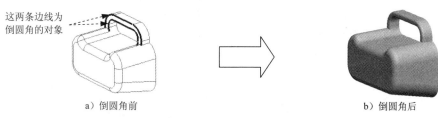

这两条边线为倒圆角的对象

a）倒圆角前   b）倒圆角后

图 5.36.14　圆角特征 5

Step 10 创建图 5.36.15b 所示的圆角特征 6。选取图 5.36.15a 所示的模型边线为倒圆角的对象，输入倒圆角半径值为 3.0。

这两条边链为倒圆角的对象

a）倒圆角前   b）倒圆角后

图 5.36.15　圆角特征 6

Step 11 创建图 5.36.16b 所示的抽壳特征 1。

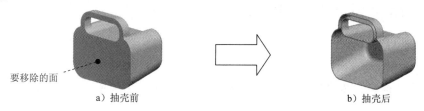

要移除的面

a）抽壳前   b）抽壳后

图 5.36.16　抽壳特征 1

（1）选择命令。在 **修改** ▼ 区域中单击 抽壳 按钮。

（2）定义薄壁厚度。在"抽壳"对话框 厚度 文本框中输入薄壁厚度值为 1.5。

（3）选择要移除的面。在系统 选择要去除的表面 的提示下，选择图 5.36.16a 所示的模型表面为要移除的面。

（4）单击"抽壳"对话框中的 确定 按钮，完成抽壳特征的创建。

Step 12 创建图 5.36.17b 所示的圆角特征 7。选取图 5.36.17a 所示的模型边链为倒圆角的对象，输入倒圆角半径值为 0.3。

Step 13 创建图 5.36.18b 所示的圆角特征 8。选取图 5.36.18a 所示的模型边链为倒圆角的对象，输入倒圆角半径值为 0.75。

Step 14 保存文件。文件名称为 instance_toy_basket。

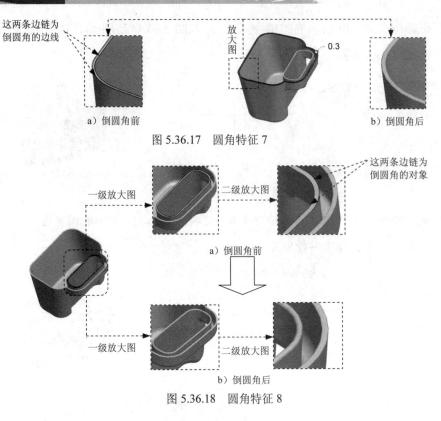

这两条边链为
倒圆角的边线

放
大
图

0.3

a）倒圆角前

b）倒圆角后

图 5.36.17　圆角特征 7

一级放大图

二级放大图

这两条边链为
倒圆角的对象

a）倒圆角前

一级放大图

二级放大图

b）倒圆角后

图 5.36.18　圆角特征 8

5.37　Inventor 机械零件设计实际应用 4

应用概述

本应用主要运用实体建模的基本技巧，包括实体拉伸、拔模等特征命令，其中圆角创建的顺序需要读者注意。该零件模型及浏览器如图 5.37.1 所示。

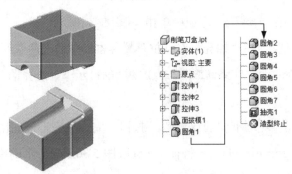

削笔刀盒.ipt
实体(1)
视图：主要
原点
拉伸1
拉伸2
拉伸3
面拔模1
圆角1

圆角2
圆角3
圆角4
圆角5
圆角6
圆角7
抽壳1
造型终止

图 5.37.1　零件模型及浏览器

Step 1 新建一个零件模型文件，进入建模环境。

Step 2 创建图 5.37.2 所示的拉伸特征 1。在 创建 ▾ 区域中单击 按钮，选取 XZ 平面作为草图平面，绘制图 5.37.3 所示的截面草图，在"拉伸"对话框 范围 区域中的下拉

列表中选择 距离 选项，在"距离"文本框中输入 40，并将拉伸方向设置为"方向 1"类型 ⬈ ，单击"拉伸"对话框中的 确定 按钮，完成拉伸特征 1 的创建。

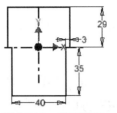

图 5.37.2　拉伸特征 1　　　　　　　　图 5.37.3　截面草图

Step 3 创建图 5.37.4 所示的拉伸特征 2。在 创建 ▼ 区域中单击 按钮，选取图 5.37.5 所示的模型表面作为草图平面，绘制图 5.37.6 所示的截面草图，在"拉伸"对话框中将布尔运算设置为"求差"类型 ⬒ ，然后在 范围 区域中的下拉列表中选择 距离 选项，在"距离"文本框中输入 52，将拉伸方向设置为"方向 2"类型 ◣ ，单击"拉伸"对话框中的 确定 按钮，完成拉伸特征 2 的创建。

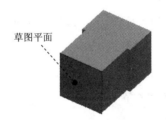

草图平面

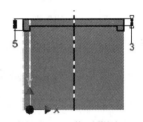

图 5.37.4　拉伸特征 2　　　　图 5.37.5　草图平面　　　　图 5.37.6　截面草图

Step 4 创建图 5.37.7 所示的拉伸特征 3。在 创建 ▼ 区域中单击 按钮，选取图 5.37.8 所示的模型表面作为草图平面，绘制图 5.37.9 所示的截面草图，在"拉伸"对话框中将布尔运算设置为"求差"类型 ⬒ ，然后在 范围 区域中的下拉列表中选择 距离 选项，在"距离"文本框中输入 55，将拉伸方向设置为"方向 2"类型 ◣ ，单击"拉伸"对话框中的 确定 按钮，完成拉伸特征 3 的创建。

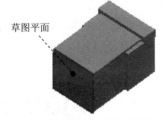

草图平面

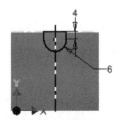

图 5.37.7　拉伸特征 3　　　　图 5.37.8　草图平面　　　　图 5.37.9　截面草图

Step 5 创建图 5.37.10 所示的拔模特征 1。

（1）选择命令。在 修改 ▼ 区域中单击 拔模 按钮。

（2）定义拔模类型。在"面拔模"对话框中将拔模类型设置为"固定平面" 。

（3）定义固定面。在系统 选择平面或工作平面 的提示下，选取图 5.37.10a 所示的面 1 为拔模固定平面。

（4）定义拔模面。在系统 选择拔模面 的提示下，选取图 5.37.10a 所示的面 2 为需要拔模的面。

（5）定义拔模属性。在"面拔模"对话框 拔模斜度 文本框中输入 23。

（6）定义拔模方向。拔模方向如图 5.37.11 所示。

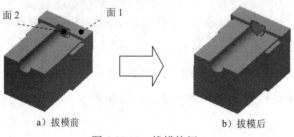

a）拔模前　　　　　　　　　　b）拔模后

图 5.37.10　拔模特征 1　　　　　　　　图 5.37.11　拔模方向

（7）单击"面拔模"对话框中的 确定 按钮，完成拔模特征的创建。

Step 6 创建图 5.37.12b 所示的圆角特征 1。

（1）选择命令。在 修改 ▾ 区域中单击 按钮。

（2）选取要倒圆角的对象。在系统的提示下，选取图 5.37.12a 所示的模型边线为倒圆角的对象。

a）倒圆角前　　　　　　　　　　　　　　b）倒圆角后

图 5.37.12　圆角特征 1

（3）定义圆角参数。在"倒圆角"工具栏"半径 R"文本框中输入 3.0。

（4）单击"圆角"对话框中的 确定 按钮，完成圆角特征的定义。

Step 7 创建图 5.37.13b 所示的圆角特征 2。

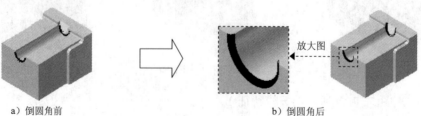

a）倒圆角前　　　　　　　　　放大图　　　b）倒圆角后

图 5.37.13　圆角特征 2

（1）选择命令。在 修改 ▾ 区域中单击 🔵 按钮。

（2）选取要倒圆角的对象。在系统的提示下，选取图 5.37.13a 所示的模型边线为倒圆角的对象。

（3）定义圆角参数。在"倒圆角"工具栏"半径R"文本框中输入 1.0。

（4）单击"圆角"对话框中的 确定 按钮，完成圆角特征的定义。

Step 8 创建图 5.37.14b 所示的圆角特征 3。选取图 5.37.14a 所示的模型边线为倒圆角的对象，输入倒圆角半径值为 2.0。

a）倒圆角前

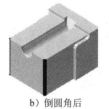
b）倒圆角后

图 5.37.14　圆角特征 3

Step 9 创建图 5.37.15b 所示的圆角特征 4。选取图 5.37.15a 所示的模型边线为倒圆角的对象，输入倒圆角半径值为 1.0。

a）倒圆角前

b）倒圆角后

图 5.37.15　圆角特征 4

Step 10 创建图 5.37.16b 所示的圆角特征 5。选取图 5.37.16a 所示的模型边线为倒圆角的对象，输入倒圆角半径值为 5.0。

a）倒圆角前

b）倒圆角后

图 5.37.16　圆角特征 5

Step 11 创建图 5.37.17b 所示的圆角特征 6。选取图 5.37.17a 所示的模型边线为倒圆角的对象，输入倒圆角半径值为 0.5。

Step 12 创建图 5.37.18b 所示的圆角特征 7。选取图 5.37.18a 所示的模型边线为倒圆角的对象，输入倒圆角半径值为 0.5。

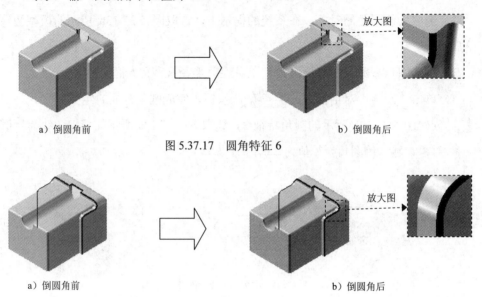

a）倒圆角前　　　　　　　　　　　　　　　　　b）倒圆角后

图 5.37.17　圆角特征 6

a）倒圆角前　　　　　　　　　　　　　　　　　b）倒圆角后

图 5.37.18　圆角特征 7

Step 13　创建图 5.37.19 所示的抽壳特征 1。在 <kbd>修改 ▼</kbd> 区域中单击 <kbd>抽壳</kbd> 按钮，在"抽壳"对话框 <kbd>厚度</kbd> 文本框中输入薄壁厚度值为 1.0；选择图 5.37.19 所示的模型表面为要移除的面；单击"抽壳"对话框中的 <kbd>确定</kbd> 按钮，完成抽壳特征的创建。

a）抽壳前　　　　　　　　　　　　　　　　　b）抽壳后

图 5.37.19　抽壳特征 1

Step 14　保存文件。文件名称为"削笔刀盒"。

5.38　Inventor 机械零件设计实际应用 5

应用概述

本应用是滑动轴承基座的设计，主要运用了拉伸、孔和圆角等特征命令。需要注意在选取草绘工作平面、圆角顺序等过程中所用到的技巧。零件实体模型及相应的浏览器如图 5.38.1 所示。

Step 1　新建一个零件模型，进入建模环境。

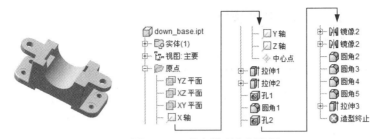

图 5.38.1　基座模型和浏览器

Step **2**　创建图 5.38.2 所示的拉伸特征 1。

（1）选择命令。在 创建 ▼ 区域中单击 按钮，系统弹出"创建拉伸"对话框。

（2）定义特征的截面草图。单击"创建拉伸"对话框中的 创建二维草图 按钮，选取 XY 平面作为草图平面，进入草绘环境。绘制图 5.38.3 所示的截面草图。

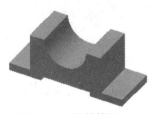

图 5.38.2　拉伸特征 1

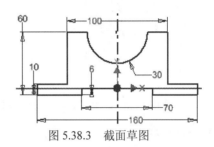

图 5.38.3　截面草图

（3）定义拉伸属性。在 创建 ▼ 区域中单击 按钮，在"拉伸"对话框 范围 区域中的下拉列表中选择 距离 选项，在"距离"文本框中输入 60.0，并将拉伸类型设置为"对称"类型 。

（4）单击"拉伸"对话框中的 确定 按钮，完成拉伸特征 1 的创建。

说明：为了清楚表现草图，图 5.38.3 中的几何约束（对称、水平和垂直等）均被隐藏。

Step **3**　创建图 5.38.4 所示的拉伸特征 2。

（1）选择命令。在 创建 ▼ 区域中单击 按钮，系统弹出"创建拉伸"对话框。

（2）定义特征的截面草图。单击"创建拉伸"对话框中的 创建二维草图 按钮，选取图 5.38.5 所示的模型表面作为草图平面，进入草绘环境，绘制图 5.38.6 所示的截面草图。

图 5.38.4　拉伸特征 2

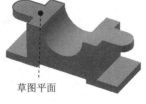

图 5.38.5　草图平面

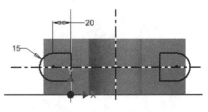

图 5.38.6　截面草图

（3）定义拉伸属性。单击 草图 选项卡 返回到三维 区域中的 按钮，在"拉伸"对

话框 范围 区域中的下拉列表中选择 距离 选项，在"距离"文本框中输入 10.0，将拉伸类型设置为"方向 2"类型 。

（4）单击"拉伸"对话框中的 确定 按钮，完成拉伸特征 2 的创建。

Step 4 添加图 5.38.7 所示的零件特征——孔 1。

（1）选择命令。在 修改 ▼ 区域中单击"孔"按钮 。

（2）定义孔的放置方式及参考。在"孔"对话框 放置 区域的下拉列表中选择 ◎ 同心，在系统的提示下选取图 5.38.8 所示的模型表面为孔的放置面，选取图 5.38.9 所示的边线为放置的参考。

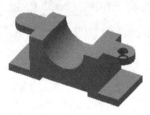

图 5.38.7 孔 1

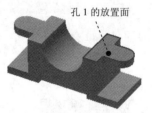

图 5.38.8 定义孔的放置面

（3）定义孔的样式及类型。在"孔"对话框中确认"直孔"单选按钮 与"简单孔"单选按钮 被选中。

（4）定义孔的参数。在 终止方式 区域的下拉列表中选择 距离 选项，在"孔"对话框选中 ◎ 单选按钮；在"孔"对话框孔预览图像区域输入图 5.38.10 所示的参数。

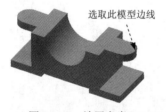

图 5.38.9 放置参考

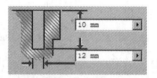

图 5.38.10 定义孔参数

（5）单击"孔"对话框中的 确定 按钮，完成孔的创建。

Step 5 创建图 5.38.11b 所示的圆角特征 1。

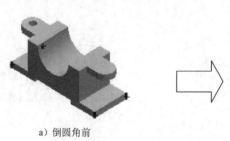

a）倒圆角前

b）倒圆角后

图 5.38.11 圆角特征 1

（1）选择命令。在 修改 ▾ 区域中单击 按钮。

（2）选取要倒圆角的对象。在系统的提示下，选取图 5.38.11a 所示的模型边线为倒圆角的对象。

（3）定义圆角参数。在"倒圆角"工具栏"半径 R"文本框中输入 15.0。

（4）单击"圆角"对话框中的 确定 按钮，完成圆角特征 1 的定义。

Step 6 添加图 5.38.12 所示的零件特征——孔 2。

（1）选择命令。在 修改 ▾ 区域中单击"孔"按钮 。

（2）定义孔的放置方式及参考。在"孔"对话框 放置 区域的下拉列表中选择 ◎ 同心 选项，在系统的提示下选取图 5.38.13 所示的模型表面为孔的放置面，选取图 5.38.14 所示的边线为放置的参考。

图 5.38.12 孔 2

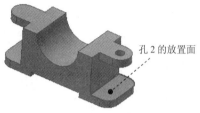

孔 2 的放置面

图 5.38.13 定义孔的放置面

（3）定义孔的样式及类型。在"孔"对话框中确认"沉头孔"单选按钮 与"简单孔"单选按钮 被选中。

（4）定义孔的参数。在"孔"对话框 终止方式 区域的下拉列表中选择 贯通 选项；在"孔"对话框孔预览图像区域输入图 5.38.15 所示的参数。

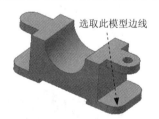

选取此模型边线

图 5.38.14 放置参考

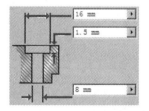

16 mm
1.5 mm
8 mm

图 5.38.15 定义孔参数

（5）单击"孔"对话框中的 确定 按钮，完成孔的创建。

Step 7 创建图 5.38.16 所示的镜像特征 1。

（1）选择命令。在 阵列 区域中单击"镜像"按钮 。

（2）选取要镜像的特征。在图形区中选取要镜像复制的孔特征 2（或在浏览器中选择"孔 2"特征）。

（3）定义镜像中心平面。单击"镜像"对话框中的 镜像平面 按钮，然后选取 XY 平面作为镜像中心平面。

Chapter 5

187

（4）单击"镜像"对话框中的 确定 按钮，完成镜像操作。

Step 8 创建图5.38.17所示的镜像特征2。

图 5.38.16 镜像特征 1

图 5.38.17 镜像特征 2

（1）选择命令。在 阵列 区域中单击"镜像"按钮 。

（2）选取要镜像的特征。在图形区中选取要镜像复制的孔特征1、孔特征2与镜像1。

（3）定义镜像中心平面。单击"镜像"对话框中的 镜像平面 按钮，然后选取 YZ 平面作为镜像中心平面。

（4）单击"镜像"对话框中的 确定 按钮，完成镜像操作。

Step 9 创建图5.38.18b所示的圆角特征2。选取图5.38.18a所示的模型边线为倒圆角的对象，输入倒圆角半径值2.0。

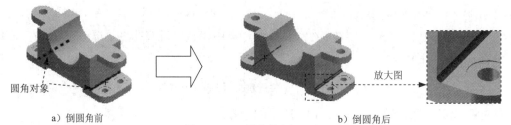

圆角对象

a）倒圆角前   b）倒圆角后   放大图

图 5.38.18 圆角特征 2

Step 10 创建图5.38.19b所示的圆角特征3。选取图5.38.19a所示的模型边线为倒圆角的对象，输入倒圆角半径值2.0。

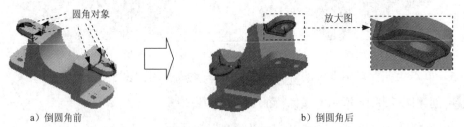

圆角对象   放大图

a）倒圆角前   b）倒圆角后

图 5.38.19 圆角特征 3

Step 11 创建图5.38.20b所示的圆角特征4。选取图5.38.20a所示的模型边线为倒圆角的对象，输入倒圆角半径值2.0。

Step 12 创建图5.38.21b所示的圆角特征5。选取图5.38.21a所示的模型边线为倒圆角的对象，输入倒圆角半径值2.0。

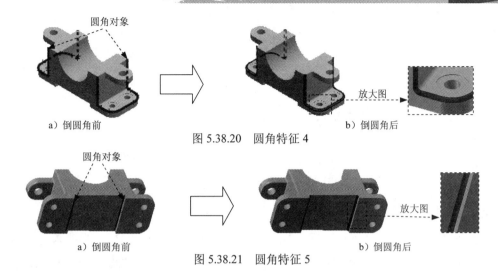

a）倒圆角前　　　　　　　　　　　　放大图　　　　b）倒圆角后

图 5.38.20　圆角特征 4

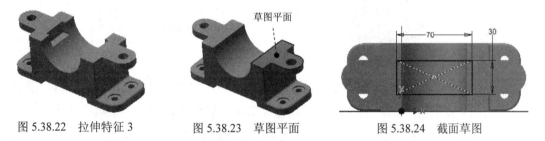

a）倒圆角前　　　　　　　　　　　　放大图　　　　b）倒圆角后

图 5.38.21　圆角特征 5

Step 13　创建图 5.38.22 所示的拉伸特征 3。

（1）选择命令。在 创建 ▼ 区域中单击 按钮，系统弹出"创建拉伸"对话框。

（2）定义特征的截面草图。单击"创建拉伸"对话框中的 创建二维草图 按钮，选取图 5.38.23 所示的面作为草图平面，进入草绘环境。绘制图 5.38.24 所示的截面草图。

图 5.38.22　拉伸特征 3　　　　图 5.38.23　草图平面　　　　图 5.38.24　截面草图

（3）定义拉伸属性。单击 草图 选项卡 返回到三维 区域中的 按钮，首先将布尔运算设置为"求差"类型 ，在 范围 区域中的下拉列表中选择 距离 选项，在"距离"文本框中输入 15，将拉伸方向设置为"方向 2"类型 。

（4）单击"拉伸"对话框中的 确定 按钮，完成拉伸特征 3 的创建。

Step 14　保存文件。文件名称为 down_base。

5.39　Inventor 机械零件设计实际应用 6

应用概述

本应用介绍蝶形螺母的设计过程。在其设计过程中，运用了旋转、拉伸、圆角及螺旋切削等特征命令，其中螺旋切削的创建是需要掌握的重点，另外圆角创建的顺序也是值得注意的地方。零件模型及浏览器如图 5.39.1 所示。

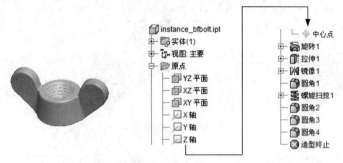

图 5.39.1　零件模型及浏览器

Step 1　新建一个零件模型，进入建模环境。

Step 2　创建图 5.39.2 所示的旋转特征 1。在 创建 ▾ 区域中选择 命令，选取 XY 平面为草图平面，绘制图 5.39.3 所示的截面草图；在"旋转"对话框 范围 区域的下拉列表中选中 全部 选项；单击"旋转"对话框中的 确定 按钮，完成旋转特征 1 的创建。

图 5.39.2　旋转特征 1

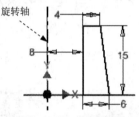

图 5.39.3　截面草图

Step 3　创建图 5.39.4 所示的拉伸特征 1。在 创建 ▾ 区域中单击 按钮，选取 XY 平面作为草图平面，绘制图 5.39.5 所示的截面草图，在"拉伸"对话框 范围 区域中的下拉列表中选择 距离 选项，在"距离"文本框中输入 6，并将拉伸方向设置为"对称"类型 ；单击"拉伸"对话框中的 确定 按钮，完成拉伸特征 1 的创建。

图 5.39.4　拉伸特征 1

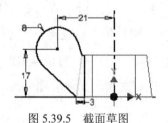

图 5.39.5　截面草图

Step 4　创建图 5.39.6 所示的镜像特征 1。

（1）选择命令。在 阵列 区域中单击"镜像"按钮 。

（2）选取要镜像的特征。在图形区中选取要镜像复制的拉伸特征（或在浏览器中选择"拉伸1"特征）。

（3）定义镜像中心平面。单击"镜像"对话框中的 镜像平面 按钮，然后选取 YZ 平面作为镜像中心平面。

a）镜像前　　　　　　　　　　b）镜像后

图 5.39.6　镜像特征 1

（4）单击"镜像"对话框中的 确定 按钮，完成镜像操作。

Step 5　创建图 5.39.7 所示的圆角特征 1。

（1）选择命令。在 修改 ▾ 区域中单击 按钮。

（2）定义圆角类型。在"圆角"对话框中单击"边圆角"按钮 ，并单击 变半径 选项卡。

（3）选取要倒圆角的对象。在系统 选择一条边进行圆角 的提示下，选取图 5.39.8 所示的四条模型边线为要倒圆角的对象。

 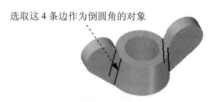

选取这 4 条边作为倒圆角的对象

图 5.39.7　圆角特征 1　　　　　　　图 5.39.8　选取倒圆角对象

（4）定义圆角参数。在"倒圆角"对话框中修改图 5.39.9a 所示的 4 个点的半径值为 1，然后修改图 5.39.9b 所示的 4 个点的半径值为 5。

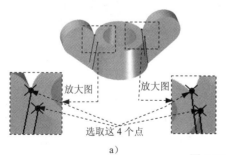 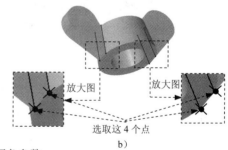

放大图　放大图　　　　　　　　放大图　放大图

选取这 4 个点　　　　　　　　选取这 4 个点

a）　　　　　　　　　　　　　b）

图 5.39.9　定义圆角参数

（5）单击"圆角"对话框中的 确定 按钮，完成圆角特征的定义。

Step 6　创建图 5.39.10 所示的草图 3。在 三维模型 选项卡 草图 区域单击 按钮，选取 XY 平面为草图平面，绘制图 5.39.10 所示的草图。

Step 7　创建图 5.39.11 所示的螺旋扫掠特征 1。在 创建 ▾ 区域中单击 螺旋扫掠 按钮，选取图 5.39.10 所示的线为旋转轴，然后在"螺旋扫掠"对话框中将布尔运算类型设置为"求差"类型 ，然后单击 螺旋规格 选项卡，在 类型 下拉列表中选择 螺距和高度 选项，然后在 螺距 文本框中输入 2.0，在 高度 文本框中输入 25，单击 确定 按钮，完成螺旋扫掠特征的创建。

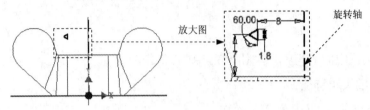

图 5.39.10　草图 3　　　　　　　　　　　图 5.39.11　螺旋扫掠特征 1

Step 8 创建图 5.39.12b 所示的圆角特征 2。选取图 5.37.12a 所示的模型边线为倒圆角的对象，输入倒圆角半径值为 1.0。

a）倒圆角前　　　　　　　　　　　　　b）倒圆角后

图 5.39.12　圆角特征 2

Step 9 创建图 5.39.13b 所示的圆角特征 3。选取图 5.39.13a 所示的模型边线为倒圆角的对象，输入倒圆角半径值为 1.0。

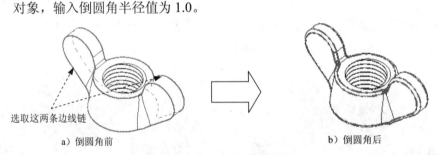

a）倒圆角前　　　　　　　　　　　　　b）倒圆角后

图 5.39.13　圆角特征 3

Step 10 创建图 5.39.14b 所示的圆角特征 4。选取图 5.39.14a 所示的模型边线为倒圆角的对象，输入倒圆角半径值为 1.0。

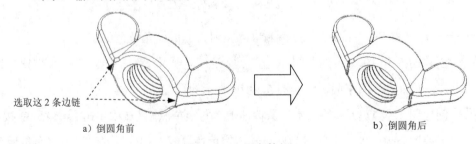

a）倒圆角前　　　　　　　　　　　　　b）倒圆角后

图 5.39.14　圆角特征 4

Step **11** 保存文件。文件名称为 instance_bfbolt。

5.40 Inventor 机械零件设计实际应用 7

应用概述

本应用主要运用了如下一些特征命令：旋转、阵列和抽壳，其难点是创建模型上的波纹，在进行这个特征的阵列操作时，确定阵列间距比较关键。零件模型及浏览器如图 5.40.1 所示。

instance_air_pipe.ipt
├─ 实体(1)
├─ 视图: 主要
├─ 原点
├─ 旋转1
├─ 旋转2
├─ 矩形阵列1
├─ 旋转3
├─ 抽壳1
└─ 造型终止

图 5.40.1　零件模型及浏览器

Step **1** 新建一个零件模型，进入建模环境。

Step **2** 创建图 5.40.2 所示的旋转特征 1。

（1）选择命令。在 创建 ▼ 区域中单击 按钮，系统弹出"创建旋转"对话框。

（2）定义特征的截面草图。单击"创建旋转"对话框中的 创建二维草图 按钮，选取 XY 平面为草图平面，进入草绘环境，绘制图 5.40.3 所示的截面草图。

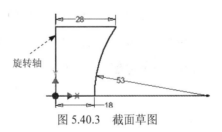

图 5.40.2　旋转特征 1　　　　图 5.40.3　截面草图

（3）定义旋转属性。单击 草图 选项卡 返回到三维 区域中的 按钮，然后在"旋转"对话框 范围 区域的下拉列表中选中 全部 选项。

（4）单击"旋转"对话框中的 确定 按钮，完成旋转特征 1 的创建。

Step **3** 创建图 5.40.4 所示的旋转特征 2。在 创建 ▼ 区域中选择 命令，选取 XY 平面为草图平面，绘制图 5.40.5 所示的截面草图；在"旋转"对话框 范围 区域的下拉列表中选中 全部 选项；单击"旋转"对话框中的 确定 按钮，完成旋转特征 2 的创建。

Step **4** 创建图 5.40.6 所示的矩形阵列特征 1。

（1）选择命令。在 阵列 区域中单击 按钮。

图 5.40.4 旋转特征 2

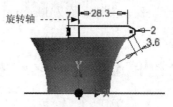

图 5.40.5 截面草图

（2）选择要阵列的特征。在图形区中选取旋转特征 2（或在浏览器中选择"旋转 2"特征）。

（3）定义阵列参数。

① 定义方向 1 的参考边线。在"矩形阵列"对话框中单击 方向1 区域中的 ⬓ 按钮，然后选取 Y 轴为方向 1 的参考边线，阵列方向可参考图 5.40.7（若方向不对可单击 ⬓ 按钮调整）。

图 5.40.6 矩形阵列特征 1

图 5.40.7 定义阵列方向

② 定义方向 1 参数。在 方向1 区域的 ⬤⬤⬤ 文本框中输入数值 15.0；在 ◇ 文本框中输入数值 7。

（4）单击 确定 按钮，完成矩形阵列的创建。

Step 5 创建图 5.40.8 所示的旋转特征 3。在 创建 ▾ 区域中选择 ⬭ 命令，选取 XY 平面为草图平面，绘制图 5.40.9 所示的截面草图；在"旋转"对话框 范围 区域的下拉列表中选中 全部 选项；单击"旋转"对话框中的 确定 按钮，完成旋转特征 3 的创建。

图 5.40.8 旋转特征 3

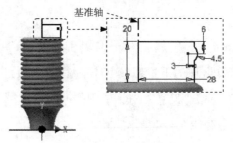

图 5.40.9 截面草图

Step 6 创建图 5.40.10 所示的抽壳特征 1。

（1）选择命令。在 修改 ▾ 区域中单击 ⬓ 抽壳 按钮。

（2）定义薄壁厚度。在"抽壳"对话框 厚度 文本框中输入薄壁厚度值为 1.5。

（3）选择要移除的面。在系统 选择要去除的表面 的提示下，选择图 5.40.11 所示的模型表面 1 和面 2 为要移除的面。

（4）单击"抽壳"对话框中的 确定 按钮，完成抽壳特征的创建。

图 5.40.10　抽壳特征 1

此表面为要移除的面 1

此表面为要移除的面 2

图 5.40.11　要移除的面

Step 7　保存文件。文件名称为 instance_air_pipe。

5.41　Inventor 机械零件设计实际应用 8

应用概述

本应用主要运用了拉伸、抽壳、镜像、拉伸切削和圆角命令，但要提醒读者注意的是平面的创建和圆角特征创建的顺序，零件模型和浏览器如图 5.41.1 所示。

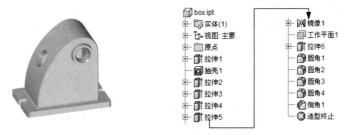

图 5.41.1　零件模型及浏览器

Step 1　新建一个零件模型，进入建模环境。

Step 2　创建图 5.41.2 所示的拉伸特征 1。在 创建 ▾ 区域中单击 按钮，选取 XY 平面作为草图平面，绘制图 5.41.3 所示的截面草图，在"拉伸"对话框 范围 区域中的下拉列表中选择 距离 选项，在"距离"文本框中输入 80，并将拉伸方向设置为"对称"类型 ；单击"拉伸"对话框中的 确定 按钮，完成拉伸特征 1 的创建。

图 5.41.2　拉伸特征 1

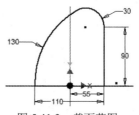

图 5.41.3　截面草图

Step 3 创建图 5.41.4 所示的抽壳特征 1。在 修改 ▼ 区域中单击 抽壳 按钮，在"抽壳"对话框 厚度 文本框中输入薄壁厚度值为 10.0；选择图 5.41.4 所示的模型表面为要移除的面；单击"抽壳"对话框中的 确定 按钮，完成抽壳特征的创建。

选取该平面
为要移除的面

a）抽壳前   b）抽壳后

图 5.41.4 抽壳特征 1

Step 4 创建图 5.41.5 所示的拉伸特征 2。在 创建 ▼ 区域中单击 按钮，选取 XZ 平面作为草图平面，绘制图 5.41.6 所示的截面草图，在"拉伸"对话框中将布尔运算设置为"求和"类型 ，然后在 范围 区域中的下拉列表中选择 距离 选项，在"距离"文本框中输入 10，拉伸方向可参考图 5.41.5，单击"拉伸"对话框中的 确定 按钮，完成拉伸特征 2 的创建。

图 5.41.5 拉伸特征 2

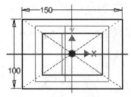

图 5.41.6 截面草图

Step 5 创建图 5.41.7 所示的拉伸特征 3。在 创建 ▼ 区域中单击 按钮，选取图 5.41.8 所示的模型表面作为草图平面，绘制图 5.41.9 所示的截面草图，在"拉伸"对话框中将布尔运算设置为"求和"类型 ，然后在 范围 区域中的下拉列表中选择 距离 选项，在"距离"文本框中输入 8，拉伸方向可参考图 5.41.7，单击"拉伸"对话框中的 确定 按钮，完成拉伸特征 3 的创建。

图 5.41.7 拉伸特征 3

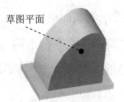

草图平面

图 5.41.8 选取草图平面

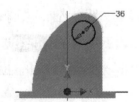

36

图 5.41.9 截面草图

Step 6 创建图 5.41.10 所示的拉伸特征 4。在 创建 ▼ 区域中单击 按钮，选取图 5.41.11 所示的模型表面作为草图平面，绘制图 5.41.12 所示的截面草图，在"拉伸"对话框中将布尔运算设置为"求差"类型 ，然后在 范围 区域中的下拉列表中选

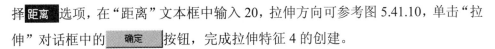
择 距离 选项，在"距离"文本框中输入 20，拉伸方向可参考图 5.41.10，单击"拉伸"对话框中的 确定 按钮，完成拉伸特征 4 的创建。

图 5.41.10 拉伸特征 4

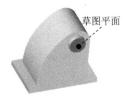

图 5.41.11 选取草图平面

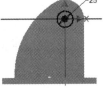

图 5.41.12 截面草图

Step 7 创建图 5.41.13 所示的拉伸特征 5。在 创建 ▾ 区域中单击 按钮，选取图 5.41.14 所示的模型表面作为草图平面，绘制图 5.41.15 所示的截面草图，在"拉伸"对话框中将布尔运算设置为"求差"类型 ，然后在 范围 区域中的下拉列表中选择 贯通 选项，拉伸方向可参考图 5.41.13，单击"拉伸"对话框中的 确定 按钮，完成拉伸特征 5 的创建。

图 5.41.13 拉伸特征 5

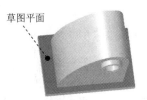

图 5.41.14 选取草图平面

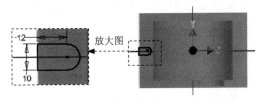

图 5.41.15 截面草图

Step 8 创建图 5.41.16 所示的镜像特征 1。在 阵列 区域中单击"镜像"按钮 ，选取"拉伸 5"为要镜像的特征，然后选取 YZ 平面作为镜像中心平面，单击"镜像"对话框中的 确定 按钮，完成镜像操作。

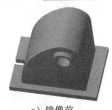

a）镜像前

b）镜像后

图 5.41.16 镜像特征 1

Step 9 创建图 5.41.17 所示的工作平面 1。在 定位特征 区域中单击"平面"按钮 下的 平面 ，选择 与曲面相切且通过边 命令；在图形区选取图 5.41.18 所示的曲面作为参考平面，选取图 5.41.18 所示的边线作为参考边线。

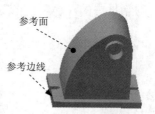

参考面

参考边线

图 5.41.17　工作平面 1 　　　　　　　　　　图 5.41.18　参考平面

Step 10 创建图 5.41.19 所示的拉伸特征 6。在 创建 ▼ 区域中单击 □ 按钮，选取工作平面 1 作为草图平面，绘制图 5.41.20 所示的截面草图，在"拉伸"对话框中将布尔运算设置为"求差"类型 □，然后在 范围 区域中的下拉列表中选择 距离 选项，在"距离"文本框中输入 20，拉伸方向可参考图 5.41.19，单击"拉伸"对话框中的 确定 按钮，完成拉伸特征 6 的创建。

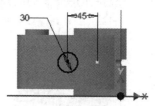

图 5.41.19　拉伸特征 6 　　　　　　　　　图 5.41.20　截面草图

Step 11 创建图 5.41.21b 所示的圆角特征 1。选取图 5.41.21a 所示的模型边线为倒圆角的对象，输入倒圆角半径值为 5.0。

这 4 条边为
倒圆角的对象

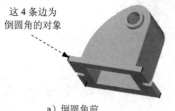

a）倒圆角前　　　　　　　　　　　　　　　b）倒圆角后

图 5.41.21　圆角特征 1

Step 12 创建图 5.41.22b 所示的圆角特征 2。选取图 5.41.22a 所示的模型边线为倒圆角的对象，输入倒圆角半径值为 2.0。

这 2 条边线为
倒圆角的对象

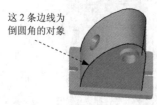

a）倒圆角前　　　　　　　　　　　　　　　b）倒圆角后

图 5.41.22　圆角特征 2

Step 13 创建图 5.41.23b 所示的圆角特征 3。选取图 5.41.23a 所示的模型边链为倒圆角的对象，输入倒圆角半径值为 3.0。

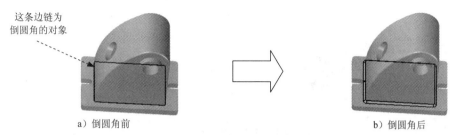

a）倒圆角前　　　　　　　　　　　　　　b）倒圆角后

图 5.41.23　圆角特征 3

Step 14 创建图 5.41.24b 所示的圆角特征 4。选取图 5.41.24a 所示的模型边线为倒圆角的对象，输入倒圆角半径值为 2.0。

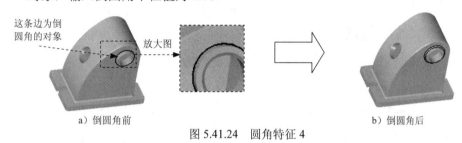

a）倒圆角前　　　　　　　　　　　　　　b）倒圆角后

图 5.41.24　圆角特征 4

Step 15 创建图 5.41.25b 所示的倒角特征 1。选取图 5.41.25a 所示的模型边线为倒角的对象，输入倒角值为 2.0。

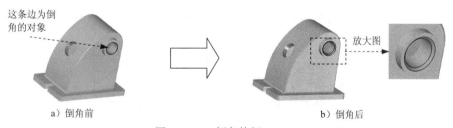

a）倒角前　　　　　　　　　　　　　　b）倒角后

图 5.41.25　倒角特征 1

Step 16 保存文件。文件名称为 box。

5.42　Inventor 机械零件设计实际应用 9

应用概述

本应用中使用的命令比较多，主要运用了拉伸、扫掠、放样、圆角及抽壳等特征命令，建模思路是先创建互相交叠的拉伸、扫掠、放样特征，再对其进行抽壳，从而得到模型的主体结构。其中扫掠、放样特征的综合使用是重点，务必保证草绘的正确性，否则此后的圆角将难以创建。该零件模型及浏览器如图 5.42.1 所示。

图 5.42.1　零件模型及浏览器

Step 1　新建一个零件模型，进入建模环境。

Step 2　创建图 5.42.2 所示的拉伸特征 1。在 创建 ▼ 区域中单击 按钮，选取 YZ 平面作为草图平面，绘制图 5.42.3 所示的截面草图，在"拉伸"对话框 范围 区域中的下拉列表中选择 距离 选项，在"距离"文本框中输入 220，并将拉伸方向设置为"对称"类型 ；单击"拉伸"对话框中的 确定 按钮，完成拉伸特征 1 的创建。

图 5.42.2　拉伸特征 1

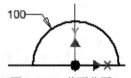

图 5.42.3　截面草图

Step 3　创建图 5.42.4 所示的草图 2。在 三维模型 选项卡 草图 区域单击 按钮，选取 YZ 平面为草图平面，绘制图 5.42.5 所示的草图。

图 5.42.4　草图 2（建模环境）

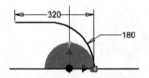

图 5.42.5　草图 2（草绘环境）

说明：如果在添加约束或者添加尺寸的过程中系统自动添加了黄色的线，需将这些线转换至构造线。

Step 4　创建图 5.42.6 所示的草图 3。在 三维模型 选项卡 草图 区域单击 按钮，选取 XY 平面为草图平面，绘制图 5.42.7 所示的草图。

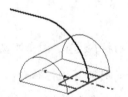

图 5.42.6　草图 3（建模环境）

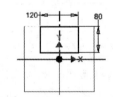

图 5.42.7　草图 3（草绘环境）

Step 5 创建图 5.42.8 所示的扫掠特征 1。在 创建 ▼ 区域中单击"扫掠"按钮 ⑤ 扫掠，选取草图 2 作为扫掠轨迹，在"扫掠"对话框 类型 区域的下拉列表中选择 路径，其他参数接受系统默认，单击"扫掠"对话框中的 确定 按钮，完成扫掠特征的创建。

Step 6 创建图 5.42.9 所示的工作平面 1。在 定位特征 区域中单击"平面"按钮 □ 下的 平面，选择 ▯ 从平面偏移 命令；在图形区选取图 5.42.10 所示的曲面作为参考平面，输入要偏移的距离为 160，偏移方向参考图 5.42.9，单击 ✓ 按钮，完成工作平面的创建。

图 5.42.8　扫掠特征 1

图 5.42.9　工作平面 1

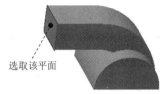

选取该平面

图 5.42.10　参考平面

Step 7 创建图 5.42.11 所示的草图 4。在 三维模型 选项卡 草图 区域单击 ☑ 按钮，选取工作平面 1 为草图平面，绘制图 5.42.12 所示的草图。

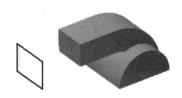

图 5.42.11　草图 4（建模环境）

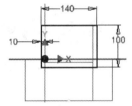

图 5.42.12　草图 4（草绘环境）

Step 8 创建图 5.42.13 所示的放样特征 1。在 创建 ▼ 区域中单击 🛢 放样 按钮，依次选取图 5.42.14 所示的模型表面与草图 4，单击"放样"对话框中的 确定 按钮，完成特征的创建。

图 5.42.13　放样特征 1

选取草图 4　面 3

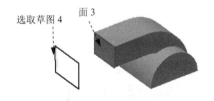

图 5.42.14　选择截面轮廓

Step 9 创建图 5.42.15 所示的拉伸特征 2。在 创建 ▼ 区域中单击 ▯ 按钮，选取图 5.42.16 所示的平面作为草图平面，绘制图 5.42.17 所示的截面草图，在"拉伸"对话框中将布尔运算设置为"求和"类型 ⊟，然后在 范围 区域中的下拉列表中选择 距离 选项，在"距离"文本框中输入 15，拉伸方向可参考图 5.42.15，单击"拉伸"对话框中的 确定 按钮，完成拉伸特征 2 的创建。

图 5.42.15 拉伸特征 2

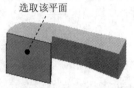

图 5.42.16 定义草绘平面

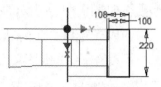

图 5.42.17 截面草图

Step 10 创建图 5.42.18b 所示的圆角特征 1。选取图 5.42.18a 所示的模型边线为倒圆角的对象，输入倒圆角半径值为 30.0。

a）倒圆角前

b）倒圆角后

图 5.42.18 圆角特征 1

Step 11 创建图 5.42.19b 所示的圆角特征 2。选取图 5.42.19a 所示的模型边线为倒圆角的对象，输入倒圆角半径值为 30.0。

a）倒圆角前

b）倒圆角后

图 5.42.19 圆角特征 2

Step 12 创建图 5.42.20b 所示的圆角特征 3。选取图 5.42.20a 所示的模型边链为倒圆角的对象，输入倒圆角半径值为 400.0。

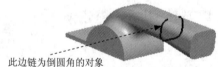

a）倒圆角前

b）倒圆角后

图 5.42.20 圆角特征 3

Step 13 创建图 5.42.21 所示的拉伸特征 3。在 创建 ▼ 区域中单击 □ 按钮，选取图 5.42.22 所示的模型表面作为草图平面，绘制图 5.42.23 所示的截面草图，在"拉伸"对话框中将布尔运算设置为"求差"类型 ⬜，然后在 范围 区域中的下拉列表中选择 贯通 选项，拉伸方向可参考图 5.42.21，单击"拉伸"对话框中的 确定 按钮，完成拉伸特征 3 的创建。

Step 14 创建图 5.42.24 所示的矩形阵列 1。在 阵列 区域中单击 ▦ 按钮，选取"拉伸 3"为要阵列的特征，选取图 5.42.25 所示的边线 1 为方向 1 的参考边线，阵列方向可参考图 5.42.24，在 方向1 区域的 ⋯⋯ 文本框中输入数值 3.0，在 ◇ 文本框中输入数值 90，单击 ‖确定‖ 按钮，完成矩形阵列的创建。

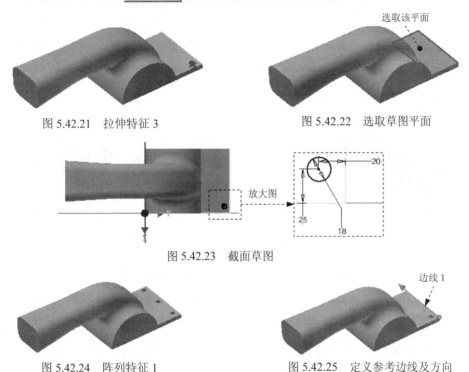

图 5.42.21 拉伸特征 3 　　　　　　　　　图 5.42.22 选取草图平面

图 5.42.23 截面草图

图 5.42.24 阵列特征 1 　　　　　　　　　图 5.42.25 定义参考边线及方向

Step 15 创建图 5.42.26 所示的镜像特征 1。在 阵列 区域中单击"镜像"按钮 ‖‖，选取"拉伸 2"、"拉伸 3"和"矩形阵列 1"为要镜像的特征，然后选取 XZ 平面作为镜像中心平面，单击"镜像"对话框中的 ‖确定‖ 按钮，完成镜像操作。

a）镜像前 　　　　　　　　　　　　　　b）镜像后

图 5.42.26 镜像特征 1

Step 16 创建图 5.42.27 所示的抽壳特征 1。在 修改 ▾ 区域中单击 ‖抽壳 按钮，在"抽壳"对话框 厚度 文本框中输入薄壁厚度值为 5；选择图 5.42.27 所示的模型表面为要移除的面；单击"抽壳"对话框中的 ‖确定‖ 按钮，完成抽壳特征的创建。

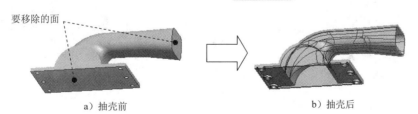

要移除的面

a）抽壳前 　　　　　　　　　　　　　　b）抽壳后

图 5.42.27 抽壳特征 1

Step **17** 创建图 5.42.28 所示的拉伸特征 4。在 创建 ▼ 区域中单击 ⬜ 按钮，选取图 5.42.29 所示的模型表面作为草图平面，绘制图 5.42.30 所示的截面草图，在"拉伸"对话框中将布尔运算设置为"求差"类型 ⬜，然后在 范围 区域中的下拉列表中选择 距离 选项，在"距离"文本框中输入 20，拉伸方向可参考图 5.42.28，单击"拉伸"对话框中的 确定 按钮，完成拉伸特征 4 的创建。

图 5.42.28 拉伸特征 4

图 5.42.29 选取草图平面

Step **18** 创建图 5.42.31 所示的拉伸特征 5。在 创建 ▼ 区域中单击 ⬜ 按钮，选取图 5.42.32 所示的模型表面作为草图平面，绘制图 5.42.33 所示的截面草图，在"拉伸"对话框中将布尔运算设置为"求差"类型 ⬜，然后在 范围 区域中的下拉列表中选择 距离 选项，在"距离"文本框中输入 10，拉伸方向可参考图 5.42.31，单击"拉伸"对话框中的 确定 按钮，完成拉伸特征 5 的创建。

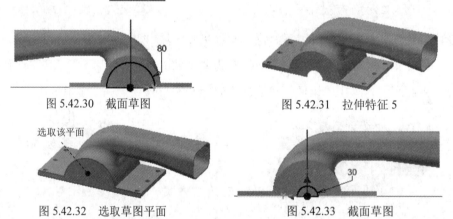

图 5.42.30 截面草图

图 5.42.31 拉伸特征 5

图 5.42.32 选取草图平面

图 5.42.33 截面草图

Step **19** 创建图 5.42.34b 所示的圆角特征 4。选取图 5.42.34a 所示的模型边线为倒圆角的对象，输入倒圆角半径值为 8.0。

a）倒圆角前   b）倒圆角后
图 5.42.34 圆角特征 4

Step **20** 保存文件。文件名称为 instance_main_housing。

5.43　Inventor 机械零件设计实际应用 10

应用概述

　　本应用是一个基座的设计，主要运用了拉伸、拉伸切削、孔、圆角等特征。需要注意在选取草图平面、圆角创建顺序安排及在柱面打孔过程中用到的技巧和需要注意的事项。零件模型及浏览器如图 5.43.1 所示。

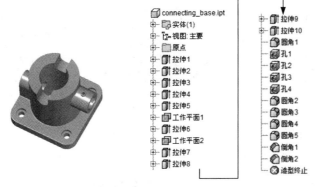

图 5.43.1　零件模型及浏览器

Step 1　新建一个零件模型，进入建模环境。

Step 2　创建图 5.43.2 所示的拉伸特征 1。在 创建 ▾ 区域中单击 按钮，选取 XZ 平面作为草图平面，绘制图 5.43.3 所示的截面草图，在"拉伸"对话框 范围 区域中的下拉列表中选择 距离 选项，在"距离"文本框中输入 25，单击"拉伸"对话框中的 确定 按钮，完成拉伸特征 1 的创建。

图 5.43.2　拉伸特征 1

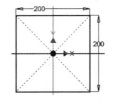

图 5.43.3　截面草图

Step 3　创建图 5.43.4 所示的拉伸特征 2。在 创建 ▾ 区域中单击 按钮，选取图 5.43.5 所示的模型表面作为草图平面，绘制图 5.43.6 所示的截面草图，在"拉伸"对话框 范围 区域中的下拉列表中选择 距离 选项，在"距离"文本框中输入 145，拉伸方向可参考图 5.43.4，单击"拉伸"对话框中的 确定 按钮，完成拉伸特征 2 的创建。

Step 4　创建图 5.43.7 所示的拉伸特征 3。在 创建 ▾ 区域中单击 按钮，选取图 5.43.8 所示的模型表面作为草图平面，绘制图 5.43.9 所示的截面草图，在"拉伸"对话

框中 范围 区域的下拉列表中选择 到表面或平面 选项，拉伸方向可参考图 5.43.7，单击"拉伸"对话框中的 确定 按钮，完成拉伸特征 3 的创建。

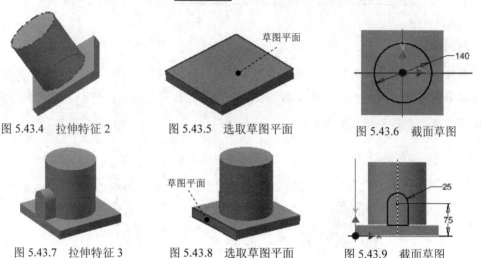

图 5.43.4　拉伸特征 2　　　　图 5.43.5　选取草图平面　　　　图 5.43.6　截面草图

图 5.43.7　拉伸特征 3

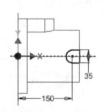

图 5.43.8　选取草图平面

图 5.43.9　截面草图

Step 5 创建图 5.43.10 所示的拉伸特征 4。在 创建 ▼ 区域中单击 按钮，选取 YZ 平面作为草图平面，绘制图 5.43.11 所示的截面草图，在"拉伸"对话框中将布尔运算设置为"求差"类型 ，然后在 范围 区域中的下拉列表中选择 贯通 选项，并将拉伸方向设置为"对称"按钮 ；单击"拉伸"对话框中的 确定 按钮，完成拉伸特征 4 的创建。

图 5.43.10　拉伸特征 4

图 5.43.11　截面草图

Step 6 创建图 5.43.12 所示的拉伸特征 5。在 创建 ▼ 区域中单击 按钮，选取 XZ 平面作为草图平面，绘制图 5.43.13 所示的截面草图，在"拉伸"对话框中将布尔运算设置为"求差"类型 ，然后在 范围 区域的下拉列表中选择 贯通 选项，拉伸方向可参考图 5.43.12，单击"拉伸"对话框中的 确定 按钮，完成拉伸特征 5 的创建。

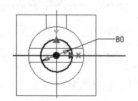

图 5.43.12　拉伸特征 5

图 5.43.13　截面草图

Step 7 创建图 5.43.14 所示的工作平面 1。在 定位特征 区域中单击"平面"按钮 🔲 下的 平面，选择 🗐 从平面偏移 命令；选取 XY 平面作为参考平面，输入要偏移的距离为–115，单击 ✔ 按钮，完成工作平面 1 的创建。

Step 8 创建图 5.43.15 所示的拉伸特征 6。在 创建 ▼ 区域中单击 🔲 按钮，选取工作平面 1 作为草图平面，绘制图 5.43.16 所示的截面草图，在"拉伸"对话框 范围 区域中的下拉列表中选择 到表面或平面 选项，拉伸方向可参考图 5.43.15，单击"拉伸"对话框中的 确定 按钮，完成拉伸特征 6 的创建。

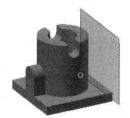
图 5.43.14 工作平面 1

图 5.43.15 拉伸特征 6

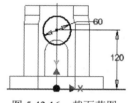
图 5.43.16 截面草图

Step 9 创建图 5.43.17 所示的工作平面 2。在 定位特征 区域中单击"平面"按钮 🔲 下的 平面，选择 🗐 从平面偏移 命令；选取 XZ 平面作为参考平面，输入要偏移的距离为 155，偏移方向可参考图 5.43.17，单击 ✔ 按钮，完成工作平面 2 的创建。

图 5.43.17 工作平面 2

Step 10 创建图 5.43.18 所示的拉伸特征 7。在 创建 ▼ 区域中单击 🔲 按钮，选取工作平面 2 作为草图平面，绘制图 5.43.19 所示的截面草图，在"拉伸"对话框中将布尔运算设置为"求和"类型 🔲，然后在 范围 区域的下拉列表中选择 到表面或平面 选项，拉伸方向可参考图 5.43.18，单击"拉伸"对话框中的 确定 按钮，完成拉伸特征 7 的创建。

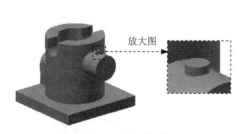
图 5.43.18 拉伸特征 7

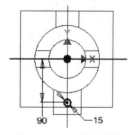
图 5.43.19 截面草图

Step 11 创建图 5.43.20 所示的拉伸特征 8。在 创建 ▼ 区域中单击 🔲 按钮，选取 XY 平面作为草图平面，绘制图 5.43.21 所示的截面草图，在"拉伸"对话框中将布尔运算设置为"求差"类型 🔲，然后在 范围 区域的下拉列表中选择 贯通 选项，拉伸方向可参考图 5.43.20，单击"拉伸"对话框的 确定 按钮，完成拉伸特征 8 的创建。

图 5.43.20　拉伸特征 8

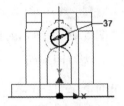

图 5.43.21　截面草图

Step 12　创建图 5.43.22 所示的拉伸特征 9。在 创建 ▾ 区域中单击 🔲 按钮，选取工作平面 2 作为草图平面，绘制图 5.43.23 所示的截面草图，在"拉伸"对话框中将布尔运算设置为"求差"类型 🔲，然后在 范围 区域中的下拉列表中选择 距离 选项，在"距离"文本框中输入 20，拉伸方向可参考图 5.43.22，单击"拉伸"对话框中的 确定 按钮，完成拉伸特征 9 的创建。

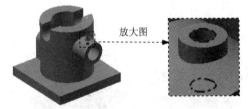

图 5.43.22　拉伸特征 9

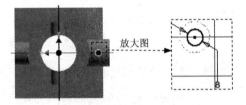

图 5.43.23　截面草图

Step 13　创建图 5.43.24 所示的拉伸特征 10。在 创建 ▾ 区域中单击 🔲 按钮，选取 XY 平面作为草图平面，绘制图 5.43.25 所示的截面草图，在"拉伸"对话框中将布尔运算设置为"求差"类型 🔲，然后在 范围 区域的下拉列表中选择 贯通 选项，拉伸方向可参考图 5.43.24，单击"拉伸"对话框中的 确定 按钮，完成拉伸特征 10 的创建。

图 5.43.24　拉伸特征 10

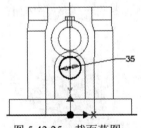

图 5.43.25　截面草图

Step 14　创建图 5.43.26b 所示的圆角特征 1。选取图 5.43.26a 所示的模型边线为倒圆角的对象，输入倒圆角半径值为 30.0。

Step 15　创建如图 5.43.27 所示的孔特征。

（1）选择命令。在 修改 ▾ 区域中单击"孔"按钮 🔲。

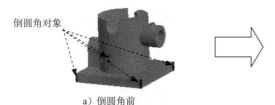
a) 倒圆角前

b) 倒圆角后

图 5.43.26　圆角特征 1

（2）定义孔的放置方式及参考。在"孔"对话框 放置 区域的下拉列表中选择 ◎ 同心
选项，在系统的提示下选取图 5.43.28 所示的模型表面为孔的放置面，选取图 5.43.29 所示
的边线为放置的参考。

孔的放置面

要选取的圆弧

图 5.43.27　孔特征　　　图 5.43.28　选取孔的放置面　　　图 5.43.29　选取孔的放置参考

（3）定义孔的样式及类型。在"孔"对话框中确认"沉头孔"单选按钮 与"简单
孔"单选按钮 ◉ 被选中。

（4）定义孔的参数。在"孔"对话框 终止方式 区域的下拉列表中选择 贯通 选项；在"孔"
对话框孔预览图像区域输入图 5.43.30 所示的参数。

（5）单击"孔"对话框中的 确定 按钮，完成孔的创建。

Step 16　参照上一步创建其余孔，完成效果如图 5.43.31 所示。

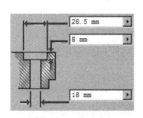

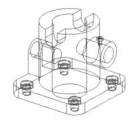

图 5.43.30　定义孔参数　　　　图 5.43.31　创建其余孔

Step 17　创建图 5.43.32b 所示的圆角特征 2。选取图 5.43.32a 所示的模型边线为倒圆角的
　　　　对象，输入倒圆角半径值为 2.0。

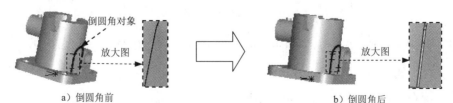
a) 倒圆角前　　　　　　　　　　　　　　　　　　b) 倒圆角后

图 5.43.32　圆角特征 2

Step 18 创建图 5.43.33b 所示的圆角特征 3。选取图 5.43.33a 所示的模型边线为倒圆角的对象，输入倒圆角半径值为 2.0。

a）倒圆前   b）倒圆角后

图 5.43.33 圆角特征 3

Step 19 创建图 5.43.34b 所示的圆角特征 4。选取图 5.43.34a 所示的模型边线为倒圆角的对象，输入倒圆角半径值为 2.0。

a）倒圆角前   b）倒圆角后

图 5.43.34 圆角特征 4

Step 20 创建图 5.43.35b 所示的圆角特征 5。选取图 5.43.35a 所示的模型边线为倒圆角的对象，输入倒圆角半径值为 2.0。

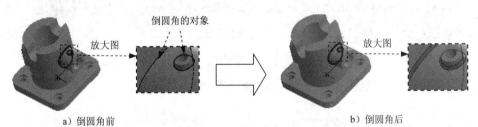

a）倒圆角前   b）倒圆角后

图 5.43.35 圆角特征 5

Step 21 创建图 5.43.36b 所示的倒角特征 1。选取图 5.43.36a 所示的模型边线为倒角的对象，输入倒角值 1.0。

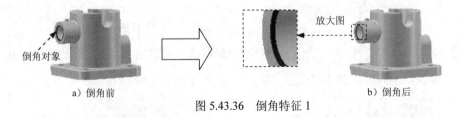

a）倒角前   b）倒角后

图 5.43.36 倒角特征 1

Step 22 创建图 5.43.37b 所示的倒角特征 2。选取图 5.43.37a 所示的模型边线为倒角的对象，输入倒角值 1.0。

Step 23 保存文件。文件名称为 connecting_base。

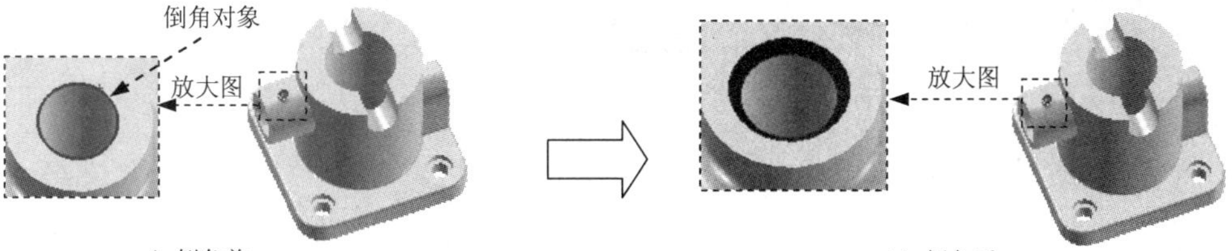

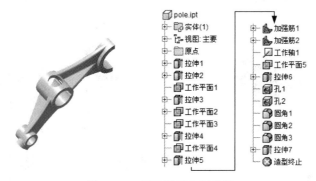

倒角对象

放大图

放大图

a）倒角前

b）倒角后

图 5.43.37　倒角特征 2

5.44　Inventor 机械零件设计实际应用 11

应用概述

本应用的创建方法也是一种典型的"搭积木"式的方法，但要提醒读者注意其中创建加强筋特征和孔特征的方法和技巧。该零件模型及浏览器如图 5.44.1 所示。

图 5.44.1　零件模型和浏览器

Step 1　新建一个零件模型，进入建模环境。

Step 2　创建图 5.44.2 所示的拉伸特征 1。在 创建 ▾ 区域中单击 按钮，选取 YZ 平面作为草图平面，绘制图 5.44.3 所示的截面草图，在"拉伸"对话框 范围 区域中的下拉列表中选择 距离 选项，在"距离"文本框中输入 25，并将拉伸方向设置为"方向 1"类型 ；单击"拉伸"对话框中的 确定 按钮，完成拉伸特征 1 的创建。

图 5.44.2　拉伸特征 1

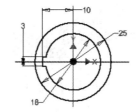

图 5.44.3　截面草图

Step 3　创建图 5.44.4 所示的拉伸特征 2。在 创建 ▾ 区域中单击 按钮，选取图 5.44.5 所示的模型表面作为草图平面，绘制图 5.44.6 所示的截面草图，在"拉伸"对话

框 范围 区域的下拉列表中选择 距离 选项，在"距离"文本框中输入 11，并将拉伸方向设置为"方向 2"类型 ；单击"拉伸"对话框中的 确定 按钮，完成拉伸特征 2 的创建。

图 5.44.4　拉伸特征 2

图 5.44.5　选取草图平面

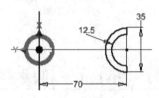
图 5.44.6　截面草图

Step 4　创建图 5.44.7 所示的工作平面 1。在 定位特征 区域中单击"平面"按钮 下的 平面 ，选择 从平面偏移 命令；在图形区选取图 5.44.8 所示的模型表面作为参考平面，输入偏移距离为–2.5；单击 按钮，完成工作平面 1 的创建。

图 5.44.7　工作平面 1

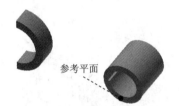
图 5.44.8　参考平面

Step 5　创建图 5.44.9 所示的拉伸特征 3。在 创建 区域中单击 按钮，选取工作平面 1 作为草图平面，绘制图 5.44.10 所示的截面草图，在"拉伸"对话框 范围 区域中的下拉列表中选择 距离 选项，在"距离"文本框中输入 5，并将拉伸方向设置为"方向 2"类型 ；单击"拉伸"对话框中的 确定 按钮，完成拉伸特征 3 的创建。

图 5.44.9　拉伸特征 3

图 5.44.10　截面草图

Step 6　创建图 5.44.11 所示的工作平面 2。在 定位特征 区域中单击"平面"按钮 下的 平面 ，选择 从平面偏移 命令；选取 YZ 平面作为参考平面，输入偏移距离为–2；单击 按钮，完成工作平面 2 的创建。

Step **7** 创建图 5.44.12 所示的工作平面 3。在 定位特征 区域中单击"平面"按钮 下的 平面，选择 平面绕边旋转的角度 命令；选取 XY 平面作为参考平面，选取 X 轴作为旋转参考轴，输入旋转角度为–45；单击 按钮，完成工作平面 3 的创建。

图 5.44.11 工作平面 2

图 5.44.12 工作平面 3

说明：图 5.44.12 所示圆的圆心经过工作平面 3。

Step **8** 创建图 5.44.13 所示的拉伸特征 4。在 创建 区域中单击 按钮，选取工作平面 2 作为草图平面，绘制图 5.44.14 所示的截面草图，在"拉伸"对话框 范围 区域中的下拉列表中选择 距离 选项，在"距离"文本框中输入 15，并将拉伸方向设置为"方向 1"类型 ；单击"拉伸"对话框中的 确定 按钮，完成拉伸特征 4 的创建。

Step **9** 创建图 5.44.15 所示的工作平面 4。在 定位特征 区域中单击"平面"按钮 下的 平面，选择 从平面偏移 命令；选取 YZ 平面作为参考平面，输入要偏移的距离为 2；单击 按钮，完成工作平面 4 的创建。

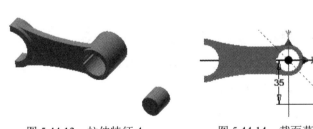

图 5.44.13 拉伸特征 4

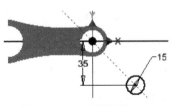

图 5.44.14 截面草图

图 5.44.15 工作平面 4

Step **10** 创建图 5.44.16 所示的拉伸特征 5。在 创建 区域中单击 按钮，选取工作平面 4 作为草图平面，绘制图 5.44.17 所示的截面草图，在"拉伸"对话框 范围 区域中的下拉列表中选择 距离 选项，在"距离"文本框中输入 5，并将拉伸方向设置为"方向 1"类型 ；单击"拉伸"对话框中的 确定 按钮，完成拉伸特征 5 的创建。

Step **11** 创建图 5.44.18 所示的草图 6。在 三维模型 选项卡 草图 区域单击 按钮，选取 XY 平面为草图平面，绘制图 5.44.18 所示的草图。

5
Chapter

图 5.44.16　拉伸特征 5

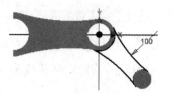

图 5.44.17　截面草图

Step 12　创建图 5.44.19 所示的加强筋特征 1。

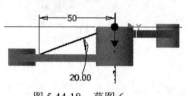

图 5.44.18　草图 6

图 5.44.19　加强筋特征 1

（1）选择命令。在 创建 ▾ 区域中单击 加强筋 按钮。

（2）指定加强筋轮廓。在图形区选取 Step11 创建的截面草图。

（3）指定加强筋的类型。在"加强筋"对话框中单击"平行于草图平面"按钮 。

（4）定义加强筋特征的参数。

① 定义加强筋的拉伸方向。在"加强筋"对话框中将其拉伸方向设置为"方向 1"类型 。

② 定义加强筋的厚度。在 厚度 文本框中输入 4.0，将加强筋的生成方向设置为"双向"类型 ，其余参数接受系统默认设置。

（5）单击"加强筋"对话框中的 确定 按钮，完成加强筋特征的创建。

Step 13　创建图 5.44.20 所示的草图 7。在 三维模型 选项卡 草图 区域单击 按钮，选取工作平面 3 为草图平面，绘制图 5.44.20 所示的草图。

Step 14　创建图 5.44.21 所示的加强筋特征 2。

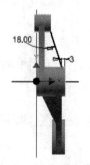

图 5.44.20　草图 7

图 5.44.21　加强筋特征 2

（1）选择命令。在 创建 ▾ 区域中单击 加强筋 按钮。

（2）指定加强筋轮廓。在图形区选取 Step13 创建的截面草图。

（3）指定加强筋的类型。在"加强筋"对话框中单击"平行于草图平面"按钮 。

（4）定义加强筋特征的参数。

① 定义加强筋的拉伸方向。在"加强筋"对话框中设置拉伸方向为"方向 1"类型 。

② 定义加强筋的厚度。在 厚度 文本框中输入 4.0，将加强筋的生成方向设置为"双向"类型 ，其余参数接受系统默认设置。

（5）单击"加强筋"对话框中的 确定 按钮，完成加强筋特征 2 的创建。

Step 15 创建图 5.44.22 所示的工作轴 1。

（1）选择命令。在 定位特征 区域中单击"工作轴"按钮 后的小三角按钮 ，选择 通过旋转面或特征 命令。

（2）定义参考平面。在系统 选择圆柱曲面或旋转式曲面 的提示下选取图 5.44.23 所示的圆柱面为工作轴的参考实体，此时完成工作轴的创建。

图 5.44.22　工作轴 1

图 5.44.23　参考圆柱面

Step 16 创建图 5.44.24 所示的工作平面 5。在 定位特征 区域中单击"平面"按钮 下的 平面 ，选择 平面绕边旋转的角度 命令；选取工作平面 3 作为参考平面，选取工作轴 1 为旋转轴，然后输入要旋转的角度为 90；单击 按钮，完成工作平面 5 的创建。

图 5.44.24　工作平面 5

Step 17 创建图 5.44.25 所示的拉伸特征 6。在 创建 区域中单击 按钮，选取工作平面 5 作为草图平面，绘制图 5.44.26 所示的截面草图，在"拉伸"对话框 范围 区域中的下拉列表中选择 距离 选项，在"距离"文本框中输入 10，并将拉伸方向设置为"方向 2"类型 ；单击"拉伸"对话框中的 确定 按钮，完成拉伸特征 6 的创建。

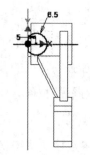

图 5.44.25　拉伸特征6　　　　　　　　　图 5.44.26　截面草图

Step 18 创建图 5.44.27 所示的孔 1。

（1）选择命令。在 修改 ▼ 区域中单击"孔"按钮 。

（2）定义孔的放置方式及参考。在"孔"对话框 放置 区域的下拉列表中选择 ◎ 同心 选项，在系统的提示下选取图 5.44.28 所示的模型表面为孔的放置面，选取图 5.44.29 所示的边线为放置的参考。

图 5.44.27　孔 1　　　　　　　　　　图 5.44.28　定义孔的放置面

（3）定义孔的样式及类型。在"孔"对话框中确认"直孔"单选按钮 与"简单孔"单选按钮 被选中。

（4）定义孔的参数。在"孔"对话框 终止方式 区域的下拉列表中选择 贯通 选项；在"孔"对话框孔预览图像区域输入孔的直径为 10。

（5）单击"孔"对话框中的 确定 按钮，完成孔的创建。

Step 19 创建图 5.44.30 所示的孔 2。

图 5.44.29　放置参考　　　　　　　　　图 5.44.30　孔 2

（1）选择命令。在 修改 ▼ 区域中单击"孔"按钮 。

（2）定义孔的放置方式及参考。在"孔"对话框 放置 区域的下拉列表中选择 ◎ 同心选项，在系统的提示下选取图 5.44.31 所示的模型表面为孔的放置面，选取图 5.44.32 所示的边线为放置的参考。

图 5.44.31　定义孔的放置面　　　　　　图 5.44.32　放置参考

（3）定义孔的样式及类型。在"孔"对话框中确认"直孔"单选按钮 与"简单孔"单选按钮 被选中。

（4）定义孔的参数。在"孔"对话框终止方式区域的下拉列表中选择距离选项；在"孔"对话框孔预览图像区域输入图 5.44.33 所示的参数。

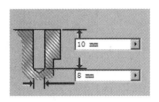

图 5.44.33　定义孔参数

（5）单击"孔"对话框中的 确定 按钮，完成孔的创建。

Step 20 创建图 5.44.34b 所示的圆角特征 1。选取图 5.44.34a 所示的模型边线为倒圆角的对象，输入倒圆角半径值为 1.5。

a）倒圆角前　　　　　　　　　　　　　　　　b）倒圆角后

图 5.44.34　圆角特征 1

Step 21 创建图 5.44.35b 所示的圆角特征 2。选取图 5.44.35a 所示的模型边线为倒圆角的对象，输入倒圆角半径值为 1.0。

放大图

a）倒圆角前　　　　　　　　　　　　　　b）倒圆角后

图 5.44.35　圆角特征 2

Step 22 创建图 5.44.36b 所示的圆角特征 3。选取图 5.44.36a 所示的模型边线为倒圆角的对象，输入倒圆角半径值为 1.0。

Step 23 创建图 5.44.37 所示的拉伸特征 7。在 创建 ▼ 区域中单击 按钮，选取 XY 平

Chapter 5

面作为草图平面，绘制图 5.44.38 所示的截面草图，在"拉伸"对话框中将布尔运算设置为"求差"类型 ，然后在 范围 区域中的下拉列表中选择 贯通 选项，将拉伸方向设置为"方向 1"类型 ；单击"拉伸"对话框中的 确定 按钮，完成拉伸特征 7 的创建。

a）倒圆角前

b）倒圆角后

图 5.44.36　圆角特征 3

图 5.44.37　拉伸特征 7

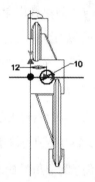

图 5.44.38　截面草图

Step 24　保存文件。文件名称为 pole。

5.45　Inventor 机械零件设计实际应用 12

应用概述

本应用主要运用了拉伸、拔模、镜像、抽壳和圆角等命令，需要注意拔模特征的创建方法。零件实体模型及相应的浏览器如图 5.45.1 所示。

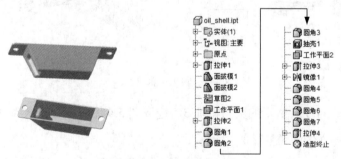

图 5.45.1　零件模型及浏览器

Step **1** 新建一个零件模型，进入建模环境。

Step **2** 创建图 5.45.2 所示的拉伸特征 1。在 创建 ▼ 区域中单击 按钮，选取 XZ 平面作为草图平面，绘制图 5.45.3 所示的截面草图，在"拉伸"对话框 范围 区域中的下拉列表中选择 距离 选项，在"距离"文本框中输入 40，并将拉伸方向设置为"对称"类型 ；单击"拉伸"对话框中的 确定 按钮，完成拉伸特征 1 的创建。

图 5.45.2 拉伸特征 1

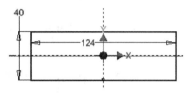

图 5.45.3 截面草图

Step **3** 创建图 5.45.4 所示的拔模特征 1。

（1）选择命令。在 修改 ▼ 区域中单击 拔模 按钮。

（2）定义拔模类型。在"面拔模"对话框中将拔模类型设置为"固定平面" 。

（3）定义固定面。在系统 选择平面或工作平面 的提示下，选取图 5.45.4a 所示的面 1 为拔模固定平面。

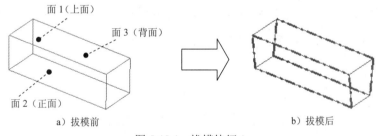

图 5.45.4 拔模特征 1

（4）定义拔模面。在系统 选择拔模面 的提示下，选取图 5.45.4a 所示的面 2 和面 3 为需要拔模的面。

（5）定义拔模属性。在"面拔模"对话框 拔模斜度 文本框中输入 7。

（6）定义拔模方向。拔模方向如图 5.45.5 所示。

（7）单击"面拔模"对话框中的 确定 按钮，完成拔模特征 1 的创建。

图 5.45.5 定义拔模方向

Step **4** 创建图 5.45.6 所示的拔模特征 2。

（1）选择命令。在 修改 ▼ 区域中单击 拔模 按钮。

（2）定义拔模类型。在"面拔模"对话框中将拔模类型设置为"固定平面" 。

（3）定义固定面。在系统 选择平面或工作平面 的提示下，选取图 5.45.6a 所示的面 1 为拔模固定平面。

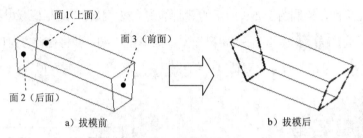

面 1（上面）

面 3（前面）

面 2（后面）

a）拔模前　　　　　　　　　　　　　b）拔模后

图 5.45.6　拔模特征 2

（4）定义拔模面。在系统 选择拔模面 的提示下，选取图 5.45.6a 所示的面 2 与面 3 为需要拔模的面。

（5）定义拔模属性。在"面拔模"对话框 拔模斜度 文本框中输入 23。

（6）定义拔模方向。拔模方向如图 5.45.7 所示。

（7）单击"面拔模"对话框中的 确定 按钮，完成拔模特征 2 的创建。

图 5.45.7　定义拔模方向

Step 5 创建图 5.45.8 所示的草图 2。在 三维模型 选项卡 草图 区域单击 ✎ 按钮，选取 XY 平面为草图平面，绘制图 5.45.9 所示的草图。

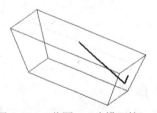

图 5.45.8　草图 2（建模环境）

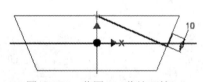

图 5.45.9　草图 2（草绘环境）

Step 6 创建图 5.45.10 所示的工作平面 1。在 定位特征 区域中单击"平面"按钮 下的 平面 ，选择 与轴垂直且通过点 命令；在图形区选取图 5.45.10 所示的参考点，然后再选取图 5.45.10 所示的直线为参考线，即可创建通过参考点且垂直于参考线的平面。

Step 7 创建图 5.45.11 所示的拉伸特征 2。在 创建 ▾ 区域中单击 按钮，选取工作平面 1 作为草图平面，绘制图 5.45.12 所示的截面草图，在"拉伸"对话框中将布尔运算设置为"求差"类型 ，然后在 范围 区域中的下拉列表中选择 贯通 选项，在"距离"文本框中输入 3，将拉伸方向设置为"方向 2"类型 ；单击"拉伸"对话框中的 确定 按钮，完成拉伸特征 2 的创建。

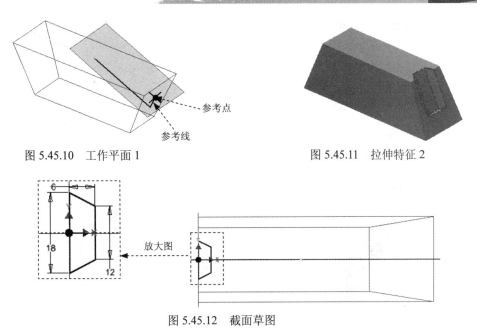

图 5.45.10　工作平面 1　　　　　　　　　　图 5.45.11　拉伸特征 2

参考点

参考线

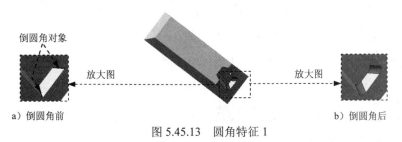

放大图

图 5.45.12　截面草图

Step 8 创建图 5.45.13b 所示的圆角特征 1。选取图 5.45.13a 所示的模型边线为倒圆角的对象，输入倒圆角半径值为 3.0。

倒圆角对象

放大图　　　　　　　　　　　放大图

a）倒圆角前　　　　　　　　　　　　　　　b）倒圆角后

图 5.45.13　圆角特征 1

Step 9 创建图 5.45.14b 所示的圆角特征 2。选取图 5.45.14a 所示的模型边线为倒圆角的对象，输入倒圆角半径值为 2.0。

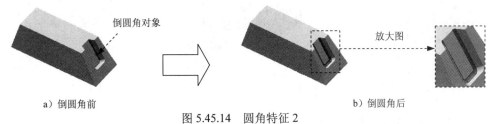

倒圆角对象

放大图

a）倒圆角前　　　　　　　　　　　　b）倒圆角后

图 5.45.14　圆角特征 2

Step 10 创建图 5.45.15b 所示的圆角特征 3。选取图 5.45.15a 所示的模型边线为倒圆角的对象，输入倒圆角半径值为 3.0。

Step 11 创建图 5.45.16 所示的抽壳特征 1。在 修改 ▼ 区域中单击 抽壳 按钮，在"抽壳"对话框 厚度 文本框中输入薄壁厚度值为 2.0；选择图 5.45.16 所示的模型表面

5
Chapter

为要移除的面；单击"抽壳"对话框中的 确定 按钮，完成抽壳特征的创建。

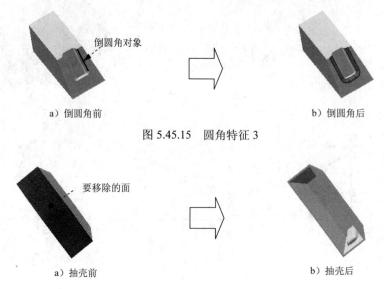

a）倒圆角前   b）倒圆角后

图 5.45.15 圆角特征 3

要移除的面

a）抽壳前   b）抽壳后

图 5.45.16 抽壳特征 1

Step 12 创建图 5.45.17 所示的工作平面 2。在 定位特征 区域中单击"平面"按钮 下的 平面▼，选择 从平面偏移 命令；选取 YZ 平面作为参考平面，输入要偏移的距离为 88；单击 ✓ 按钮，完成工作平面 2 的创建。

Step 13 创建图 5.45.18 所示的拉伸特征 3。在 创建▼ 区域中单击 按钮，选取工作平面 2 作为草图平面，绘制图 5.45.19 所示的截面草图，在"拉伸"对话框 范围 区域中的下拉列表中选择 到表面或平面 选项，单击"拉伸"对话框中的 确定 按钮，完成拉伸特征 3 的创建。

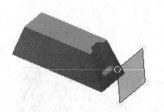      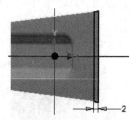

图 5.45.17 工作平面 2   图 5.45.18 拉伸特征 3   图 5.45.19 截面草图

Step 14 创建图 5.45.20 所示的镜像特征 1。在 阵列 区域中单击"镜像"按钮 ，选取"拉伸 3"为要镜像的特征，然后选取 YZ 平面作为镜像中心平面，单击"镜像"对话框中的 确定 按钮，完成镜像操作。

Step 15 创建图 5.45.21b 所示的圆角特征 4。选取图 5.45.21a 所示的模型边线为倒圆角的对象，输入倒圆角半径值为 3.0。

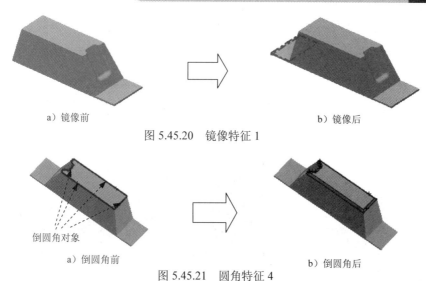

a）镜像前

b）镜像后

图 5.45.20 镜像特征 1

倒圆角对象

a）倒圆角前

b）倒圆角后

图 5.45.21 圆角特征 4

Step 16 创建图 5.45.22b 所示的圆角特征 5。选取图 5.45.22a 所示的模型边线为倒圆角的对象，输入倒圆角半径值为 5.0。

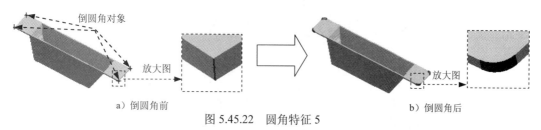

倒圆角对象

放大图

a）倒圆角前

放大图

b）倒圆角后

图 5.45.22 圆角特征 5

Step 17 创建图 5.45.23b 所示的圆角特征 6。选取图 5.45.23a 所示的模型边线为倒圆角的对象，输入倒圆角半径值为 3.0。

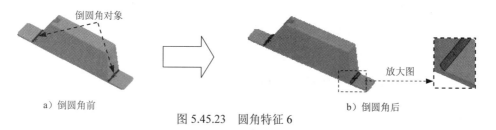

倒圆角对象

a）倒圆角前

放大图

b）倒圆角后

图 5.45.23 圆角特征 6

Step 18 创建图 5.45.24b 所示的圆角特征 7。选取图 5.45.24a 所示的模型边线为倒圆角的对象，输入倒圆角半径值为 1.0。

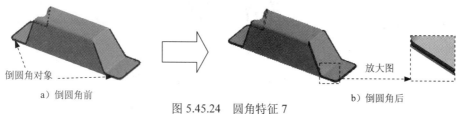

倒圆角对象

a）倒圆角前

放大图

b）倒圆角后

图 5.45.24 圆角特征 7

Step 19 创建图 5.45.25 所示的拉伸特征 4。在 创建 ▼ 区域中单击 按钮，选取图 5.45.26 所示的模型表面作为草图平面，绘制图 5.45.27 所示的截面草图，在"拉伸"对话框中将布尔运算设置为"求差"类型 ，然后在 范围 区域中的下拉列表中选择 贯通 选项，在"距离"文本框中输入 3，将拉伸方向设置为"方向 2"类型 ；单击"拉伸"对话框中的 确定 按钮，完成拉伸特征 4 的创建。

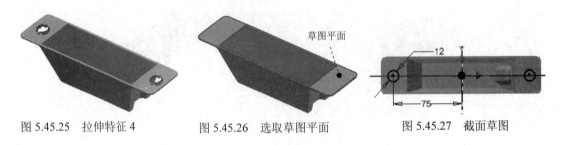

图 5.45.25　拉伸特征 4　　　　图 5.45.26　选取草图平面　　　　图 5.45.27　截面草图

Step 20 保存文件。文件名称为 oil_shell。

5.46　Inventor 机械零件设计实际应用 13

应用概述

本应用介绍了一个 BP 机外壳的创建过程，此过程综合运用了拉伸、倒圆、抽壳和扫掠等命令。零件模型如图 5.46.1 所示。

Step 1 新建一个零件模型，进入建模环境。

Step 2 创建图 5.46.2 所示的拉伸特征 1。在 创建 ▼ 区域中单击 按钮，选取 YZ 平面作为草图平面，绘制图 5.46.3 所示的截面草图，在"拉伸"对话框 范围 区域中的下拉列表中选择 距离 选项，在其下面的文本框中输入 45，并将拉伸方向设置为"方向 1"类型 ；单击"拉伸"对话框中的 确定 按钮，完成拉伸特征 1 的创建。

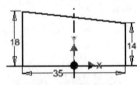

图 5.46.1　零件模型　　　　图 5.46.2　拉伸特征 1　　　　图 5.46.3　截面草图

Step 3 创建图 5.46.4b 所示的圆角特征 1。选取图 5.46.4a 所示的模型边线为倒圆角的对象，输入倒圆角半径值为 8.0。

图 5.46.4　圆角特征 1

Step 4 创建图 5.46.5b 所示的圆角特征 2。选取图 5.46.5a 所示的模型边线为倒圆角的对象，输入倒圆角半径值为 6.0。

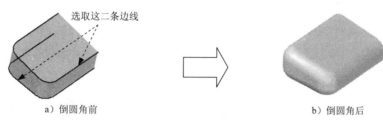

图 5.46.5　圆角特征 2

Step 5 创建图 5.46.6 所示的抽壳特征 1。在 修改 ▾ 区域中单击 回抽壳 按钮，在"抽壳"对话框 厚度 文本框中输入薄壁厚度值为 1.0；选择图 5.46.6 所示的模型表面为要移除的面；单击"抽壳"对话框中的 确定 按钮，完成抽壳特征 1 的创建。

图 5.46.6　抽壳特征 1

Step 6 创建图 5.46.7 所示的拉伸特征 2。在 创建 ▾ 区域中单击 按钮，选取 XZ 平面作为草图平面，绘制图 5.46.8 所示的截面草图，在"拉伸"对话框中将布尔运算设置为"求差"类型 呂，然后在 范围 区域中的下拉列表中选择 贯通 选项，将拉伸方向设置为"对称"类型 図；单击"拉伸"对话框中的 确定 按钮，完成拉伸特征 2 的创建。

图 5.46.7　拉伸特征 2

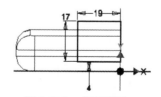

图 5.46.8　截面草图

Step 7 创建图 5.46.9 所示的拉伸特征 3。在 创建 ▾ 区域中单击 按钮，选取 YZ 平面作为草图平面，绘制图 5.46.10 所示的截面草图，在"拉伸"对话框中将布尔运算设置为"求差"类型 ⬜，然后在 范围 区域中的下拉列表中选择 贯通 选项，将拉伸方向设置为"对称"类型 ⬜；单击"拉伸"对话框中的 确定 按钮，完成拉伸特征 3 的创建。

图 5.46.9　拉伸特征 3

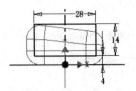

图 5.46.10　截面草图

Step 8 创建图 5.46.11 所示的拉伸特征 4。在 创建 ▾ 区域中单击 ⬜ 按钮，选取 XZ 平面作为草图平面，绘制图 5.46.12 所示的截面草图，在"拉伸"对话框中将布尔运算设置为"求差"类型 ⬜，然后在 范围 区域中的下拉列表中选择 贯通 选项，将拉伸方向设置为"对称"类型 ⬜；单击"拉伸"对话框中的 确定 按钮，完成拉伸特征 4 的创建。

图 5.46.11　拉伸特征 4

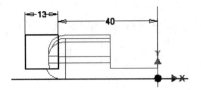

图 5.46.12　截面草图

Step 9 创建图 5.46.13 所示的圆角特征 3。选取图 5.46.14 所示的模型边线为倒圆角的对象，输入倒圆角半径值为 2.0。

图 5.46.13　圆角特征 3

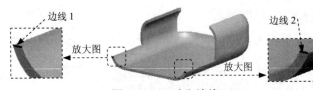

图 5.46.14　选取边线

Step 10 创建图 5.46.15 所示的圆角特征 4。选取图 5.46.16 所示的边线 1 和边线 2 为倒圆角的对象，输入倒圆角半径值为 4.0。

图 5.46.15　圆角特征 4

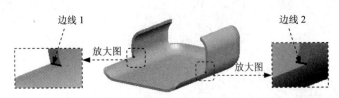

图 5.46.16　选取边线

Step 11 创建图 5.46.17 所示的圆角特征 5。选取图 5.46.18 所示的边线 1 和边线 2 为倒圆角的对象，输入倒圆角半径值为 3.0。

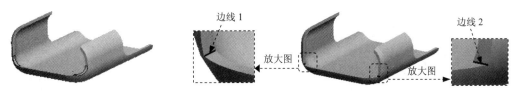

图 5.46.17　圆角特征 5　　　　　　　　　　图 5.46.18　选取边线

Step 12 创建图 5.46.19 所示的圆角特征 6。相关操作参见 Step11，圆角半径值为 1.0。

Step 13 创建图 5.46.20 所示的拉伸特征 5。在 创建 ▼ 区域中单击 █ 按钮，选取图 5.46.20 所示的模型表面作为草图平面，绘制图 5.46.21 所示的截面草图，在"拉伸"对话框中将布尔运算设置为"求差"类型 █，然后在 范围 区域中的下拉列表中选择 距离 选项，并在其下面的文本框中输入 0.5，将拉伸方向设置为"方向 2"类型 █；单击"拉伸"对话框中的 确定 按钮，完成拉伸特征 5 的创建。

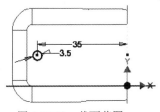

图 5.46.19　圆角特征 6　　　　图 5.46.20　拉伸特征 5　　　　图 5.46.21　截面草图

Step 14 创建图 5.46.22 所示的草图 6。在 三维模型 选项卡 草图 区域单击 █ 按钮，选取 XZ 平面为草图平面，绘制图 5.46.23 所示的草图。

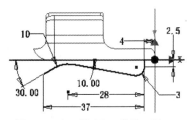

图 5.46.22　草图 6（建模环境）　　　　　图 5.46.23　草图 6（草绘环境）

Step 15 创建图 5.46.24 所示的草图 7。在 三维模型 选项卡 草图 区域单击 █ 按钮，选取图 5.46.24 所示的模型表面作为草图平面，绘制图 5.46.25 所示的草图。

Step 16 创建图 5.46.26 所示的扫掠特征 1。在 创建 ▼ 区域中单击"扫掠"按钮 █ 扫掠，选取草图 6 作为扫掠轨迹，在"扫掠"对话框 类型 区域的下拉列表中选择 路径，

Chapter 5

其他参数接受系统默认，单击"扫掠"对话框中的 确定 按钮，完成扫掠特征的创建。

图 5.46.24 草图 7（建模环境）

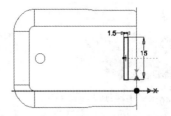

图 5.46.25 草图 7（草绘环境）

Step 17 创建图 5.46.27 所示的拉伸特征 6。在 创建▼ 区域中单击 按钮，选取图 5.46.27 所示的模型表面作为草图平面，绘制图 5.46.28 所示的截面草图，在"拉伸"对话框中将布尔运算设置为"求差"类型 ，然后在 范围 区域中的下拉列表中选择 贯通 选项，将拉伸方向设置为"方向 1"类型 ；单击"拉伸"对话框中的 确定 按钮，完成拉伸特征 6 的创建。

图 5.46.26 扫掠特征 1

图 5.46.27 拉伸特征 6

Step 18 创建图 5.46.29 所示的旋转特征 1。在 创建▼ 区域中选择 命令，选取 XZ 平面为草图平面，绘制图 5.46.30 所示的截面草图；在"旋转"对话框 范围 区域的下拉列表中选中 全部 选项；单击"旋转"对话框中的 确定 按钮，完成旋转特征 1 的创建。

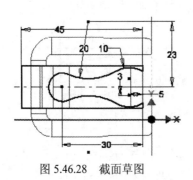

图 5.46.28 截面草图

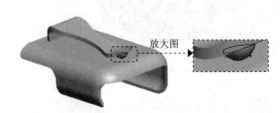

图 5.46.29 旋转特征 1

Step 19 创建图 5.46.31 所示的圆角特征 7。选取图 5.46.32 所示的模型边线（共 5 条边）为倒圆角的对象，输入倒圆角半径值为 0.3。具体倒圆角的操作顺序请参照录像。

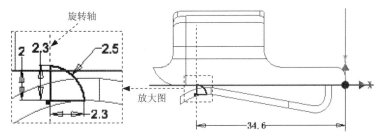

图 5.46.30　截面草图

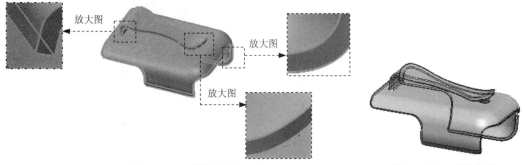

图 5.46.31　圆角特征 7　　　　　　　　　图 5.46.32　选取边线

Step 20　保存文件。文件名称为 plastic_sheath。

5.47　习题

1. 习题 1

练习概述

　　本练习是一个电气元件——电阻。在实际的产品设计中，创建电气元件往往要进行简化，简化包括结构简化和材质简化。本练习中的电阻结构简化为旋转和扫掠两个特征，金属丝和电阻主体的材质简化为同一材质。零件模型如图 5.47.1 所示，操作步骤提示如下。

Step 1　新建一个零件模型，进入建模环境。

Step 2　创建图 5.47.2 所示的旋转特征。截面草图如图 5.47.3 所示。

图 5.47.1　电阻模型　　　　　　　图 5.47.2　旋转特征

Step 3　创建图 5.47.4 所示的扫掠特征。轨迹草图如图 5.47.5 所示，截面草图如图 5.47.6 所示。

5
Chapter

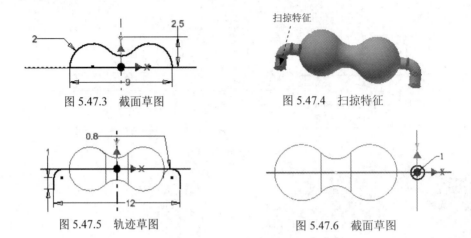

图 5.47.3　截面草图　　　　　　　图 5.47.4　扫掠特征

图 5.47.5　轨迹草图　　　　　　　图 5.47.6　截面草图

2．习题 2

练习概述

根据图 5.47.7 所示的提示步骤创建带轮的三维模型（所缺尺寸可自行确定），将零件的模型命名为 strap_wheel.ipt。

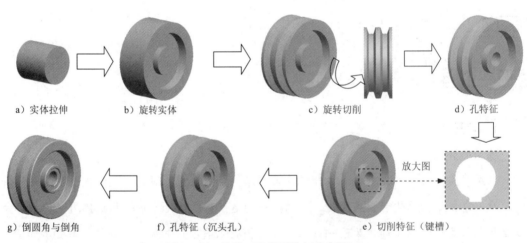

a）实体拉伸　　　b）旋转实体　　　c）旋转切削　　　d）孔特征

g）倒圆角与倒角　　f）孔特征（沉头孔）　　e）切削特征（键槽）　　放大图

图 5.47.7　带轮三维模型的创建步骤

3．习题 3

练习概述

根据图 5.47.8 所示的提示步骤，采用"堆积木"的方法创建多头连接机座的三维模型（所缺尺寸可自行确定），将零件的模型命名为 multiple_connecting_base.ipt。

4．习题 4

练习概述

根据图 5.47.9 所示的轴承座（bearing_base.ipt）的各个视图，创建零件三维模型（所缺尺寸可自行确定）。

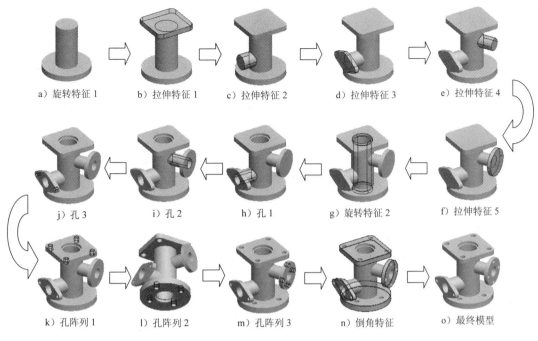

a) 旋转特征 1　　b) 拉伸特征 1　　c) 拉伸特征 2　　d) 拉伸特征 3　　e) 拉伸特征 4

j) 孔 3　　i) 孔 2　　h) 孔 1　　g) 旋转特征 2　　f) 拉伸特征 5

k) 孔阵列 1　　l) 孔阵列 2　　m) 孔阵列 3　　n) 倒角特征　　o) 最终模型

图 5.47.8　模型创建步骤

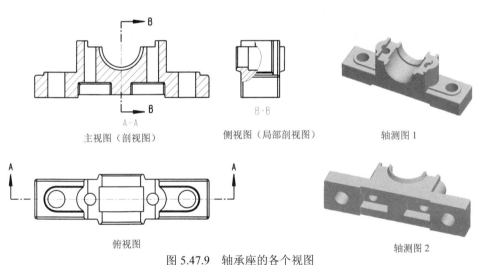

主视图（剖视图）　　　　侧视图（局部剖视图）　　　　轴测图 1

俯视图　　　　　　　　　　　　　　　　　轴测图 2

图 5.47.9　轴承座的各个视图

5．习题 5

练习概述

本练习是瓶塞开启器中的一个零件反向块（reverse_block），主要是练习拉伸特征、孔特征、螺旋扫掠特征以及倒角特征的创建，零件模型如图 5.47.10 所示。

Step 1　新建一个零件模型，进入建模环境。

Step 2　创建图 5.47.11 所示的零件基础特征——拉伸特征，截面草图如图 5.47.12 所示，深度值为 25.0。

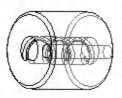

图 5.47.10　"反向块"零件模型

图 5.47.11　实体拉伸特征

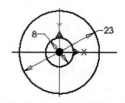

图 5.47.12　截面草图

Step 3 创建图 5.47.13 所示的孔特征。

Step 4 添加图 5.47.14 所示的螺旋拉伸特征。选取图 5.47.15 所示的旋转轴，定义螺旋节距值为 8，高度为 34；螺旋的截面如图 5.47.15 所示。

此平面为放置面

图 5.47.13　创建孔特征

图 5.47.14　螺旋拉伸特征

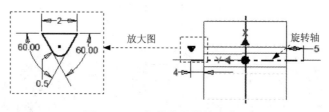

图 5.47.15　螺旋的旋转轴和截面

Step 5 添加图 5.47.16 所示的拉伸切削特征，截面草图如图 5.47.17 所示。

Step 6 两端添加倒角特征，如图 5.47.18 所示。

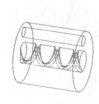

图 5.47.16　拉伸切削特征

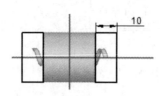

图 5.47.17　截面草图

图 5.47.18　倒角特征

6

曲面设计

 本章提要

Inventor 的曲面造型工具对于创建复杂曲面零件非常有用。与一般实体零件的创建相比，曲面零件的创建过程和方法比较特殊，技巧性也很强，掌握起来不太容易，本章将介绍曲面造型的基本知识。主要内容包括：

- 曲线的创建。
- 曲面的创建。
- 曲面的圆角。
- 曲面的剪裁。
- 曲面的延伸。
- 曲面的缝合。
- 将曲面面组转化为实体。

6.1 曲面设计概述

Inventor 中的曲面（surface）设计功能主要用于创建形状复杂的零件。这里要注意，曲面是一种零厚度、特殊类型的几何特征。

在 Inventor 中，通常将一个曲面或几个曲面的组合称为面组。

用曲面创建形状复杂的零件的主要过程如下：

（1）创建数个单独的曲面。

（2）对曲面进行剪裁、填充和等距等操作。

（3）将各个单独的曲面缝合为一个整体的面组。

（4）将曲面（面组）转化为实体零件。

6.2 创建曲线

曲线是构成曲面的基本元素，在绘制许多形状不规则的零件时，经常要用到曲线工具。本节主要介绍关键点曲线、螺旋线、投影曲线、相交曲线和分割线的一般创建过程。

6.2.1 关键点曲线

关键点曲线是指通过三点或更多的点创建的三维曲线。这些点可以是已创建的点，线框元素和边上的关键点，或者是自由空间中的点。下面以图 6.2.1 为例介绍通过关键点创建曲线的一般过程。

a）创建前   b）创建后

图 6.2.1 创建通过关键点的曲线

Step 1 打开文件 D:\inv13.1\work\ch06\ch06.02\Curve_Through_ Reference_Points.ipt。

Step 2 进入三维草图环境。单击 三维模型 选项卡 草图 区域中的 创建二维草图 按钮，选择 创建三维草图 命令，系统进入三维草图环境。

Step 3 选择命令。单击 三维草图 选项卡 绘制 ▼ 区域中的 样条曲线 按钮，选择 样条曲线 插值 命令。

Step 4 定义通过点。依次选取图 6.2.2 所示的点 1、点 2、点 3、点 4 为曲线通过点。

Step 5 单击 ✓ 按钮（或按 Enter 键），结束关键点曲线的绘制。

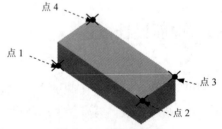

点 4

点 1

点 3

点 2

图 6.2.2 选取关键点

6.2.2 螺旋线

螺旋线可以作为扫掠特征的一个路径，或作为放样特征的引导曲线。在创建螺旋线（涡状线）之前，必须绘制一个圆或选取包含单一圆的草图来定义螺旋线的断面。下面以图 6.2.3 为例介绍创建螺旋线（涡状线）的一般操作步骤。

Step 1 打开文件 D:\inv13.1\work\ch06\ch06.02\Helix_Spiral.ipt。

Step 2 进入三维草图环境。单击 三维模型 选项卡 草图 区域中的 创建二维草图 按钮，选择创建三维草图命令，系统进入三维草图环境。

点 1　　　点 2

a）创建前　　　　　　　　　　　　b）创建后

图 6.2.3　创建螺旋线

Step 3　选择命令。单击 三维草图 选项卡 绘制 ▼ 区域中的"螺旋曲线"按钮 ，系统弹出图 6.2.4 所示的"螺旋曲线"对话框。

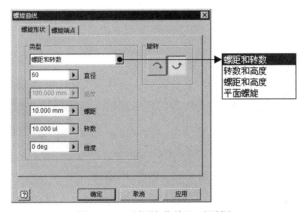

图 6.2.4　"螺旋曲线"对话框

Step 4　定义螺旋轴的起始点。分别选取图 6.2.3 所示的点 1 和点 2 为螺旋轴的起点与终点。

Step 5　定义螺旋线的方式。在"螺旋曲线"对话框 类型 区域的下拉列表中选择 螺距和转数 选项。

Step 6　定义螺旋线参数。在"螺旋曲线"对话框的 直径 文本框中输入 60，在 螺距 文本框中输入 10.0，在 转数 文本框中输入 10.0，在 锥度 文本框中输入数值 0，并确认 按钮被按下，如图 6.2.4 所示。

Step 7　单击 确定 按钮，完成螺旋线的创建。

图 6.2.4 所示的"螺旋曲线"对话框中的选项说明如下：

● 类型 区域：提供了四种创建螺旋曲线的方式及创建螺旋曲线的各参数文本框。

　☑ 螺距和转数 选项：通过定义螺距和圈数生成一条螺旋线。

　☑ 转数和高度 选项：通过定义圈数和高度生成一条螺旋线。

　☑ 螺距和高度 选项：通过定义高度和螺距生成一条螺旋线。

☑ 平面螺旋选项：通过定义螺距和圈数生成一条涡状线。

☑ 直径文本框：用于设置螺旋曲线的直径。

☑ 高度文本框：用于设置螺旋曲线的高度。

☑ 螺距文本框：用于设置螺旋曲线的螺距值。

☑ 转数文本框：用于设置螺旋曲线或涡状线的圈数。

☑ 锥度文本框：用于为螺旋线指定锥角（除平面螺旋外）。

- 旋转区域：用于指定螺旋曲线是按顺时针方向还是逆时针方向旋转。

6.2.3 投影曲线

投影曲线是指将曲线按照指定的类型投射到曲面或实体表面上而生成的曲线。投影曲线的类型包括“沿矢量投影”、“投影到最近的点”和“折叠到曲面”三种。下面以图 6.2.5 为例介绍创建投影曲线的一般操作步骤。

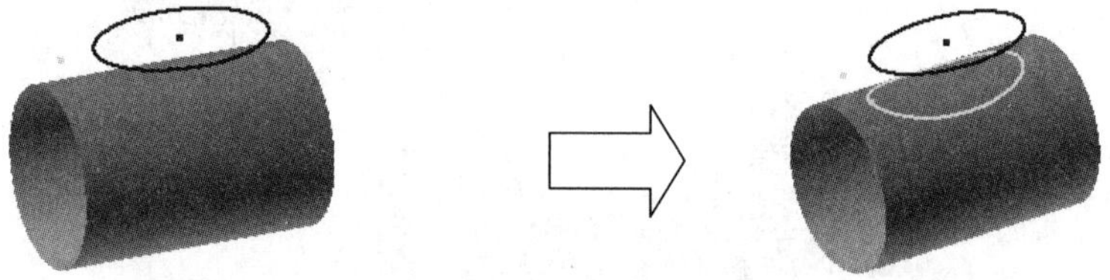

a）投影前　　b）投影后

图 6.2.5 创建投影曲线

Step 1 打开文件 D:\inv13.1\work\ch06\ch06.02\projection_Curves.ipt。

Step 2 进入三维草图环境。单击 三维模型 选项卡 草图 区域中的 创建二维草图 按钮，选择 创建三维草图 命令，系统进入三维草图环境。

Step 3 选择命令。单击 三维草图 选项卡 绘制 ▾ 区域中的“投影到曲面”按钮，系统弹出图 6.2.6 所示的“将曲线投影到曲面”对话框。

Step 4 定义投影面。在系统 选择面、曲面特征或工作平面 的提示下选取图 6.2.7 所示的圆柱面为投影面。

Step 5 定义投影曲线。单击“将曲线投影到曲面”对话框中的 曲线 按钮，然后选取图 6.2.7 所示的曲线为投影曲线。

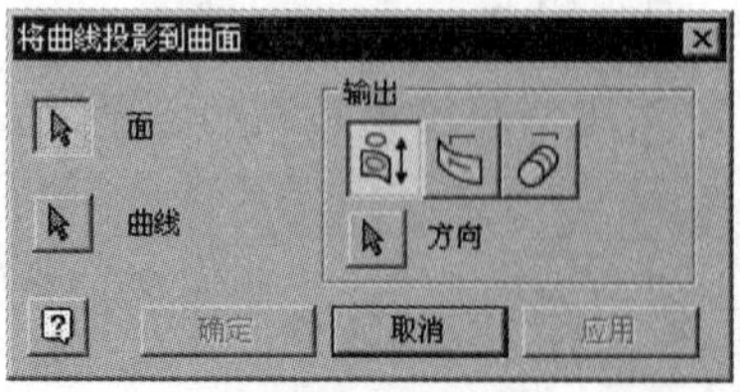

图 6.2.6 “将曲线投影到曲面”对话框

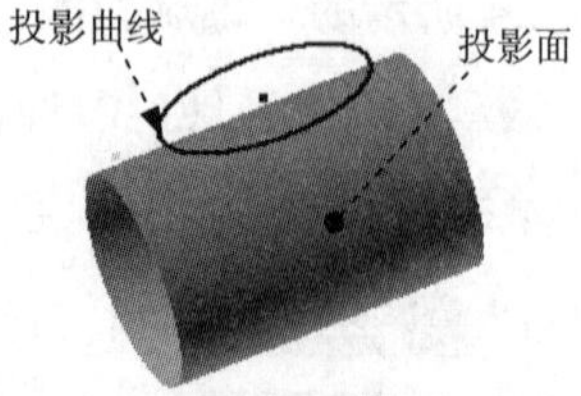

图 6.2.7 定义投影面和投影曲线

Step 6 定义投影曲线的输出类型。在"将曲线投影到曲面"对话框 输出 区域选中"折叠到曲面"按钮 ⌀ 。

Step 7 单击 确定 按钮，完成投影曲线的创建。

图 6.2.6 所示的"将曲线投影到曲面"对话框中的各选项说明如下：

- 面按钮：用于选择一个或多个要在其上投影曲线的曲面或实体的目标面。
- 曲线按钮：用于选择要投影的曲线。
- 输出 区域：用于指定投影曲线的输出类型。
  - ☑ （沿矢量投影）按钮：用于指定矢量投影。
  - ☑ （投影到最近的点）按钮：用于向与最近的点成法向的平面投影。
  - ☑ ⌀ （折叠到曲面）按钮：用于围绕选定面的曲率形成投影的曲线。

注意：对于折叠到曲面输出，面必须是圆柱面、圆锥面或平面。曲线必须位于一个平面上并且平面与选定的面相切。

6.2.4　相交曲线

相交曲线是指两个面相交处的交线。两个相交的面可以是参考平面、模型面或构造表面的任意组合。下面以图 6.2.8 为例，介绍创建相交曲线的一般过程。

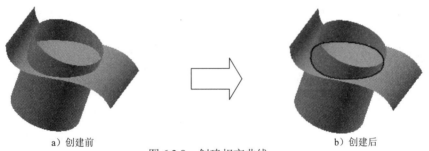

a）创建前　　　　　　　　　图 6.2.8　创建相交曲线　　　　　　　b）创建后

Step 1 打开文件 D:\inv13.1\work\ch06\ch06.02\Intersection_Curves.ipt。

Step 2 进入三维草图环境。单击 三维模型 选项卡 草图 区域中的创建二维草图按钮，选择 创建三维草图命令，系统进入三维草图环境。

Step 3 选择命令。单击 三维草图 选项卡 绘制 ▾ 区域中的"相交曲线"按钮 ，系统弹出图 6.2.9 所示的"三维相交曲线"对话框。

Step 4 定义要相交的几何图元。选取图 6.2.10 所示两个面为要相交的对象。

Step 5 单击"三维相交曲线"对话框中的 确定 按钮，完成相交曲线的创建。

图 6.2.9 "三维相交曲线"对话框

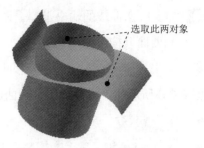

图 6.2.10 定义要相交的面

6.2.5 分割

"分割"命令可以将草图、曲面、面、工作平面或曲面样条曲线投影到曲面或平面，并将所选的面分割为多个分离的面，从而允许对分离的面进行操作。下面以图 6.2.11 为例来介绍分割的一般创建过程。

a）创建前　　　　　　　　　　　b）创建后

图 6.2.11 创建分割

Step 1 打开文件 D:\inv13.1\work\ch06\ch06.02\Split_Lines.ipt。

Step 2 选择命令。单击 三维模型 选项卡 修改 区域中的 分割 按钮，系统弹出图 6.2.12 所示的"分割"对话框。

Step 3 定义分割工具。选取图 6.2.13 所示的曲线为分割工具。

图 6.2.12 "分割"对话框

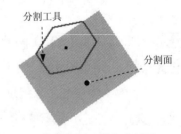

图 6.2.13 定义分割工具和分割面

Step 4 定义分割面。在"分割"对话框中单击 面按钮，然后选取图 6.2.13 所示的曲面为分割面。

Step 5 单击 确定 按钮，完成分割的创建。

图 6.2.12 所示的"分割"对话框的各按钮说明如下：

- ☐（分割面）按钮：用于选择要分割的一个或多个面。

- ☐（修剪实体）按钮：用于选择要分割的零件或实体，并丢弃一侧。

- ☐（分割实体）按钮：用于选择要用来将实体分割成两部分的工作平面或分模线。

- ☐ 分割工具按钮：用于选择工作平面、曲面或草图，以将面或实体分割成两部分。

- ☐ 面按钮：用于在"分割面"方法处于激活状态时，选取要分割的面。

- ☐ 实体按钮：用于在"修剪实体"或者"分割实体"方法处于激活状态时，选取要修剪或者分割的实体。

- ☐（全部）按钮：用于选取所有面进行分割。

- ☐（选择）按钮：用于选择面进行分割。

6.3 创建曲面

6.3.1 拉伸曲面

拉伸曲面是指将曲线或直线沿指定的方向拉伸所形成的曲面。下面以图 6.3.1 为例来介绍创建拉伸曲面的一般操作步骤。

a）创建前

b）创建后

图 6.3.1 创建拉伸曲面

Step 1 打开文件 D:\inv13.1\work\ch06\ch06.03\ch06.03.01\extrude.ipt。

Step 2 选择命令。在 创建 ▾ 区域中单击 ☐ 按钮，系统弹出图 6.3.2 所示的"拉伸"对话框。

Step 3 定义拉伸曲线。系统自动选取图 6.3.3 所示的曲线为拉伸曲线。

说明：如果在图形区有多个截面轮廓，并且没有选择任何一个，可以单击"截面轮廓"按钮，然后在图形窗口中单击一个或多个截面轮廓；如果只有一个封闭的截面轮廓，系统会自动选取。

Step 4 定义输出类型。在"拉伸"对话框 输出 区域单击"曲面"按钮 ☐。

Step 5 定义深度属性。

6
Chapter

（1）确定深度类型。在"拉伸"对话框 范围 区域中的下拉列表中选择 距离 选项，如图 6.3.2 所示。

图 6.3.2　"拉伸"对话框

选取此曲线链

图 6.3.3　定义拉伸曲线

（2）确定拉伸方向。采用系统默认的拉伸方向。

（3）确定拉伸深度。在"拉伸"对话框 范围 区域中的文本框中输入 20.0，如图 6.3.2 所示。

Step 6 单击 确定 按钮，完成拉伸曲面的创建。

6.3.2　旋转曲面

旋转曲面是指将曲线绕中心线旋转所形成的曲面。下面以图 6.3.4 所示的模型为例介绍创建旋转曲面的一般操作步骤。

a）创建前

b）创建后

图 6.3.4　创建旋转曲面

Step 1 打开文件 D:\inv13.1\work\ch06\ch06.03\ch06.03.02\rotate.ipt。

Step 2 选择命令。在 创建 ▾ 区域中单击 按钮，系统弹出图 6.3.5 所示的"旋转"对话框。

Step 3 定义旋转曲线。系统自动选取图 6.3.6 所示的曲线为旋转曲线。

Step 4 定义旋转轴。采用系统默认的旋转轴。

说明：在选取旋转曲线时，系统自动将图 6.3.6 所示的中心线选取为旋转轴，所以此例不需要再选取旋转轴；用户可以通过单击 旋转轴 按钮来选择中心线。

Step 5 定义旋转类型及角度。在"旋转"对话框 范围 区域的下拉列表中选择 全部 选项，如图 6.3.5 所示。

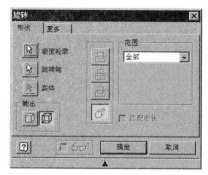

图 6.3.5 "旋转"对话框

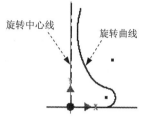

图 6.3.6 定义旋转曲线

Step 6 单击 确定 按钮，完成旋转曲面的创建。

6.3.3 扫掠曲面

扫掠曲面是指将轮廓曲线沿一条路径进行扫掠产生的曲面。下面以图 6.3.7 所示的模型为例，介绍创建扫掠曲面的一般操作步骤。

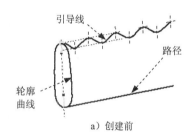

a）创建前   b）创建后

图 6.3.7 创建扫掠曲面

Step 1 打开文件 D:\inv13.1\work\ch06\ch06.03\ch06.03.03\sweep.ipt。

Step 2 选择命令。在 创建 ▾ 区域中单击"扫掠"按钮 扫掠，系统弹出图 6.3.8 所示的"扫掠"对话框。

Step 3 定义截面轮廓。系统自动选取图 6.3.9 所示的曲线 1 作为扫掠截面轮廓。

Step 4 定义扫掠路径。选取图 6.3.9 所示的曲线 2 为扫掠路径。

Step 5 定义输出类型。在"扫掠"对话框 输出 区域单击"曲面"按钮 。

Step 6 定义扫描类型。在"扫掠"对话框 类型 区域的下拉列表中选择 路径和引导轨道 选项。

Step 7 定义扫描引导轨道。选取图 6.3.9 所示的曲线 3 为引导线，其他参数采用默认设置，如图 6.3.8 所示。

Step 8 单击 确定 按钮，完成扫掠曲面的创建。

Chapter 6

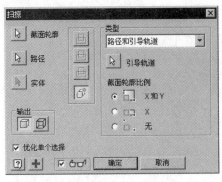

图 6.3.8　"扫掠"对话框

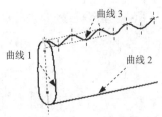

图 6.3.9　定义轮廓曲线

6.3.4　放样曲面

放样曲面是指通过一系列截面轮廓以定义曲面形状，并可以选择导轨或中心线来进一步美化该形状。下面以图 6.3.10 所示的模型为例，介绍创建放样曲面的一般操作步骤。

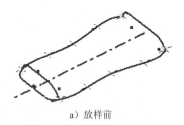

a）放样前　　　　　　　　　　　　　　　b）放样后

图 6.3.10　创建放样曲面

Step 1　打开文件 D:\inv13.1\work\ch06\ch06.03\ch06.03.04\Lofted_Surface.ipt。

Step 2　选择命令。在 创建 ▼ 区域中单击 放样 按钮，系统弹出图 6.3.11 所示的"放样"对话框。

Step 3　定义放样轮廓。选取图 6.3.12 所示的曲线 1 和曲线 2 为轮廓。

图 6.3.11　"放样"对话框

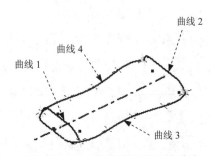

图 6.3.12　定义放样轮廓和轨道线

Step 4　定义输出类型。在"放样"对话框 输出 区域确认"曲面"按钮 被按下。

Step 5 定义放样轨道。在"放样"对话框 轨道 列表中选取图 6.3.12 所示的曲线 3 和曲线 4 为轨道线，其他参数采用默认设置，如图 6.3.11 所示。

Step 6 单击 确定 按钮，完成放样曲面的创建。

6.3.5 边界嵌片

使用"边界嵌片"可以从闭合的草图或闭合的边界创建平面或三维曲面。下面以图 6.3.13 所示模型介绍创建边界嵌片的一般操作步骤。

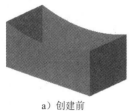
a）创建前

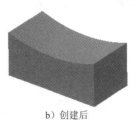
b）创建后

图 6.3.13　创建边界嵌片

Step 1 打开文件 D:\inv13.1\work\ch06\ch06.03\ch06.03.05\ambit_surf.ipt。

Step 2 选择命令。在 曲面 ▾ 区域中单击"边界嵌片"按钮 ，系统弹出图 6.3.14 所示的"边界嵌片"对话框。

图 6.3.14　"边界嵌片"对话框

Step 3 定义边界边。在系统 选择边或草图曲线 的提示下依次选取图 6.3.15 所示的边界为曲面的边界。

Step 4 单击 确定 按钮，完成边界嵌片的创建。

说明：如果选择图 6.3.16 所示的边界时，形成的曲面如图 6.3.17 所示。

选取此边界

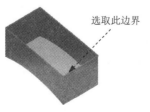
选取此边界

图 6.3.15　定义边界边 1　　　　图 6.3.16　定义边界边 2　　　　图 6.3.17　边界嵌片

6.3.6 偏移曲面

偏移曲面是指将选定曲面沿其法线方向偏移后所生成的曲面。下面介绍图 6.3.18 所示的创建偏移曲面的一般操作步骤。

a）创建后　　　　　　　　　b）创建前　　　　　　　　　c）创建后

图 6.3.18　创建偏移曲面

Step 1　打开文件 D:\inv13.1\work\ch06\ch06.03\ch06.03.06\offset_Surface.ipt。

Step 2　选择命令。在 曲面 ▼ 区域中单击"加厚/偏移"按钮 ◇，系统弹出图 6.3.19 所示的"加厚/偏移"对话框。

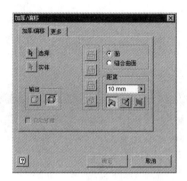

图 6.3.19　"加厚/偏移"对话框

Step 3　定义偏移曲面。选取图 6.3.20 所示的曲面为偏移曲面。

Step 4　定义输出类型。在"加厚/偏移"对话框 输出 区域中选择"曲面"选项 ⬜。

Step 5　定义偏移距离。在"加厚/偏移"对话框 距离 文本框中输入数值 10，偏移曲面预览如图 6.3.20 所示。

说明：选取图 6.3.21 所示的面组为偏移曲面，并定义其偏移方向，结果如图 6.3.18a 所示。

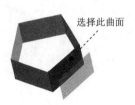

图 6.3.20　定义偏移曲面

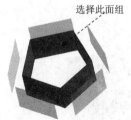

图 6.3.21　定义偏移面组

Step 6 单击 [确定] 按钮，完成偏移曲面的创建。

6.4 曲面的曲率分析

下面通过简单的实例分析来说明曲面特性分析的一般方法及操作步骤。

6.4.1 曲面平均曲率的显示

下面以图 6.4.1 所示的曲面为例，说明曲面平均曲率显示的一般操作步骤。

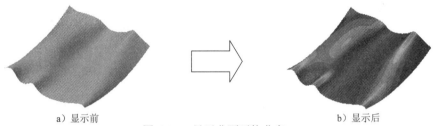

a）显示前　　　　　　　b）显示后

图 6.4.1　显示曲面平均曲率

Step 1 打开文件 D:\inv13.1\work\ch06\ch06.04\ch06.04.01\surface_curvature.ipt。

Step 2 选择命令。在 [检验] 选项卡 [分析] 区域单击"曲面"按钮 ，系统弹出图 6.4.2 所示的"曲面分析"对话框。

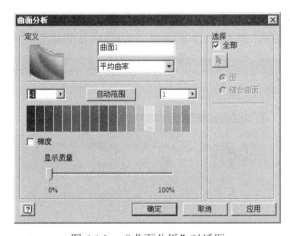

图 6.4.2　"曲面分析"对话框

Step 3 设置参数。在"曲面分析"对话框中设置图 6.4.2 所示的参数。

Step 4 单击 [确定] 按钮，图形区立即显示曲面的分析图。

图 6.4.2 所示的"曲面分析"对话框的说明如下：

● [曲面1] 文本框：用于输入一个自定义名称。

- **高斯** 选项：用于通过在零件表面应用渐变色显示来估算高曲面曲率区域和低曲面曲率区域。
- **平均曲率** 选项：用于显示代表 u 和 v 曲面曲率值的平均曲率的梯度。
- **最大曲率** 选项：用于显示代表 u 或 v 曲面曲率值中较大者的梯度。
- **自动范围** 按钮：用于自动设置曲率比值，从而使用整个范围的颜色来显示分析。
- ☑ **梯度** 复选框：用于以梯度的形式显示结果。
- **显示质量** 滑块：用于指定显示质量。

说明：冷色表明曲面的曲率较低，如黑色、紫色和蓝色；暖色表明曲面的曲率较高，如红色和绿色。

6.4.2 曲面斑马条纹的显示

下面以图 6.4.3 为例，说明曲面斑纹显示的一般操作步骤。

a）显示前   b）显示后

图 6.4.3　显示曲面斑纹

Step 1 打开文件 D:\inv13.1\work\ch06\ch06.04\ch06.04.02\surface_curvature.ipt。

Step 2 选择命令。在 **检验** 选项卡 **分析** 区域单击"斑纹"按钮 ≫，系统弹出图 6.4.4 所示的"斑纹分析"对话框。

图 6.4.4　"斑纹分析"对话框

Step **3**　设置参数。在"斑纹分析"对话框中单击"水平"按钮 ▤，其他参数采用系统默认设置，然后单击 确定 按钮，完成曲面的斑纹显示操作。

6.5　曲面的圆角

曲面的圆角可以在两组曲面表面之间建立光滑连接的过渡曲面。生成的过渡曲面的剖面线可以是圆弧、二次曲线、等参数曲线或其他类型的曲线。

6.5.1　等半径圆角

下面以图 6.5.1 所示的模型为例，介绍创建等半径圆角的一般操作步骤。

a）倒圆角前　　　　　　　　　　　　　　　　b）倒圆角后

图 6.5.1　等半径圆角

Step **1**　打开文件 D:\inv13.1\work\ch06\ch06.05\ch06.05.01\Fillet01.ipt。

Step **2**　选择命令。在 修改 ▼ 区域中单击 🖉 按钮，系统弹出图 6.5.2 所示的"圆角"对话框。

Step **3**　定义圆角类型。在"圆角"对话框中单击"边圆角"按钮 🖉，并确认 🖉 等半径 选项卡被选中。

Step **4**　定义圆角对象。在系统 选择一条边进行圆角 的提示下，选取图 6.5.3 所示的模型边线为要倒圆角的对象。

图 6.5.2　"圆角"对话框

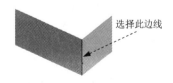

图 6.5.3　定义圆角边线

选择此边线

Step 5　定义圆角半径。在"倒圆角"小工具栏"半径 R"文本框中输入 3.0。

Step 6　单击"圆角"对话框中的 ▭ 确定 按钮，完成等半径圆角的创建。

6.5.2　变半径圆角

变半径圆角可以生成带有可变半径值的圆角。创建图 6.5.4 所示变半径圆角的一般操作步骤如下。

a）创建前　　　　　　图 6.5.4　创建变半径圆角　　　　b）创建后

Step 1　打开文件 D:\inv13.1\work\ch06\ch06.05\ch06.05.02\Fillet02.ipt。

Step 2　选择命令。在 修改 ▼ 区域中单击 ▱ 按钮，系统弹出"圆角"对话框。

Step 3　定义圆角类型。在"圆角"对话框中单击"边圆角"
按钮 ▱，并单击 ▱ 变半径 选项卡。

Step 4　定义圆角对象。在系统 选择一条边进行圆角 的提示下，
选取图 6.5.5 所示的模型边线为要倒圆角的对象。

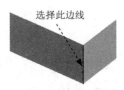

图 6.5.5　定义圆角边线

Step 5　定义圆角参数。在图形区选取图 6.5.6 所示的参考点，
此时在"圆角"对话框"点"区域会添加除了开始点与结束点之外的另外一个点，
然后在"圆角"对话框 半径 区域对应的文本框中修改各控制点的半径值，并修改
点 1 的位置（具体数值可参考图 6.5.7 所示）。

图 6.5.6　添加参考点

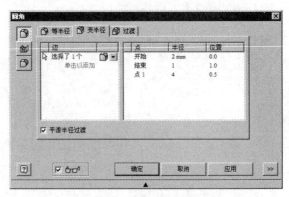

图 6.5.7　"圆角"对话框

Step 6　单击对话框中的 ▭ 确定 按钮，完成变半径圆角特征的定义。

6.5.3　面圆角

"面圆角"命令把两个没有接触的面用圆角连接并剪切掉多余的部分。下面以图 6.5.8 所示的模型为例，介绍创建面圆角的一般操作步骤。

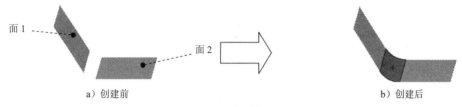

面 1

面 2

a）创建前　　　　　　　　　　　　　b）创建后

图 6.5.8　创建面圆角

Step 1　打开文件 D:\inv13.1\work\ch06\ch06.05\ch06.05.03\Fillet_03.ipt。

Step 2　在 修改 ▼ 区域中单击🔘按钮，系统弹出"圆角"对话框。

Step 3　定义圆角类型。在"圆角"对话框中单击"面圆角"按钮🔲。

Step 4　定义圆角面。在系统选择面进行过渡的提示下，选取图 6.5.8a 所示的模型面 1、面 2，并单击"反向"按钮↯。

Step 5　定义圆角半径。在"圆角"对话框半径文本框中输入 20，其他参数采用系统默认设置。

Step 6　单击对话框中的 确定 按钮，完成面圆角的创建。

6.5.4　完整圆角

完整圆角是指将相切于三个相邻面的圆角。下面以图 6.5.9 所示的模型为例，介绍创建完整圆角的一般操作步骤。

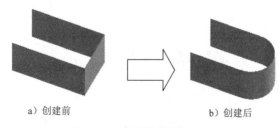

a）创建前　　　　　　　　　　　　b）创建后

图 6.5.9　创建完整圆角

Step 1　打开文件 D:\inv13.1\work\ch06\ch06.05\ch06.05.04\Fillet_04.ipt。

Step 2　在 修改 ▼ 区域中单击🔘按钮，系统弹出"圆角"对话框。

Step 3　定义圆角类型。在"圆角"对话框中单击"全圆角"按钮🔲。

6

Chapter

Step **4**　选取要倒圆角的对象。在系统 选择面进行过渡 的提示下，依次选取图 6.5.10 所示的模型侧面集 1、中心面集、侧面集 2。

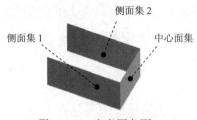

图 6.5.10　定义圆角面

Step **5**　单击对话框中的 确定 按钮，完成完整圆角的创建。

6.6　曲面的剪裁

曲面的剪裁（trim）是通过曲面、工作平面或曲线等剪裁工具将相交的曲面进行剪切，它类似于实体的切除（cut）功能。

下面以图 6.6.1 为例，介绍修剪曲面的一般操作过程。

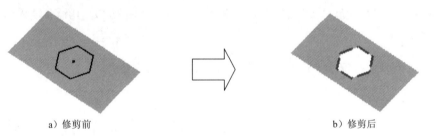

a）修剪前　　　　　　　　　　　　　　　　　　b）修剪后

图 6.6.1　曲面的剪裁

Step **1**　打开文件 D:\inv13.1\work\ch06\ch06.06\Trim_Surface.ipt。

Step **2**　选择命令。在 曲面 ▼ 区域中单击"修剪曲面"按钮 ，系统弹出图 6.6.2 所示的"修剪曲面"对话框。

图 6.6.2　"修剪曲面"对话框

Step **3**　定义切割工具。在系统 选择曲面、工作平面或草图作为切割工具 的提示下选取图 6.6.3 所示的边链为切割工具。

Step **4** 定义要删除的面。在系统 选择要删除的面 的提示下选取图 6.6.4 所示的面为要删除的面。

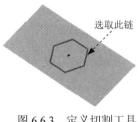

选取此链

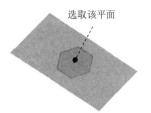

选取该平面

图 6.6.3　定义切割工具

图 6.6.4　定义删除面

Step **5** 单击 确定 按钮，完成曲面剪裁的创建。

6.7　曲面的延伸

曲面的延伸是指将曲面延长某一距离、延伸到某一平面或延伸到某一点，延伸部分的曲面与原始曲面类型可以相同，也可以不同。下面以图 6.7.1 为例来介绍曲面延伸的一般操作步骤。

a）延伸前

b）延伸后

图 6.7.1　曲面的延伸

Step **1** 打开文件 D:\inv13.1\work\ch06\ch06.07\extension.ipt。

Step **2** 选择命令。在 三维模型 选项卡中单击 曲面 ▾ 按钮，选择 ⬆ 延伸 命令，系统弹出图 6.7.2 所示的"延伸曲面"对话框。

Step **3** 定义延伸边线。在系统 选择要延伸的边界边 的提示下选取图 6.7.3 所示的边线为延伸边线。

图 6.7.2　"延伸曲面"对话框

延伸边线

图 6.7.3　定义延伸边线

Step **4** 定义终止条件类型。在"延伸曲面"对话框的 范围 区域的下拉列表中选择 距离 选项，输入距离值为 8.0。

Step **5** 单击 确定 按钮，完成延伸曲面的创建。

6.8 曲面的缝合

"缝合曲面"可以将多个独立曲面缝合到一起作为一个曲面。下面以图 6.8.1 所示的模型为例，介绍创建曲面缝合的一般操作步骤。

Step **1** 打开文件 D:\inv13.1\work\ch06\ch06.08\sew.ipt。

Step **2** 选择命令。在 曲面 ▼ 区域中单击"缝合曲面"
按钮 ▤，系统弹出图 6.8.2 所示的"缝合"对
话框。

图 6.8.1 曲面的缝合

Step **3** 定义缝合对象。在系统 选择要缝合的实体 的提示下选取图 6.8.3 所示的曲面 1 和曲面 2 为缝合对象。

图 6.8.2 "缝合"对话框

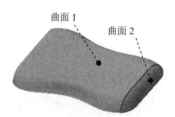

图 6.8.3 定义缝合对象

Step **4** 单击 应用 按钮，单击 完毕 按钮，完成缝合曲面的创建。

6.9 删除面

"删除"命令可以把现有多个面进行删除，并对删除后的曲面进行修补或填充。下面以图 6.9.1 为例来说明其一般操作步骤。

Step **1** 打开文件 D:\inv13.1\work\ch06\ch06.09\Delete_Face.ipt。

Step **2** 选择命令。在 曲面 ▼ 区域中单击"删除面"按钮 ▨，系统弹出图 6.9.2 所示的"删

除面"对话框。

Step 3 定义删除面。选择图 6.9.3 所示的曲面为要删除的面。

a）删除前

b）删除后

图 6.9.1　删除面

图 6.9.2　"删除面"对话框

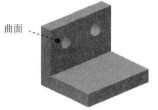

图 6.9.3　定义删除面

Step 4 在"删除面"对话框中选中 ☑ 修复 复选框。

Step 5 单击 确定 按钮，完成删除面的创建。

6.10　将曲面转化为实体

6.10.1　闭合曲面的实体化

"缝合曲面"命令可以将封闭的曲面缝合成一个面，并将其实体化。下面以图 6.10.1 为例来介绍闭合曲面实体化的一般操作步骤。

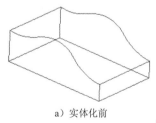
a）实体化前

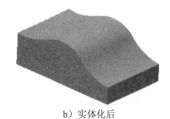
b）实体化后

图 6.10.1　闭合曲面实体化

Step 1 打开文件 D:\inv13.1\work\ch06\ch06.10\ch06.10.01\Thickening_the_Model.ipt。

Step 2 用剖面视图查看零件模型为曲面。

（1）选择剖面视图命令。在 检验 选项卡 分析 区域单击"剖视"按钮 ，系统弹出图 6.10.2 所示的"截面分析"对话框。

图 6.10.2　"截面分析"对话框

（2）定义剖面。在系统 选择平面或面（剖视） 的提示下选取 XY 平面作为剖切面，单击 确定 按钮，结果如图 6.10.3 所示，此时可看到在图形区中显示的特征为曲面。

（3）取消零件观察结果。在浏览器 分析:剖视1(开) 上右击选择 ✔ 分析可见性 命令，使其处于隐藏状态。

Step 3　选择"缝合曲面"命令。单击 三维模型 选项卡 曲面 ▼ 区域中的"缝合曲面"按钮 [≣]，系统弹出图 6.10.4 所示的"缝合"对话框。

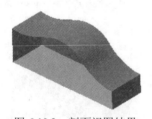

图 6.10.3　剖面视图结果

图 6.10.4　"缝合"对话框

Step 4　定义缝合对象。选取图 6.10.5 所示的曲面 1、曲面 2 和曲面 3（或在浏览器上选择 拉伸曲面1、边界嵌片1、边界嵌片2）为缝合对象。

Step 5　定义实体化。在"缝合"对话框中确认 □ 保留为曲面 不被选中。

Step 6　单击 应用 按钮，单击 完毕 按钮，完成曲面实体化的操作。

Step 7 用剖面视图查看零件模型为实体。

（1）在浏览器 十 □分析:剖视1(关) 上右击选择 »分析可见性 命令，使其处于显示的状态，结果如图 6.10.6 所示，此时可看到在图形区中显示的特征为实体。

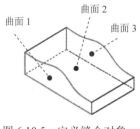

　　　　图 6.10.5　定义缝合对象

　　　　图 6.10.6　剖面视图结果

（2）在浏览器 十 □分析:剖视1(开) 上右击选择 ✔ 分析可见性 命令，使其处于隐藏状态。

6.10.2　用曲面替换实体表面

使用"替换面"命令可以用曲面替代实体的表面，替换曲面不必与实体表面有相同的边界。下面以图 6.10.7 为例来说明用曲面替换实体表面的一般操作步骤。

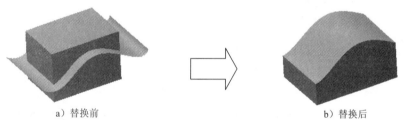

a）替换前　　　　　　　　　　　　　　　　　　　b）替换后

图 6.10.7　用曲面替换实体表面

Step 1 打开文件 D:\inv13.1\work\ch06\ch06.10\ch06.10.02\Replace_Face.ipt。

Step 2 选择命令。在 三维模型 选项卡中单击 曲面 ▼ 按钮，选择 替换面 命令，系统弹出图 6.10.8 所示的"替换面"对话框。

Step 3 定义替换的现有面。在系统 选择要替换的现有面 的提示下选取图 6.10.9 所示的曲面为替换的现有面。

图 6.10.8　"替换面"对话框

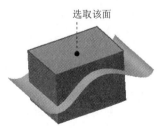

选取该面

图 6.10.9　定义替换的现有面

Step 4 定义新建面。在"替换面"对话框中单击 ▲ 新建面按钮，然后选取图 6.10.10 所示的曲面为新建面。

Step 5 在该对话框中单击 确定 按钮，完成替换操作，结果如图 6.10.11 所示。

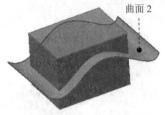

图 6.10.10 定义新建面

图 6.10.11 替换结果

6.10.3 开放曲面的加厚

"加厚/偏移"命令可以将开放的曲面（或开放的面组）转化为薄板实体特征。下面以图 6.10.12 为例，说明加厚曲面的一般操作步骤。

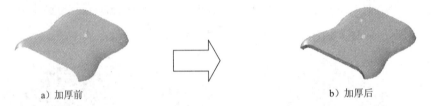

a）加厚前   b）加厚后

图 6.10.12 开放曲面的加厚

Step 1 打开文件 D:\inv13.1\work\ch06\ch06.10\ch06.10.03\thicken.ipt。

Step 2 选择命令。在 曲面 ▼ 区域中单击"加厚/偏移"按钮 ，系统弹出图 6.10.13 所示的"加厚/偏移"对话框。

Step 3 定义加厚曲面。选取图 6.10.14 所示的曲面为加厚曲面。

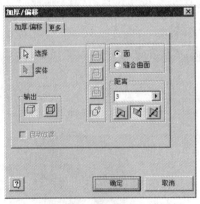

图 6.10.13 "加厚/偏移"对话框

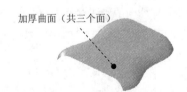

图 6.10.14 定义加厚曲面

Step 4 定义加厚方向。在"加厚/偏移"对话框 距离 区域中单击 按钮。

Step 5 定义厚度。在"加厚/偏移"对话框 距离 区域的文本框中输入数值 3。

Step 6 单击 确定 按钮，完成开放曲面的加厚。

6.11 Inventor 曲面产品设计实际应用 1

应用概述

本应用详细介绍螺栓的设计过程，主要运用了拉伸、倒角、螺旋扫掠、旋转等命令。需要注意的是螺旋扫掠的创建过程。零件模型及相应的浏览器如图 6.11.1 所示。

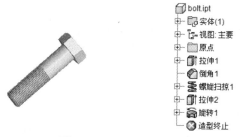

图 6.11.1 零件模型和浏览器

Step 1 启动 Inventor 软件，选择"应用程序菜单"按钮 下的 新建 ➡ 零件 命令，系统自动进入零件设计环境。

Step 2 创建图 6.11.2 所示的拉伸特征 1。在 创建 ▼ 区域中单击 按钮，选取 XZ 平面作为草图平面，绘制图 6.11.3 所示的截面草图，在"拉伸"对话框 范围 区域中的下拉列表中选择 距离 选项，并输入距离值 80，将拉伸方向设置为"方向 1"类型 ，单击对话框中的 确定 按钮，完成拉伸特征 1 的创建。

图 6.11.2 拉伸特征 1

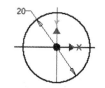

图 6.11.3 截面草图

Step 3 创建图 6.11.4 所示的倒角特征 1。选取图 6.11.4a 所示的模型边线为倒角的对象，输入倒角值 1.5。

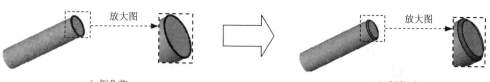

a）倒角前

b）倒角后

图 6.11.4 倒角特征 1

Step 4 创建草图 1。选取 **XY** 平面作为草图平面，绘制图 6.11.5 所示的草图。

Step 5 创建图 6.11.6 所示的螺旋扫掠特征 1。在 创建 ▾ 区域中单击 螺旋扫掠 按钮，选取图 6.11.7 所示的线为旋转轴，然后在 "螺旋扫掠" 对话框中将布尔运算类型设置为 "求差" 类型 ，单击 螺旋规格 选项卡，在 类型 下拉列表中选择 螺距和高度 选项，在 螺距 文本框中输入 1.5，在 高度 文本框中输入 46，单击 "螺旋扫掠" 对话框中的 确定 按钮，完成螺旋扫掠特征 1 的创建。

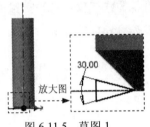

图 6.11.5 草图 1

图 6.11.6 螺旋扫掠特征 1

图 6.11.7 定义旋转轴

Step 6 创建图 6.11.8 所示的拉伸特征 2。在 创建 ▾ 区域中单击 按钮，选取图 6.11.9 所示的模型表面作为草图平面，绘制图 6.11.10 所示的截面草图，在 "拉伸" 对话框 范围 区域中的下拉列表中选择 距离 选项，并输入距离值 12.5，将拉伸方向设置为 "方向 1" 类型 ，单击 "拉伸" 对话框中的 确定 按钮，完成拉伸特征 2 的创建。

图 6.11.8 拉伸特征 2

图 6.11.9 草图平面

图 6.11.10 截面草图

Step 7 创建图 6.11.11 所示的旋转特征 1。在 创建 ▾ 区域中选择 命令，选取 **XY** 平面为草图平面，绘制图 6.11.12 所示的截面草图；然后在 "旋转" 对话框中将布尔运算类型设置为 "求差" ，在 "旋转" 对话框 范围 区域的下拉列表中选中 全部 选项；单击 "旋转" 对话框中的 确定 按钮，完成旋转特征 1 的创建。

图 6.11.11 旋转特征 1

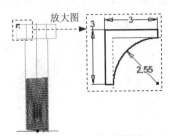

图 6.11.12 截面草图

Step 8 保存模型文件，并命名为 bolt。

6.12 Inventor 曲面产品设计实际应用 2

应用概述

本应用详细介绍了叶轮的设计过程，其设计过程是将草绘曲线向曲面上投影，然后根据投影曲线生成曲面，最后将曲面加厚生成实体。零件实体模型及相应的浏览器如图 6.12.1 所示。

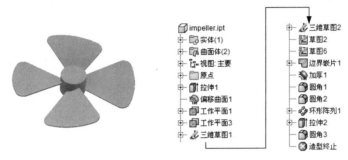

图 6.12.1 零件模型和浏览器

Step 1 新建一个零件模型，进入建模环境。

Step 2 创建图 6.12.2 所示的拉伸特征 1。在 创建 ▼ 区域中单击 按钮，选取 XZ 平面作为草图平面，绘制图 6.12.3 所示的截面草图，在"拉伸"对话框 范围 区域中的下拉列表中选择 距离 选项，并输入距离值 20，将拉伸方向设置为"方向 1"类型 ，单击"拉伸"对话框中的 确定 按钮，完成拉伸特征 1 的创建。

Step 3 创建图 6.12.4 所示的偏移曲面 1。在 曲面 ▼ 区域中单击 按钮，选取图 6.12.5 所示的曲面为要偏移的曲面；在 输出 区域中选择类型为"曲面"选项 ；在 距离 文本框中输入数值 50，单击 确定 按钮，完成偏移曲面 1 的创建。

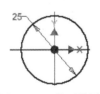

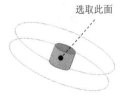

选取此面

图 6.12.2 拉伸特征 1 　　图 6.12.3 截面草图 　　图 6.12.4 偏移曲面 1 　　图 6.12.5 选取偏移面

Step 4 创建图 6.12.6 所示的工作平面 1。在 定位特征 区域中单击"平面"按钮 下的 平面，选择 从平面偏移 命令；选取 YZ 平面作为参考平面，输入要偏移的距离为 80；单击 按钮，完成工作平面 1 的创建。

Step 5 创建图 6.12.7 所示的工作平面 2。在 定位特征 区域中单击"平面"按钮 下的平面，选择  平面绕边旋转的角度命令；选取 XY 平面作为参考平面，选取 Y 轴作为旋转轴，输入要偏移的距离为–30；单击 ✔ 按钮，完成工作平面2的创建。

Step 6　创建图 6.12.8 所示的工作平面3。在 定位特征 区域中单击"平面"按钮 下的
平面，选择 平面绕边旋转的角度命令；选取工作平面2作为参考平面，选取 Y 轴作为旋转轴，输入要偏移的距离为60；单击 ✔ 按钮，完成工作平面3的创建。

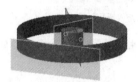

图 6.12.6　工作平面1　　　　图 6.12.7　工作平面2　　　　图 6.12.8　工作平面3

Step 7　创建图 6.12.9 所示的相交曲线1。单击 草图 区域中的 创建二维草图 按钮，选择 创建三维草图命令；在 绘制 ▾ 区域中选择"相交曲线"命令 ；选取偏移曲面1与工作平面2作为相交的对象；单击 确定 按钮，完成相交曲线1的创建。

Step 8　创建图 6.12.10 所示的相交曲线2。在 绘制 ▾ 区域中选择"相交曲线"命令 ；选取偏移曲面1与工作平面3作为相交的对象；单击 确定 按钮，完成相交曲线2的创建。

Step 9　创建图 6.12.11 所示的相交曲线3。在 绘制 ▾ 区域中选择"相交曲线"命令 ；选取图 6.12.11 所示的圆柱面与工作平面2作为相交的对象；单击 确定 按钮，完成相交曲线3的创建。

Step 10　创建图 6.12.12 所示的相交曲线4。在 绘制 ▾ 区域中选择"相交曲线"命令 ；选取图 6.12.12 所示的圆柱面与工作平面3作为相交的对象；单击 确定 按钮，完成相交曲线4的创建，并退出三维草图环境。

选取此面
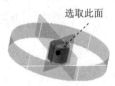

选取此面
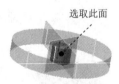

图 6.12.9　相交曲线1　　图 6.12.10　相交曲线2　　图 6.12.11　相交曲线3　　图 6.12.12　相交曲线4

Step 11　创建草图1。选取工作平面1作为草图平面，绘制图 6.12.13 所示的草图。

Step 12　创建草图2。选取工作平面1作为草图平面，绘制图 6.12.14 所示的草图。

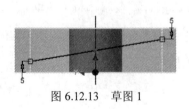

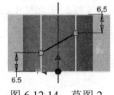

图 6.12.13　草图1　　　　　　　　图 6.12.14　草图2

Step 13　创建图 6.12.15 所示的投影曲线 1。单击 草图 区域中的 创建二维草图 按钮，选择 创建三维草图 命令；在 绘制 ▼ 区域中选择"投影到曲面"命令 ⬜；选取偏移曲面 1 作为投影面；单击 ▸ 曲线 按钮，选取草图 1 作为投影曲线；单击 确定 按 钮，完成投影曲线 1 的创建。

Step 14　创建图 6.12.16 所示的投影曲线 2。在 绘制 ▼ 区域中选择"投影到曲面"命令 ⬜；选取拉伸特征 1 的柱面作为投影面；单击 ▸ 曲线 按钮，选取草图 2 作为投影曲线；单击 确定 按钮，完成投影曲线 2 的创建，并退出三维草图环境。

Step 15　创建图 6.12.17 所示的三维草图——直线 1 与直线 2。

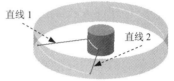

图 6.12.15　投影曲线 1　　　图 6.12.16　投影曲线 2　　　图 6.12.17　三维草图

Step 16　创建图 6.12.18 所示的边界嵌片，在 曲面 ▼ 区域中单击 ⬜ 按钮，依次选取投影曲 线 1、直线 1、投影曲线 2、直线 2 作为边界条件；单击 确定 按钮，完成边 界嵌片的创建。

Step 17　创建图 6.12.19 所示的曲面的加厚。在 曲面 ▼ 区域中单击 ✏ 按钮，选取边界嵌片 作为加厚的曲面；在对话框 距离 文本框中输入数值 1.5，将加厚方向设置为"对 称"类型 ⧓；单击 确定 按钮，完成曲面的加厚。

Step 18　创建图 6.12.20 所示的圆角 1。选取图 6.12.21 所示的模型边线为倒圆角的对象， 圆角半径为 8。

图 6.12.18　边界嵌片　　　图 6.12.19　加厚　　　图 6.12.20　圆角 1

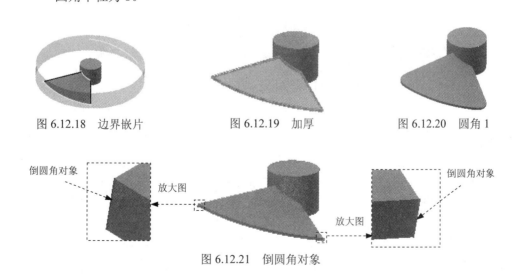

图 6.12.21　倒圆角对象

Step 19 创建图 6.12.22 所示的圆角 2，圆角半径为 0.5。

Step 20 创建图 6.12.23 所示的环形阵列。在 阵列 区域中单击 ⊕ 按钮，单击"阵列实体"
按钮 🔗；选取 Y 轴为环形阵列轴，定义阵列个数为 4，阵列角度为 360，单击
 确定 按钮，完成环形阵列的创建。

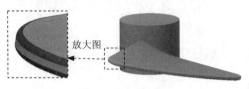

图 6.12.22 圆角 2

图 6.12.23 环形阵列

Step 21 创建图 6.12.24 所示的拉伸特征 2。在 创建 ▾ 区域中单击 ▯ 按钮，选取 XZ 平
面作为草图平面，绘制图 6.12.25 所示的截面草图，在"拉伸"对话框中将布尔
运算类型设置为"求并"类型 🔲，在 范围 区域的下拉列表中选择 距离 选项，并
输入距离值 20，将拉伸方向设置为"方向 1"类型 ◿，单击对话框中的 确定
按钮，完成拉伸特征 2 的创建。

图 6.12.24 拉伸特征 2

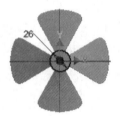

图 6.12.25 截面草图

Step 22 创建图 6.12.26 所示的圆角 3。选取图 6.12.27 所示的模型边线为倒圆角的对象，
圆角半径为 0.5。

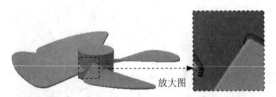

图 6.12.26 圆角 3

图 6.12.27 圆角对象

Step 23 保存模型文件，并命名为 impeller。

6.13 Inventor 曲面产品设计实际应用 3

应用概述

本应用是咖啡壶的设计，主要运用了放样、旋转、扫掠、缝合、边界嵌片、剪裁、加

厚和圆角等特征命令。需要注意在创建及选取草绘工作平面等过程中用到的技巧。零件实体模型及相应的浏览器如图 6.13.1 所示。

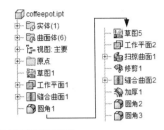

图 6.13.1　零件模型和浏览器

Step 1 新建一个零件模型，进入建模环境。

Step 2 创建草图 1。选取 XZ 平面作为草图平面，绘制图 6.13.2 所示的草图。

Step 3 创建图 6.13.3 所示的工作平面 1。在 定位特征 区域中单击"平面"按钮 下的 平面 ，选择 从平面偏移 命令；选取 XZ 平面作为参考平面，输入要偏移的距离为 45；单击 按钮，完成工作平面 1 的创建。

Step 4 创建草图 2。选取工作平面 1 作为草图平面，绘制图 6.13.4 所示的草图。

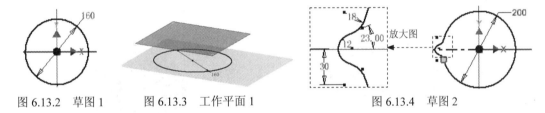

图 6.13.2　草图 1　　　图 6.13.3　工作平面 1　　　图 6.13.4　草图 2

Step 5 创建图 6.13.5 所示的草图 3。选取 XY 平面作为草图平面，绘制图 6.13.6 所示的草图。

Step 6 创建图 6.13.7 所示的放样曲面 1。在 创建 区域中单击 放样 按钮，在 输出 区域中选择类型为"曲面" ；依次选取图草图 1 与草图 2；选择"中心线" 单选按钮，选取草图 3，单击 确定 按钮，完成放样曲面 1 的创建。

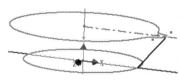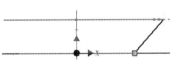

图 6.13.5　草图 3（建模环境）　　　图 6.13.6　草图 3（草绘环境）　　　图 6.13.7　放样曲面 1

Step 7 创建图 6.13.8 所示的旋转曲面 1。在 创建 区域中单击 按钮；选取 XY 平面作为草图平面，绘制图 6.13.9 所示的截面草图；选取草图，在 输出 区域中选择类型为"曲面" ；单击 确定 按钮，完成旋转曲面 1 的创建。

Step 8　创建缝合曲面 1。在 曲面 ▼ 区域中单击 按钮，选取放样曲面 1 与旋转曲面 1 作为缝合对象；单击 应用 按钮，单击 完毕 按钮，完成缝合曲面的创建。

Step 9　创建图 6.13.10 所示的圆角 1。选取图 6.13.11 所示的模型边线为倒圆角的对象，圆角半径为 15。

图 6.13.8　旋转曲面 1

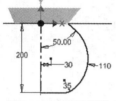
图 6.13.9　截面草图

图 6.13.10　圆角 1

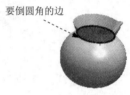
图 6.13.11　选择倒圆角对象

Step 10　创建草图 4。选取 XY 平面作为草图平面，绘制图 6.13.12 所示的草图。

Step 11　创建图 6.13.13 所示的工作平面 2。在 定位特征 区域中单击"平面"按钮 下的 平面 ▼ ，选择 在指定点处与曲线垂直 命令；选取草图 4 作为参考曲线，选取图 6.13.13 所示草图 4 的顶点作为参考点；单击 ✔ 按钮，完成工作平面 2 的创建。

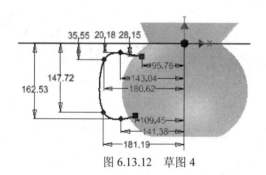
图 6.13.12　草图 4

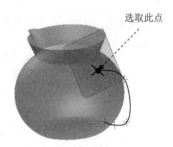
图 6.13.13　工作平面 2

Step 12　创建草图 5。选取工作平面 2 作为草图平面，绘制图 6.13.14 所示的草图。

Step 13　创建图 6.13.15 所示的扫掠曲面 1。在 创建 ▼ 区域中单击"扫掠"按钮 扫掠 ，选取草图 4 所示线作为扫掠轨迹，在 输出 区域中选择类型为"曲面"选项 ，其他参数接受系统默认；单击 确定 按钮，完成扫掠曲面 1 的创建。

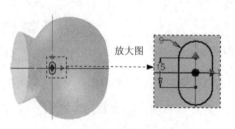
图 6.13.14　草图 5

图 6.13.15　扫掠曲面 1

Step 14 创建图 6.13.16 所示曲面的修剪。在 曲面 ▼ 区域中单击 ✄ 按钮；选取旋转曲面 1 作为修剪工具，选取 6.13.16a 所示的面作为要修剪的面；单击 确定 按钮，完成曲面的修剪。

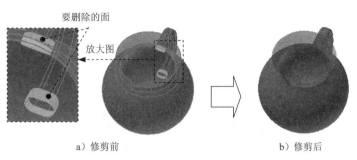

a）修剪前   b）修剪后

图 6.13.16 曲面的修剪

Step 15 在模型树中右击 ▣缝合曲面1，单击 ✔ 可见性(V) 选项，将缝合曲面 1 隐藏。

Step 16 创建图 6.13.17 所示的边界嵌片 1。在 曲面 ▼ 区域中单击 ▢ 按钮，选取图 6.13.18 所示的模型边线作为边界条件；单击 确定 按钮，完成边界嵌片 1 的创建。

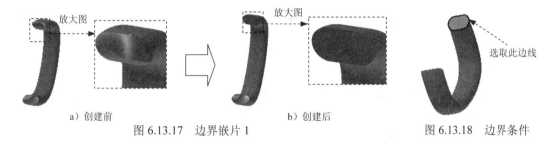

a）创建前   b）创建后   选取此边线

图 6.13.17 边界嵌片 1   图 6.13.18 边界条件

Step 17 创建边界嵌片 2。在 曲面 ▼ 区域中单击 ▢ 按钮，选取图 6.13.19 所示的模型边线作为边界条件；单击 确定 按钮，完成边界嵌片 2 的创建。

Step 18 创建图 6.13.20 所示的缝合曲面 2。在 曲面 ▼ 区域中单击 ▤ 按钮，选取扫掠曲面 1、边界嵌片 1 与边界嵌片 2 作为缝合对象；单击 应用 按钮，单击 完毕 按钮，完成缝合曲面 2 的创建。

选取此边线

图 6.13.19 边界嵌片 2   图 6.13.20 缝合曲面 2

Step 19 在模型树中右击 ▣缝合曲面1，选择 可见性(V) 选项，显示缝合曲面 1。

Step 20 创建曲面的加厚。在 曲面 ▼ 区域中单击 ◈ 按钮，选择 ⊙ 缝合曲面 单选按钮。选

取图 6.13.21 所示的缝合面作为加厚的曲面。在"距
离"文本框中输入 1，选择加厚方向为"方向 2"类
型 ；单击 确定 按钮，完成曲面的加厚。

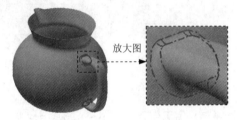

图 6.13.21　加厚

Step 21 创建圆角 2。选取图 6.13.22 所示的模型边线为倒圆
角的对象，圆角半径为 0.3。

Step 22 创建图 6.13.23 所示的圆角 3，圆角半径为 5。

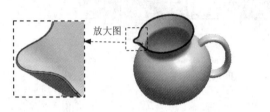

图 6.13.22　圆角 2　　　　　　　　　图 6.13.23　圆角 3

Step 23 保存模型文件，文件名为 coffeepot。

6.14　Inventor 曲面产品设计实际应用 4

应用概述：

本应用主要介绍水嘴旋钮的设计过程。通过学习本例，读者可以掌握一般曲面创建的
思路：先创建一系列草绘曲线，再利用草绘曲线构建出多个曲面，然后利用缝合等工具将
曲面合并成一个整体曲面，最后将整体曲面转变成实体模型。零件实体模型及相应的浏览
器如图 6.14.1 所示。

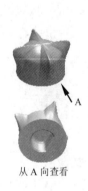

图 6.14.1　零件模型及浏览器

Step 1 新建一个零件模型，进入建模环境。

Step 2 创建图 6.14.2 所示的旋转曲面 1。在 创建 ▼ 区域中单击 按钮；选取 XY 平面作

为草图平面，绘制图 6.14.3 所示的截面草图；选取草图，在 输出 区域中选择类型为"曲面" ；单击 确定 按钮，完成旋转曲面 1 的创建。

Step 3 创建图 6.14.4 所示的圆角 1。选取图 6.14.5 所示的模型边线为倒圆角的对象，圆角半径为 5。

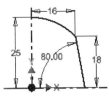

图 6.14.2　旋转曲面 1　　图 6.14.3　截面草图　　图 6.14.4　圆角 1　　图 6.14.5　倒圆角对象

Step 4 创建图 6.14.6 所示的工作平面 1。在 定位特征 区域中单击"平面"按钮 下的 平面，选择 平面绕边旋转的角度 命令；选取 XY 平面作为参考平面，选取 Y 轴为旋转轴，输入要旋转的角度为 22.5；单击 ✓ 按钮，完成工作平面 1 的创建。

Step 5 创建图 6.14.7 所示的工作平面 2。选取 XY 平面作为参考平面，选取 Y 轴为旋转轴，输入要旋转的角度为–22.5；单击 ✓ 按钮，完成工作平面 2 的创建。

Step 6 创建图 6.14.8 所示的工作平面 3。选取工作平面 1 作为参考平面，选取 Y 轴为旋转轴，输入要旋转的角度为 90；单击 ✓ 按钮，完成工作平面 3 的创建。

Step 7 创建图 6.14.9 所示的工作平面 4。选取工作平面 2 作为参考平面，选取 Y 轴为旋转轴，输入要旋转的角度为 90；单击 ✓ 按钮，完成工作平面 4 的创建。

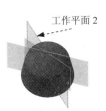

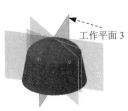

图 6.14.6　工作平面 1　　图 6.14.7　工作平面 2　　图 6.14.8　工作平面 3　　图 6.14.9　工作平面 4

Step 8 创建图 6.14.10 所示的相交曲线 1。进入三维草图环境，单击 草图 区域中的 创建二维草图 按钮，选择 创建三维草图 命令；在 绘制 ▾ 区域中选择"相交曲线"命令 ；选取 XY 平面与整个旋转曲面作为相交的对象；单击 确定 按钮，完成相交曲线 1 的创建。

Step 9 创建图 6.14.11 所示的相交曲线 2。选取工作平面 1 与整个旋转曲面作为相交的对象；单击 确定 按钮，完成相交曲线 2 的创建。

Step 10 创建图 6.14.12 所示的相交曲线 3。选取工作平面 2 与整个旋转曲面作为相交的对象；单击 确定 按钮，完成相交曲线 3 的创建。

Chapter 6

图 6.14.10　相交曲线 1

图 6.14.11　相交曲线 2

图 6.14.12　相交曲线 3

Step 11　创建图 6.14.13 所示的相交曲线 4。选取工作平面 3 与整个旋转曲面作为相交的对象；单击 确定 按钮，完成相交曲线 4 的创建。

Step 12　创建图 6.14.14 所示的相交曲线 5。选取工作平面 4 与整个旋转曲面作为相交的对象；单击 确定 按钮，完成相交曲线 5 的创建。

图 6.14.13　相交曲线 4

图 6.14.14　相交曲线 5

Step 13　创建草图 1。选取 XZ 平面作为草图平面，绘制图 6.14.15 所示的草图。

Step 14　创建草图 2。选取 XY 平面作为草图平面，绘制图 6.14.16 所示的草图。

Step 15　创建草图 3。选取工作平面 1 作为草图平面，绘制图 6.14.17 所示的草图。

图 6.14.15　草图 1

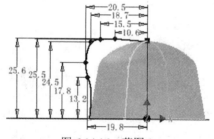

图 6.14.16　草图 2

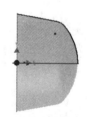

图 6.14.17　草图 3

Step 16　创建图 6.14.18 所示的拉伸曲面 1。在 创建 ▼ 区域中单击 按钮，单击"截面轮廓"按钮 ，选取草图 2 作为拉伸曲面的截面轮廓，在 输出 区域中选择类型为"曲面" ，输入拉伸距离为 10，并将拉伸方向设置为"方向 2"类型 ，单击"拉伸"对话框中的 确定 按钮，完成拉伸曲面 1 的创建。

Step 17　创建图 6.14.19 所示的拉伸曲面 2。在 创建 ▼ 区域中单击 按钮，单击"截面轮廓"按钮 ，选取草图 3 作为拉伸曲面的截面轮廓，在 输出 区域中选择类型为"曲面" ，输入拉伸距离为 10，并将拉伸方向设置为"方向 1"类型 ，单击"拉伸"对话框中的 [确定] 按钮,完成拉伸曲面 2 的创建。

Step 18 创建图 6.14.20 所示的边界嵌片 1。在 [曲面▼] 区域中单击 [□] 按钮,依次选取草图 1、边 1 与边 2 作为边界条件,在 [条件] 区域将边 1 与边 2 的边界条件调整为"相切条件" [⬚];单击 [确定] 按钮,完成边界嵌片 1 的创建。

图 6.14.18 拉伸曲面 1

图 6.14.19 拉伸曲面 2

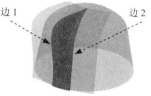

图 6.14.20 边界嵌片 1

Step 19 创建图 6.14.21 所示的镜像 1。在 [阵列] 区域中单击"镜像"按钮 [⬚],选取"边界嵌片 1"为要镜像的特征,然后选取 YZ 平面作为镜像中心平面,单击"镜像"对话框中的 [确定] 按钮,完成镜像 1 的操作。

Step 20 创建图 6.14.22 所示的缝合曲面 1。在 [曲面▼] 区域中单击 [⬚] 按钮,选取边界嵌片 1 与镜像 1 作为缝合对象;单击 [应用] 按钮,单击 [完毕] 按钮,完成缝合曲面 1 的创建。

Step 21 创建边界嵌片 2。在 [曲面▼] 区域中单击 [□] 按钮,选取图 6.14.23 所示的缝合曲面 1 的边线作为边界条件;单击 [确定] 按钮,完成边界嵌片 2 的创建。

图 6.14.21 镜像 1

图 6.14.22 缝合曲面 1

图 6.14.23 边界嵌片 2

Step 22 创建图 6.14.24 所示的缝合曲面 2。在 [曲面▼] 区域中单击 [⬚] 按钮,选取边界嵌片 2 与缝合曲面 1 作为缝合对象;单击 [应用] 按钮,单击 [完毕] 按钮,完成缝合曲面 2 的创建。

Step 23 创建图 6.14.25 所示的环形阵列。在 [阵列] 区域中单击 [⬚] 按钮,选取"缝合曲面 2"为要阵列的特征,选取 Y 轴为环形阵列轴,阵列个数为 4,阵列角度为 360,单击 [确定] 按钮,完成环形阵列的创建。

Step 24 创建边界嵌片 3。在 [曲面▼] 区域中单击 [□] 按钮,选取图 6.14.26 所示的模型边线作为边界条件;单击 [确定] 按钮,完成边界嵌片 3 的创建。

Step 25 创建图 6.14.27 所示的缝合曲面 3。在 [曲面▼] 区域中单击 [⬚] 按钮,选取边界嵌片 3 与旋转曲面 1 作为缝合对象;单击 [应用] 按钮,单击 [完毕] 按钮,完成缝合曲面 3 的创建。

Step 26 创建图 6.14.28 所示的拉伸切除特征。在 创建 ▼ 区域中单击 按钮，选取 XZ 平面作为草图平面，绘制图 6.14.29 所示的截面草图；在"拉伸"对话框中将布尔运算设置为"求差"类型 ；输入拉伸距离为 12，并将拉伸方向设置为"方向 1"类型 ，单击"拉伸"对话框中的 确定 按钮，完成拉伸切除特征的创建。

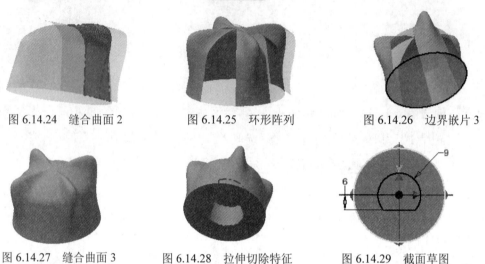

图 6.14.24　缝合曲面 2　　　　图 6.14.25　环形阵列　　　　图 6.14.26　边界嵌片 3

图 6.14.27　缝合曲面 3　　　　图 6.14.28　拉伸切除特征　　　　图 6.14.29　截面草图

Step 27 创建图 6.14.30b 所示的倒角 1。选取图 6.14.30a 所示的模型边线为倒角的对象，输入倒角值 1。

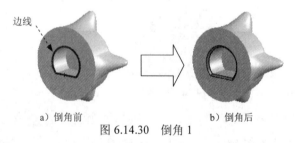

a）倒角前　　　　　　　　　　　b）倒角后

图 6.14.30　倒角 1

Step 28 创建图 6.14.31b 所示的圆角 2。选取图 6.14.31a 所示的模型边线为倒圆角的对象，输入圆角半径为 2。

a）倒圆角前　　　　　　　　　　b）倒圆角后

图 6.14.31　圆角 2

Step 29 创建图 6.14.32b 所示的圆角 3。选取图 6.14.32a 所示的模型边线为倒圆角的对象，输入圆角半径为 2。

a）倒圆角前　　　　　　　　　　　　　b）倒圆角后

图 6.14.32　圆角 3

Step 30　保存模型文件，文件名称为 faucet_knob。

6.15　Inventor 曲面产品设计实际应用 5

应用概述：

本应用主要介绍充电器上盖的设计过程。通过本例，读者可以掌握一般曲面创建的思路：先创建一系列草绘曲线，再利用草绘曲线构建出多个曲面，然后利用缝合等工具将曲面合并成一个整体曲面，最后将整体曲面转变成实体模型。零件实体模型及相应的浏览器如图 6.15.1 所示。

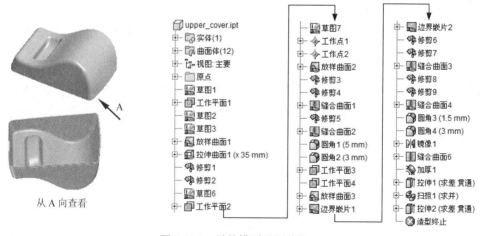

从 A 向查看

图 6.15.1　零件模型及浏览器

Step 1　新建一个零件模型，进入建模环境。

Step 2　创建草图 1。选取 XY 平面作为草图平面，绘制图 6.15.2 所示的草图 1。

Step 3　创建图 6.15.3 所示的工作平面 1。在 定位特征 区域中单击"平面"按钮 下的 平面 ，选择 从平面偏移 命令；选取 XY 平面作为参考平面，输入要偏移的距离为 35；单击 按钮完成工作平面 1 的创建。

6
Chapter

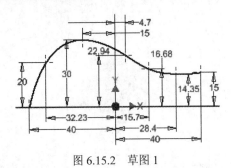

图 6.15.2　草图 1

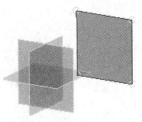

图 6.15.3　工作平面 1

Step 4　创建草图 2。选取工作平面 1 作为草图平面，绘制图 6.15.4 所示的草图 2。

Step 5　创建图 6.15.5 所示的草图 3。选取 XZ 平面作为草图平面，绘制图 6.15.6 所示的草图 3。

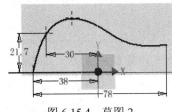

图 6.15.4　草图 2

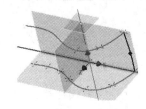

图 6.15.5　草图 3（建模环境）

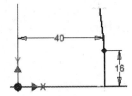

图 6.15.6　草图 3（草绘环境）

Step 6　创建图 6.15.7 所示的放样曲面 1。在 创建 ▼ 区域中单击 放样 按钮，在 输出 区域中选择类型为"曲面" ；选取草图 1、草图 2 作为放样截面；选取草图 3 作为轨迹线，单击 条件 选项卡，在 草图1（剖视图）与 草图2（剖视图）的条件下拉列表中选择"方向条件" ，单击 确定 按钮，完成放样曲面 1 的创建。

Step 7　创建图 6.15.8 所示的拉伸曲面 1。在 创建 ▼ 区域中单击 按钮，选择 XY 平面作为草图平面，绘制图 6.15.9 所示的截面草图。在 输出 区域中选择类型为"曲面" ，输入拉伸距离为 35，并将拉伸方向设置为"方向 1"类型 ，单击"拉伸"对话框中的 确定 按钮，完成拉伸曲面 1 的创建。

图 6.15.7　放样曲面 1

图 6.15.8　拉伸曲面 1

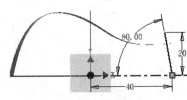

图 6.15.9　截面草图

Step 8　创建图 6.15.10 所示曲面的修剪 1。在 曲面 ▼ 区域中单击 按钮；选取图 6.15.11 所示的曲面作为修剪工具，再选取图 6.15.11 所示要删除的面；单击 确定 按钮，完成曲面的修剪 1。

图 6.15.10 修剪 1

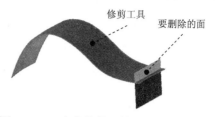

图 6.15.11 定义修剪工具及删除面

Step 9 创建图 6.15.12 所示曲面的修剪 2。在 曲面 ▼ 区域中单击 ✂ 按钮；选取图 6.15.13 所示的曲面作为修剪工具，再选取图 6.15.13 所示的面，单击 🗗 按钮，将其作为要保留的面；单击 确定 按钮，完成曲面的修剪 2。

图 6.15.12 修剪 2

图 6.15.13 定义修剪工具及删除面

Step 10 创建草图 4。选取 XZ 平面作为草图平面，绘制图 6.15.14 所示的草图 4。

Step 11 创建图 6.15.15 所示的工作平面 2。在 定位特征 区域中单击"平面"按钮 🔲 下的 平面▼，选择 🔲 从平面偏移 命令；选取 XZ 平面作为参考平面，输入要偏移的距离为 40；单击 ✔ 按钮完成工作平面 2 的创建。

Step 12 创建草图 5。选取工作平面 2 作为草图平面，绘制图 6.15.16 所示的草图 5。

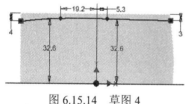

图 6.15.14 草图 4

图 6.15.15 工作平面 2

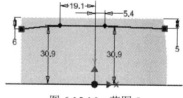

图 6.15.16 草图 5

Step 13 创建工作点 1。在 定位特征 区域中单击"工作点"按钮 ◈ 右侧的 ▾，选择 🔲 平面/曲面和线的交集 命令，选择草图 5 与 YZ 平面作为参考。

Step 14 创建工作点 2。在 定位特征 区域中单击"工作点"按钮 ◈ 右侧的 ▾，选择 🔲 平面/曲面和线的交集 命令，选择草图 4 与 YZ 平面作为参考。

说明：草图 5 的首尾两端点分别与工作点 1 和工作点 2 重合。

Step 15 创建草图 6。选取 YZ 平面作为草图平面，绘制图 6.15.17 所示的草图 6。

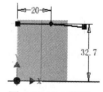

图 6.15.17 草图 6

Step 16 创建图 6.15.18 所示的放样曲面 2。在 创建 ▾ 区域中单击 🔘 放样 按钮，在 输出 区域中选择类型为"曲面" 🔲；依次选取图草图 4 与草图 5；选择"中心线" ⊙ 🔛 单选按钮，选取草图 6，单击 确定 按钮，完成放样曲面 2 的创建。

Step 17 创建图 6.15.19 所示曲面的修剪 3。在 曲面 ▾ 区域中单击 ✂ 按钮；选取图 6.15.20 所示的曲面作为修剪工具，再选取图 6.15.20 所示要删除的面；单击 确定 按钮，完成曲面的修剪 3。

图 6.15.18　放样曲面 2

图 6.15.19　修剪 3

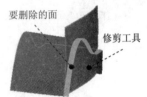
图 6.15.20　定义修剪工具及删除面

Step 18 创建图 6.15.21 所示曲面的修剪 4。在 曲面 ▾ 区域中单击 ✂ 按钮；选取图 6.15.22 所示的曲面作为修剪工具，再选取图 6.15.22 所示要删除的面；单击 确定 按钮，完成曲面的修剪 4。

图 6.15.21　修剪 4

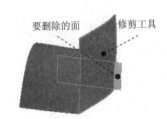
图 6.15.22　定义修剪工具及删除面

Step 19 创建图 6.15.23 所示的缝合曲面 1。在 曲面 ▾ 区域中单击 🔲 按钮，选取拉伸曲面 1 与放样曲面 1 作为缝合对象；单击 应用 按钮，单击 完毕 按钮，完成缝合曲面 1 的创建。

Step 20 创建图 6.15.24 所示曲面的修剪 5。在 曲面 ▾ 区域中单击 ✂ 按钮；选取图 6.15.25 所示的曲面作为修剪工具，再选取图 6.15.25 所示要删除的面；单击 确定 按钮，完成曲面的修剪 5。

图 6.15.23　缝合曲面 1

图 6.15.24　修剪 5

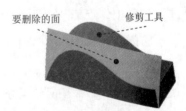
图 6.15.25　定义修剪工具及删除面

Step 21 创建缝合曲面 2。在 曲面 ▾ 区域中单击 🔲 按钮，选取缝合曲面 1 与放样曲面 2 作为缝合对象；单击 [应用] 按钮，单击 [完毕] 按钮，完成缝合曲面 2 的创建。

Step 22 创建圆角 1。选取图 6.15.26 所示的模型边线为倒圆角的对象，圆角半径为 5。

Step 23 创建圆角 2。选取图 6.15.27 所示的模型边线为倒圆角的对象，圆角半径为 3。

Step 24 创建图 6.15.28 所示的工作平面 3。在 [定位特征] 区域中单击"平面"按钮 ▢ 下的 [平面]，选择 [▢从平面偏移] 命令；选取 YZ 平面作为参考平面，输入要偏移的距离为 25；单击 [✓] 按钮，完成工作平面 3 的创建。

图 6.15.26　圆角 1

图 6.15.27　圆角 2

图 6.15.28　工作平面 3

Step 25 创建图 6.15.29 所示的工作平面 4。在 [定位特征] 区域中单击"平面"按钮 ▢ 下的 [平面]，选择 [▢从平面偏移] 命令；选取图 6.15.29 所示的模型表面作为参考平面，输入要偏移的距离为 25；单击 [✓] 按钮，完成工作平面 4 的创建。

Step 26 创建草图 7。选取工作平面 3 作为草图平面，绘制图 6.15.30 所示的草图。

Step 27 创建草图 8。选取工作平面 4 作为草图平面，绘制图 6.15.31 所示的草图。

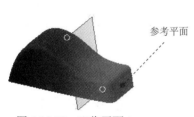

图 6.15.29　工作平面 4

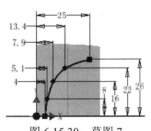

图 6.15.30　草图 7

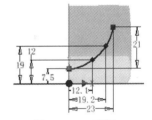

图 6.15.31　草图 8

Step 28 创建图 6.15.32 所示的草图 9。选取 XY 平面作为草图平面，绘制图 6.15.33 所示的草图。

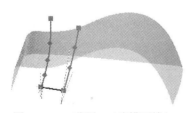

图 6.15.32　草图 9（建模环境）

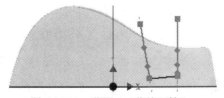

图 6.15.33　草图 9（草绘环境）

Step 29 创建图 6.15.34 所示的放样曲面 3。在 [创建 ▾] 区域中单击 [▢ 放样] 按钮，在 [输出] 区域中选择类型为"曲面" ▢；依次选取草图 7 与草图 8；选择"中心线" [◦ ﾗﾗ]

单选按钮，选取草图 9，单击 ▢确定▢ 按钮，完成放样曲面 3 的创建。

Step 30　创建草图 10。选取工作平面 3 作为草图平面，绘制图 6.15.35 所示的草图。

Step 31　创建图 6.15.36 所示的边界嵌片 1。在 曲面 ▾ 区域中单击▢按钮，选取草图 10 作为边界条件；单击 ▢确定▢ 按钮，完成边界嵌片 1 的创建。

图 6.15.34　放样曲面 3

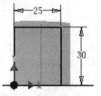

图 6.15.35　草图 10

图 6.15.36　边界嵌片 1

Step 32　创建草图 11。选取工作平面 4 作为草图平面，绘制图 6.15.37 所示的草图。

Step 33　创建图 6.15.38 所示的边界嵌片 2。在 曲面 ▾ 区域中单击▢按钮，选取草图 10 作为边界条件；单击 ▢确定▢ 按钮，完成边界嵌片 2 的创建。

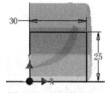

图 6.15.37　草图 11

图 6.15.38　边界嵌片 2

Step 34　创建图 6.15.39 所示曲面的修剪 6。在 曲面 ▾ 区域中单击✄按钮；选取图 6.15.40 所示的放样曲面 3 作为修剪工具，再选取图 6.15.40 所示要删除的面；单击 ▢确定▢ 按钮，完成曲面的修剪 6。

图 6.15.39　修剪 6

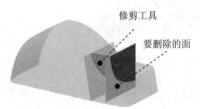

图 6.15.40　定义修剪工具及删除面

Step 35　创建图 6.15.41 所示曲面的修剪 7。在 曲面 ▾ 区域中单击✄按钮；选取图 6.15.42 所示的放样曲面 3 作为修剪工具，再选取图 6.15.42 所示要删除的面；单击 ▢确定▢ 按钮，完成曲面的修剪 7。

Step 36　创建图 6.15.43 所示的缝合曲面 3。在 曲面 ▾ 区域中单击▤按钮，选取放样曲面 3、边界嵌片 1 与边界嵌片 2 作为缝合对象；单击 ▢应用▢ 按钮，单击 ▢完毕▢ 按钮，完成缝合曲面 3 的创建。

Step 37　创建图 6.15.44 所示曲面的修剪 8。在 曲面 ▾ 区域中单击✄按钮；选取图 6.15.45

所示的缝合曲面 3 作为修剪工具，再选取图 6.15.45 所示要删除的面；单击
确定 按钮，完成曲面的修剪 8。

图 6.15.41　修剪 7

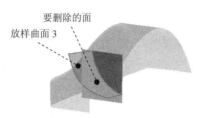

图 6.15.42　定义修剪工具及删除面

图 6.15.43　缝合曲面 3

图 6.15.44　修剪 8

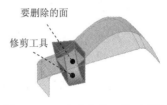

图 6.15.45　定义修剪工具及删除面

Step 38　创建图 6.15.46 所示曲面的修剪 9。在 曲面 ▾ 区域中单击 ✂ 按钮；选取图 6.15.47
所示的缝合曲面 2 作为修剪工具，再选取图 6.15.47 所示要删除的面；单击
确定 按钮，完成曲面的修剪 9。

图 6.15.46　修剪 9

图 6.15.47　定义修剪工具及删除面

Step 39　创建图 6.15.48 所示的缝合曲面 4。在 曲面 ▾ 区域中单击 ▤ 按钮，选取缝合曲面
2 与缝合曲面 3 作为缝合对象；单击 应用 按钮，单击 完毕 按钮，完成
缝合曲面 4 的创建。

Step 40　创建圆角 3。选取图 6.15.49 所示的模型边线为倒圆角对象，圆角半径为 1.5。

Step 41　创建圆角 4。选取图 6.15.50 所示的模型边线为倒圆角对象，圆角半径为 3。

图 6.15.48　缝合曲面 4

图 6.15.49　圆角 3

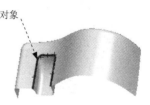

图 6.15.50　圆角 4

Step 42 创建图 6.15.51 所示的镜像 1。在 阵列 区域中单击"镜像"按钮 ⋈，选取缝合曲面 4、圆角 3 与圆角 4 作为要镜像的特征，然后选取 XY 平面作为镜像中心平面，单击"镜像"对话框中的 确定 按钮，完成镜像操作。

Step 43 创建图 6.15.52 所示的缝合曲面 5。在 曲面 ▾ 区域中单击 ▤ 按钮，选取缝合曲面 2 与缝合曲面 3 作为缝合对象；单击 应用 按钮，单击 完毕 按钮，完成缝合曲面 5 的创建。

Step 44 创建图 6.15.53 所示曲面的加厚。在 曲面 ▾ 区域中单击 ⬡ 按钮，选择 ⊙ 缝合曲面 单选按钮。选取整个缝合曲面作为加厚的曲面。在"距离"文本框中输入 1，选择加厚方向为"对称"类型 ⋈；单击 确定 按钮，完成曲面的加厚。

Step 45 创建图 6.15.54 所示的拉伸切除特征 1。在 创建 ▾ 区域中单击 ▯ 按钮，选取 XY 平面作为草图平面，绘制图 6.15.55 所示的截面草图；在"拉伸"对话框中将布尔运算设置为"求差"类型 ⬜；在 范围 下拉列表中选择 贯通 选项，并将拉伸方向设置为"对称"类型 ⋈，单击"拉伸"对话框中的 确定 按钮，完成拉伸切除特征 1 的创建。

图 6.15.51　镜像 1　　图 6.15.52　缝合曲面 5　　图 6.15.53　加厚　　图 6.15.54　拉伸切除特征 1

Step 46 创建草图 12。选取 XY 平面作为草图平面，绘制图 6.15.56 所示的草图。

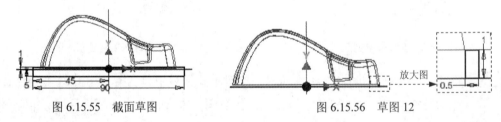

图 6.15.55　截面草图　　　　　　　　图 6.15.56　草图 12

Step 47 创建图 6.15.57 所示的扫掠 1。在 创建 ▾ 区域中单击"扫掠"按钮 ⬡ 扫掠，选取图 6.15.58 所示的模型边线作为扫掠轨迹，在"扫掠"对话框 类型 区域的下拉列表中选择 路径，其他参数接受系统默认，单击"扫掠"对话框中的 确定 按钮，完成扫掠特征 1 的创建。

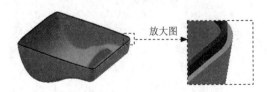　　　　　　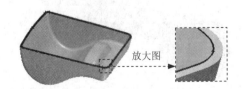

图 6.15.57　扫掠 1　　　　　　　图 6.15.58　选取模型边线

Step 48　创建图 6.15.59 所示的拉伸特征 2。在 创建 ▼ 区域中单击 按钮，选取 YZ 平面作为草图平面，绘制图 6.15.60 所示的截面草图；在"拉伸"对话框中将布尔运算设置为"求差"类型 ；在 范围 下拉列表中选择 贯通 选项，并将拉伸方向设置为"方向 1"类型 ，单击"拉伸"对话框中的 确定 按钮，完成拉伸特征 2 的创建。

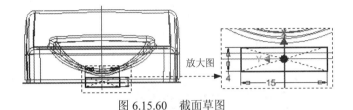

放大图

图 6.15.59　拉伸特征 2　　　　图 6.15.60　截面草图

Step 49　保存模型文件，并命名为 upper_cover。

6.16　Inventor 曲面产品设计实际应用 6

应用概述：

本应用详细讲解了在曲面上添加文字的设计过程。零件实体模型及相应的浏览器如图 6.16.1 所示。

Step 1　新建一个零件模型，进入建模环境。

Step 2　创建图 6.16.2 所示的拉伸特征 1。在 创建 ▼ 区域中单击 按钮，选取 XZ 平面作为草图平面，绘制图 6.16.3 所示的截面草图，在"拉伸"对话框 范围 区域的下拉列表中选择 距离 选项，在"距离"文本框中输入 30，并将拉伸方向设置为"对称"类型 ，单击"拉伸"对话框中的 确定 按钮，完成拉伸特征 1 的创建。

图 6.16.1　零件模型及浏览器

Step 3　创建图 6.16.4 所示的工作平面 1。在 定位特征 区域中单击"平面"按钮 下的 平面 ，选择 从平面偏移 命令；选取 XY 平面作为参考平面，输入要偏移的距离为 60；单击 ✔ 按钮，完成工作平面 1 的创建。

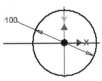

图 6.16.2　拉伸特征 1　　　　图 6.16.3　截面草图　　　　图 6.16.4　工作平面 1

Step 4　创建草图 1。选取工作平面 1 作为草图平面，绘制图 6.16.5 所示的草图。

　　说明：绘制此草图时选择 A 文本 命令，在图形区单击，在"文本格式"对话框中输入文本 INVENTOR，设置字体为 Tahoma，大小为 10。

Step 5　创建图 6.16.6 所示的凸雕特征。在 创建 ▾ 区域中单击 按钮；选取草图 1 作为截面轮廓，输入深度值 3，设置方向为"方向 2"类型 ；选中 ☑ 折叠到面 单选按钮，单击"面"按钮 ，选择图 6.16.6 所示的柱面。单击 确定 按钮，完成凸雕特征的创建。

图 6.16.5　草图 1

图 6.16.6　凸雕特征

Step 6　保存模型文件，并命名为 text。

6.17　Inventor 曲面产品设计实际应用 7

应用概述

　　本应用主要介绍一块肥皂的创建过程，在整个设计过程中运用了曲面拉伸、旋转、缝合、扫掠、圆角等命令。零件模型及浏览器如图 6.17.1 所示。

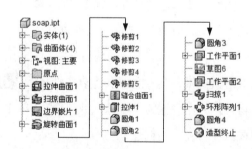

图 6.17.1　零件模型及浏览器

Step 1　新建一个零件模型文件，进入建模环境。

Step 2　创建图 6.17.2 所示的拉伸曲面 1。在 创建 ▾ 区域中单击 按钮，选取 XZ 平面作为草图平面，绘制图 6.17.3 所示的截面草图，在"拉伸"对话框 输出 区域选择"曲面" ；在 范围 区域的下拉列表中选择 距离 选项，并输入距离值 18，将拉伸方向设置为"方向 1"类型 ，单击对话框中的 确定 按钮，完成拉伸曲面 1 的创建。

Step 3 创建图 6.17.4 所示的草图 2。在 三维模型 选项卡 草图 区域单击 按钮，选取 YZ 平面作为草图平面，绘制图 6.17.4 所示的草图。

图 6.17.2　拉伸曲面 1

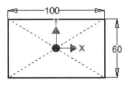

图 6.17.3　截面草图

图 6.17.4　草图 2

Step 4 创建图 6.17.5 所示的草图 3。在 三维模型 选项卡 草图 区域单击 按钮，选取 XY 平面作为草图平面，绘制图 6.17.5 所示的草图。

Step 5 创建图 6.17.6 所示的扫掠曲面 1。在 创建 区域中单击"扫掠"按钮 扫掠，选取草图 2 作为截面轮廓，选取草图 3 作为扫掠路径；在"扫掠"对话框 输出 区域选择"曲面" ；在 类型 区域的下拉列表中选择 路径，其他参数采用系统默认设置，单击"扫掠"对话框中的 确定 按钮，完成扫掠曲面的创建。

图 6.17.5　草图 3

图 6.17.6　扫掠曲面 1

Step 6 创建图 6.17.7 所示的边界嵌片 1。在 曲面 区域中单击"边界嵌片"按钮 ，系统弹出"边界嵌片"对话框；依次选取图 6.17.8 所示的边线 1、边线 2、边线 3、边线 4。

图 6.17.7　边界嵌片 1

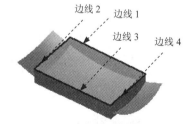

图 6.17.8　定义边界边

Step 7 创建图 6.17.9 所示的旋转曲面 1。在 创建 区域中选择 命令，选取 XY 平面为草图平面，绘制图 6.17.10 所示的截面草图；在"旋转"对话框 输出 区域选择"曲面" ；在 范围 区域的下拉列表中选中 全部 选项；单击"旋转"对话框中的 确定 按钮，完成旋转曲面 1 的创建。

图 6.17.9　旋转曲面 1

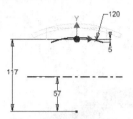

图 6.17.10　截面草图

Step 8　创建图 6.17.11 所示的曲面修剪 1。在 **曲面 ▼** 区域中单击 ✂ 按钮；选取旋转曲面 1 作为修剪工具，选取图 6.17.12 所示的面作为要删除的面；单击 **确定** 按钮，完成曲面修剪 1 的创建。

图 6.17.11　曲面修剪 1

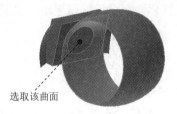

选取该曲面

图 6.17.12　选取删除面

Step 9　创建图 6.17.13 所示的曲面修剪 2。在 **曲面 ▼** 区域中单击 ✂ 按钮；选取边界嵌片 1 作为修剪工具，选取图 6.17.14 所示的面作为要删除的面；单击 **确定** 按钮，完成曲面修剪 2 的创建。

图 6.17.13　曲面修剪 2

选取该曲面

图 6.17.14　选取删除面

Step 10　创建图 6.17.15 所示的曲面修剪 3。在 **曲面 ▼** 区域中单击 ✂ 按钮；选取扫掠曲面 1 作为修剪工具，选取图 6.17.16 所示的面作为要删除的面；单击 **确定** 按钮，完成曲面修剪 3 的创建。

图 6.17.15　曲面修剪 3

选取这几个面

图 6.17.16　选取删除面

Step 11　创建图 6.17.17 所示的曲面修剪 4。具体操作可参照上一步。

Step 12 创建图 6.17.18 所示的曲面修剪 5。在 曲面 ▼ 区域中单击 ✂ 按钮；选取拉伸曲面 1 作为修剪工具，选取图 6.17.19 所示的面作为要删除的面；单击 确定 按钮，完成曲面修剪 5 的创建。

图 6.17.17　曲面修剪 4

图 6.17.18　曲面修剪 5

Step 13 创建图 6.17.20 所示的缝合曲面 1。在 曲面 ▼ 区域中单击 ▤ 按钮，选取所有曲面作为缝合对象；单击 应用 按钮，单击 完毕 按钮，完成缝合曲面 1 的创建。

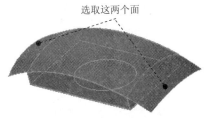

选取这两个面

图 6.17.19　选取删除面

图 6.17.20　缝合曲面 1

Step 14 创建图 6.17.21 所示的拉伸特征 1。在 创建 ▼ 区域中单击 ▤ 按钮，选取 XZ 平面作为草图平面，绘制图 6.17.22 所示的截面草图，在"拉伸"对话框中将布尔运算设置为"求交"类型 □，然后在 范围 区域的下拉列表中选择 贯通 选项，将拉伸方向设置为"方向 1"类型 ↗。单击"拉伸"对话框中的 确定 按钮，完成拉伸特征 1 的创建。

图 6.17.21　拉伸特征 1

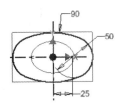

图 6.17.22　截面草图

Step 15 创建图 6.17.23 所示的圆角特征 1。选取图 6.17.23 所示的模型边线为倒圆角的对象，输入倒圆角半径值为 10.0。

要倒圆角的边链

a）倒圆角前

b）倒圆角后

图 6.17.23　圆角特征 1

Step 16 创建图 6.17.24 所示的圆角特征 2。选取图 6.17.24 所示的模型边线为倒圆角的对象，输入倒圆角半径值为 5.0。

要倒圆角的边线

a）倒圆角前　　　　　　　　　　　b）倒圆角后

图 6.17.24　圆角特征 2

Step 17 创建图 6.17.25 所示的圆角特征 3。选取图 6.17.25 所示的模型边线为倒圆角的对象，输入倒圆角半径值为 10.0。

a）倒圆角前　　　　　　　　　　　b）倒圆角后

图 6.17.25　圆角特征 3

Step 18 创建图 6.17.26 所示的工作平面 1。在 定位特征 区域中单击"平面"按钮 下的 平面，选择 从平面偏移 命令；选取 XZ 平面作为参考平面，输入要偏移的距离为 20；单击 按钮完成工作平面 1 的创建。

Step 19 创建图 6.17.27 所示的草图 6。在 三维模型 选项卡 草图 区域单击 按钮，选取工作平面 1 作为草图平面，绘制图 6.17.27 所示的草图。

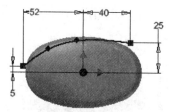

图 6.17.26　工作平面 1　　　　　　　　　　图 6.17.27　草图 6

Step 20 创建图 6.17.28 所示的工作平面 2。在 定位特征 区域中单击"平面"按钮 下的 平面，选择 在指定点处与曲线垂直 命令；选取草图 6 作为参考曲线，选取图 6.17.28 所示草图 6 的顶点作为参考点；完成工作平面 2 的创建。

Step 21 创建图 6.17.29 所示的草图 7。在 三维模型 选项卡 草图 区域单击 按钮，选取工作平面 2 作为草图平面，绘制图 6.17.29 所示的草图。

Step 22 创建图 6.17.30 所示的扫掠 1。在 创建 区域中单击"扫掠"按钮 扫掠，选取草图 6 所示线作为扫掠路径，在"扫掠"对话框中将布尔运算设置为"求差"类型，在 类型 区域的下拉列表中选择 路径，其他参数接受系统默认，单击"扫掉"对话框中的　确定　按钮，完成扫掠特征的创建。

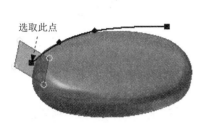

图 6.17.28　工作平面 2

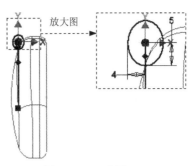

图 6.17.29　草图 7

Step 23　创建图 6.17.31 所示的环形阵列 1。在 **阵列** 区域中单击 ⊕ 按钮，选取"扫掠 1"为要阵列的特征，选取 Y 轴为环形阵列轴，阵列个数为 2，阵列角度为 360，单击　确定　按钮，完成环形阵列的创建。

图 6.17.30　扫掠 1

图 6.17.31　环形阵列 1

Step 24　创建图 6.17.32 所示的圆角特征 4。选取图 6.17.32 所示的模型边线为倒圆角的对象，输入倒圆角半径值为 3.0。

a）倒圆角前

b）倒圆角后

图 6.17.32　圆角特征 4

Step 25　保存模型文件，并命名为 soap。

6.18　Inventor 曲面产品设计实际应用 8

应用概述

　　本应用介绍了一个简易肥皂盒的设计过程，采用一体化设计方法，如图 6.18.1 所示。一体化设计是产品设计的重要方法之一，通过建立产品的总体参数或整体造型，实现控制产品的细节设计，采用这种方法可以得到较好的整体造型，许多家用电器（如手机、吹风机以及固定电话等）都可以采用这种方法进行设计。

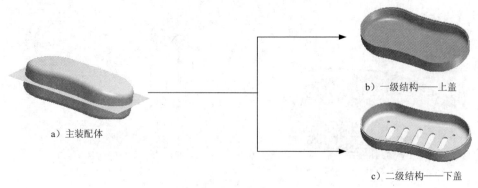

a）主装配体

b）一级结构——上盖

c）二级结构——下盖

图 6.18.1　一体化设计

肥皂盒的创建步骤：首先创建主体零件，然后创建肥皂盒的上盖及下盖，最后装配上、下盖形成最终产品。下面介绍具体步骤。

1. 创建主体零件

Step 1　新建一个零件模型，进入建模环境。

Step 2　创建图 6.18.2 所示的拉伸曲面 1。在 创建 ▼ 区域中单击 按钮，选取 XZ 平面作为草图平面，绘制图 6.18.3 所示的截面草图；在 输出 区域中选择类型为"曲面"选项 ，并输入距离值为 48，将拉伸方向设置为"方向 1"类型 ，单击"拉伸"对话框中的 确定 按钮，完成拉伸曲面 1 的创建。

图 6.18.2　拉伸曲面 1

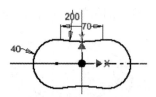

图 6.18.3　截面草图

Step 3　创建图 6.18.4 所示的拉伸曲面 2。在 创建 ▼ 区域中单击 按钮，选取 XY 平面作为草图平面，绘制图 6.18.5 所示的截面草图；在 输出 区域中选择类型为"曲面"选项 ，并输入距离值为 100，将拉伸方向设置为"对称"类型 ，单击对话框中的 确定 按钮，完成拉伸曲面 2 的创建。

图 6.18.4　拉伸曲面 2

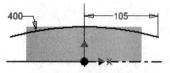

图 6.18.5　截面草图

Step 4　创建图 6.18.6 所示曲面的修剪 1。在 曲面 ▼ 区域中单击 按钮；选取拉伸曲面 2

作为修剪工具，选取图 6.18.7 所示的面作为要删除的面；单击 确定 按钮，完成曲面的修剪 1。

图 6.18.6 修剪 1

图 6.18.7 定义修剪参数

要删除的面

修剪工具

Step 5 创建图 6.18.8 所示曲面的修剪 2。在 曲面 ▾ 区域中单击 ✂ 按钮；选取拉伸曲面 1 作为修剪工具，选取图 6.18.9 所示的面作为要删除的面；单击 确定 按钮，完成曲面的修剪 2。

修剪工具

要删除的面

图 6.18.8 修剪 2

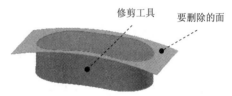

图 6.18.9 定义修剪参数

Step 6 创建图 6.18.10 所示的边界嵌片 1。在 曲面 ▾ 区域中单击 ▢ 按钮，选取图 6.18.11 所示的模型边线作为边界条件；单击 确定 按钮，完成边界嵌片 1 的创建。

边界条件

图 6.18.10 边界嵌片 1

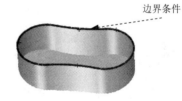

图 6.18.11 定义边界条件

Step 7 创建缝合曲面 1。在 曲面 ▾ 区域中单击 ▤ 按钮，选取边界嵌片 1、拉伸曲面 1 与拉伸曲面 2 作为缝合对象；单击 应用 按钮，单击 完毕 按钮，完成缝合曲面 1 的创建。

Step 8 创建图 6.18.12 所示的圆角 1。选取图 6.18.12a 所示的模型边线为倒圆角对象，圆角半径为 8。

圆角对象

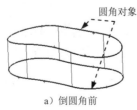

a) 倒圆角前

b) 倒圆角后

图 6.18.12 圆角 1

Step 9 创建图 6.18.13 所示的拉伸特征 1。在 创建 ▼ 区域中单击 ▯ 按钮，选取图 6.18.14 所示的模型表面作为草图平面，绘制图 6.18.15 所示的截面草图；输入距离值为 3，并将拉伸方向设置为"方向 1"类型 ▨，单击对话框中的 确定 按钮，完成拉伸特征 1 的创建。

图 6.18.13 拉伸特征 1

图 6.18.14 草图平面

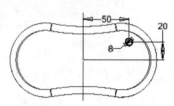

图 6.18.15 截面草图

Step 10 创建图 6.18.16 所示的矩形阵列。在 阵列 区域中单击 ▦ 按钮，选取"拉伸特征 1"为要阵列的特征，选取 X 轴为方向 1，阵列个数为 2，偏移值为–100；选取 Z 轴为方向 2，阵列个数为 2，偏移值为–40。单击 确定 按钮，完成矩形阵列的创建。

Step 11 创建图 6.18.17 所示的拉伸曲面 3。在 创建 ▼ 区域中单击 ▯ 按钮，选取 XY 平面作为草图平面，绘制图 6.18.18 所示的截面草图；在 输出 区域中选择类型为"曲面"选项 ▱，输入距离值为 100，并将拉伸方向设置为"对称"类型 ▨，单击对话框中的 确定 按钮，完成拉伸曲面 3 的创建。

图 6.18.16 矩形阵列 1

图 6.18.17 拉伸曲面 3

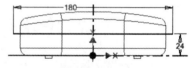

图 6.18.18 截面草图

Step 12 保存模型文件，并命名为 first。

2. 创建一级结构——肥皂盒上盖

Step 1 新建一个零件模型，进入建模环境。

Step 2 引入一级控件 first。在 创建 ▼ 区域中单击 ▢ 衍生 按钮，打开 first.ipt 文件，单 确定 按钮。

Step 3 创建图 6.18.19 所示的分割特征 1。在 修改 ▼ 区域中单击 ▨ 分割 按钮；单击 ▨ 按钮，选取图 6.18.9 所示的曲面为分割工具，调整删除方向为 ▨，单击 确定 按钮。

Step 4 创建图 6.18.20 所示的抽壳特征 1。在 修改 ▼ 区域中单击 ▣ 抽壳 按钮，在"抽壳"对话框 厚度 文本框中输入值为 2；选择图 6.18.20 所示的模型表面为要移除的面；单击对话框中的 确定 按钮，完成抽壳特征 1 的创建。

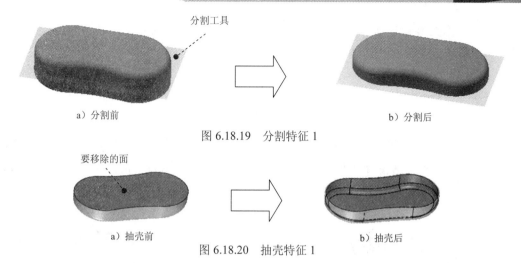

a）分割前

b）分割后

图 6.18.19 分割特征 1

a）抽壳前

b）抽壳后

图 6.18.20 抽壳特征 1

Step 5 创建草图 1。选取 XY 平面作为草图平面，绘制图 6.18.21 所示的草图。

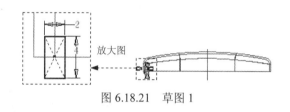

图 6.18.21 草图 1

Step 6 创建图 6.18.22 所示的扫掠特征 1。在 创建 ▾ 区域中单击"扫掠"按钮 🔩 扫掠，选取图 6.18.23 所示的模型边线作为扫掠轨迹，在"扫掠"对话框中将布尔运算设置为"求差"类型 🔲，在对话框 类型 区域的下拉列表中选择 路径，其他参数采用系统默认值，单击"扫掠"对话框中的 确定 按钮，完成扫掠特征的创建。

图 6.18.22 扫掠特征 1   图 6.18.23 选择扫掠轨迹

Step 7 保存模型文件，并命名为 cover_up。

3. 创建二级结构——肥皂盒下盖

Step 1 新建一个零件模型，进入建模环境。

Step 2 引入一级控件 first。在 创建 ▾ 区域中单击 🔂 衍生 按钮，打开 first.ipt 文件，单击 确定 按钮。

Step 3 创建图 6.18.24 所示的分割特征 1。在 修改 ▾ 区域中单击 🗐 分割 按钮；单击 🗐 按钮，调整删除方向为"方向 1"类型 🔪，单击 确定 按钮。

a）分割前   b）分割后

图 6.18.24 分割特征 1

Step 4 创建图 6.18.25 所示的抽壳特征 1。在 修改 ▾ 区域中单击 抽壳 按钮，在"抽壳"对话框 厚度 文本框中输入厚度值为 2；选择图 6.18.25a 所示的模型表面为**要移除的面**；单击对话框中的 确定 按钮，完成抽壳特征 1 的创建。

要移除的面

a）抽壳前   b）抽壳后

图 6.18.25 抽壳特征 1

Step 5 创建草图 1。选取 XY 平面作为草图平面，绘制图 6.18.26 所示的草图。

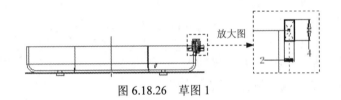

放大图

图 6.18.26 草图 1

Step 6 创建图 6.18.27 所示的扫掠特征 1。在 创建 ▾ 区域中单击"扫掠"按钮 扫掠，选取图 6.18.28 所示的模型边线作为扫掠轨迹，在"扫掠"对话框中将布尔运算设置为"求差"类型 ，在对话框 类型 区域的下拉列表中选择 路径 ，其他参数采用系统默认值，单击"扫掠"对话框中的 确定 按钮，完成扫掠特征 1 的创建。

放大图   放大图

图 6.18.27 扫掠特征 1   图 6.18.28 选择参考边线

Step 7 创建图 6.18.29 所示的拉伸特征 1。在 创建 ▾ 区域中单击 按钮，选取图 6.18.30 所示的模型表面作为草图平面，绘制图 6.18.31 所示的截面草图；在"拉伸"对话框中将布尔运算设置为"求差"类型 ，在 范围 区域的下拉列表中选择 贯通 选项，并将拉伸方向设置为"方向 1"类型 ，单击"拉伸"对话框中的 确定 按钮，完成拉伸特征 1 的创建。

图 6.18.29　拉伸特征 1

图 6.18.30　选取草图平面

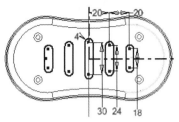
图 6.18.31　截面草图

Step 8　保存模型文件，并命名为 cover_down。

4.　零部件装配（装配模型和浏览器如图 6.18.32 所示）

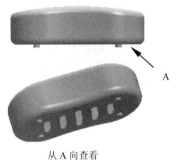
从 A 向查看

图 6.18.32　装配模型和浏览器

Step 1　新建一个装配文件，进入装配环境。

Step 2　添加肥皂盒下盖零件模型。

（1）在 装配 选项卡 零部件 区域单击 按钮，系统弹出"装入零部件"对话框。

（2）选取添加模型。在 D:\inv13.1\work\ch06\ch06.18 下选取模型文件 cover_down.ipt，再单击 打开(0) 按钮。

（3）确定零件位置。将鼠标移动至图形区并单击，按下 Esc 键，将模型放置在装配环境中，如图 6.18.33 所示。

Step 3　添加肥皂盒上盖零件模型。

（1）引入零件。

① 在 装配 选项卡 零部件 区域单击 按钮，系统弹出"装入零部件"对话框。

② 选取添加模型。在 D:\inv13.1\work\ch06\ch06.18 下选取模型文件 cover_up.ipt，再单击 打开(0) 按钮。

③ 确定零件位置。将鼠标移动至图形区并单击，按下 Esc 键，将模型放置在装配环境中，如图 6.18.34 所示。

图 6.18.33　引入下盖

图 6.18.34　引入上盖

（2）放置约束。

① 单击"装配"选项卡 位置 区域中的"约束"按钮 （或在"装配"浏览器中右击选择 约束(C) 命令），系统弹出"放置约束"对话框。

② 确定约束类型。在"放置约束"对话框 部件 选项卡中的 类型 区域中选中"配合"约束 。

③ 选取约束面。分别选取图 6.18.35 所示的面 1 与面 2 作为约束面。

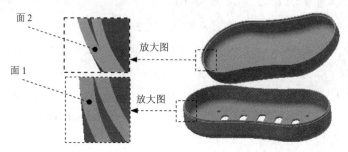

图 6.18.35　选取约束面

④ 改变方向。在"放置约束"对话框中确认 被选中。

⑤ 在"放置约束"对话框中单击 应用 按钮，完成第一个装配约束。

⑥ 定义第二个约束。分别选取图 6.18.36 所示的面 1 与面 2 作为约束面。单击 应用 按钮，完成第二个装配约束。

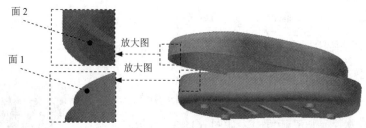

图 6.18.36　选取约束面

⑦ 定义第三个约束。分别选取图 6.18.37 所示的面 1 与面 2 作为约束面。单击 应用 按钮，完成第三个装配约束。

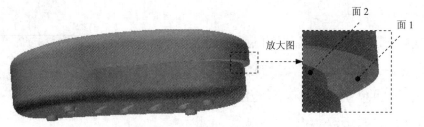

图 6.18.37　选取约束面

Step 4 保存模型文件，并命名为 cover。

6.19　习题

根据图 6.19.1 所示的零件视图，创建零件模型——鼠标盖。

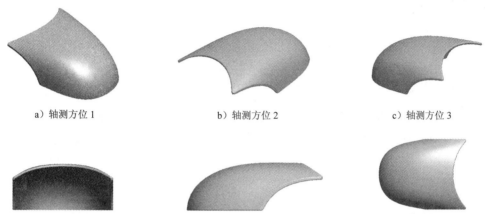

　　　a）轴测方位 1　　　　　　　b）轴测方位 2　　　　　　　c）轴测方位 3

　　　　d）前视图　　　　　　　　e）左视图　　　　　　　　f）俯视图

图 6.19.1　零件视图

7

装配设计

 本章提要

　　一个产品往往由多个零件组合（装配）而成，Inventor 中零件的组合是在装配模块中完成的。通过对本章的学习，可以了解产品装配的一般过程，掌握一些基本的装配技能。主要内容包括：

- 各种装配约束的基本概念。
- 装配约束的编辑定义。
- 装配的一般过程。
- 在装配体中修改部件。
- 在装配体中镜像和阵列部件。
- 模型的外观处理。

7.1　概述

　　一个产品往往由多个零件组合（装配）而成，装配模块用来建立零件间的相对位置关系，从而形成复杂的装配体。零件间位置关系的确定主要通过添加约束来实现。

　　装配设计一般有两种基本方式：自底向上装配和自顶向下装配。如果首先设计好全部零件，然后将零件作为部件添加到装配体中，则称之为自底向上装配；如果是首先设计好装配体模型，然后在装配体中组建模型，最后生成零件模型，则称之为自顶向下装配。

　　Inventor 提供了自底向上和自顶向下装配功能，并且两种方法可以混合使用。自底向上装配是一种常用的装配模式，本书主要介绍自底向上装配。

　　Inventor 的装配模块具有下面一些特点：

　　提供了方便的部件定位方法，轻松设置部件间的位置关系。系统提供了四种约束方式，通过对部件添加多个约束，可以准确地把部件装配到位。

相关术语和概念

零件：是组成部件与产品最基本的单位。

部件：可以是一个零件，也可以是多个零件的装配结果。它是组成产品的主要单位。

装配体：也称为产品，是装配设计的最终结果。它是由部件之间的约束关系及部件组成的。

约束：在装配过程中，约束是指部件之间的相对的限制条件，用于确定部件的位置。

7.2　装配约束

通过定义装配约束，可以指定零件相对于装配体中其他部件的位置。装配约束的类型包括重合、平行、垂直和同轴心等。在 Inventor 中，一个零件通过装配约束添加到装配体后，它的位置会随着与其有约束关系的零部件的位置改变而相应地改变，而且约束设置值作为参数可随时修改，并可与其他参数建立关系方程，这样整个装配体实际上是一个参数化的装配体。

关于装配约束，请注意以下几点：

- 一般来说，建立一个装配约束时，应选取零件参照和部件参照。零件参照和部件参照是零件和装配体中用于约束定位和定向的点、线、面。例如通过"配合"约束将一根轴放入装配体的一个孔中，轴的中心线就是零件参照，而孔的中心线就是部件参照。

- 系统一次只添加一个约束。不能用一个"配合"约束将一个零件上两个不同的孔与装配体中的另一个零件上两个不同的孔对齐，必须定义两个不同的配合约束。

- 要在装配体中完整地指定一个零件的放置和定向（即完整约束），往往需要定义多个装配约束。

7.2.1　"配合/对齐"约束

"配合/对齐"约束可使装配元件中的两个平面、边线或者轴线重合，对于面而言，可以使两个平面平行，或使两个平面重合，如图 7.2.1 所示。也可以使两个平面离开一定的距离，如图 7.2.2 所示。对于线而言，可以使两条边线重合，也可以使两条轴线重合，如图 7.2.3 所示。

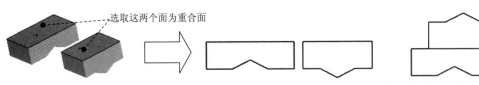

a）"配合/对齐"约束前　　　　b）"配合/对齐"约束后（配合）　c）"配合/对齐"约束后（平面对齐）

图 7.2.1　"配合/对齐"约束（一）

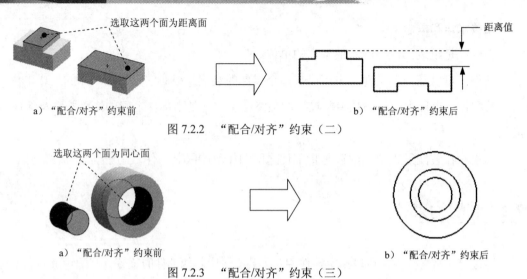

a）"配合/对齐"约束前
b）"配合/对齐"约束后

图 7.2.2　"配合/对齐"约束（二）

a）"配合/对齐"约束前
b）"配合/对齐"约束后

图 7.2.3　"配合/对齐"约束（三）

7.2.2　"角度"约束

（1）一般角度约束。

用"角度"约束可使两个元件上的线或面建立一个角度，从而限制部件的相对位置关系，如图 7.2.4b 所示。

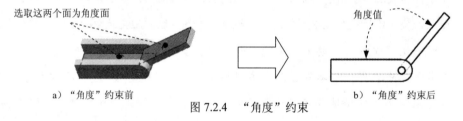

a）"角度"约束前
b）"角度"约束后

图 7.2.4　"角度"约束

（2）垂直约束。

"垂直"约束可以将所选直线或平面处于彼此之间的夹角为 90°的位置，并且可以改变它们的朝向，如图 7.2.5 所示。

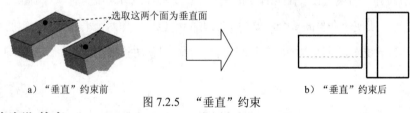

a）"垂直"约束前
b）"垂直"约束后

图 7.2.5　"垂直"约束

7.2.3　"相切"约束

"相切"约束可以将所选元素处于相切状态（至少有一个元素必须为圆柱面、圆锥面或球面），并且可以改变它们的朝向，如图 7.2.6 所示。

a)"相切"约束前 b)"相切"约束后

图 7.2.6 "相切"约束

7.3 创建装配模型的一般过程

下面以轴和轴套的装配为例,说明创建装配模型的一般过程,如图 7.3.1 所示。

图 7.3.1 轴和轴套的装配

7.3.1 新建一个装配三维模型

新建装配文件的一般操作步骤:

选择下拉菜单 ➡ 新建 ➡ 部件 命令,如图 7.3.2 所示,系统自动进入装配环境。

"新建"按钮

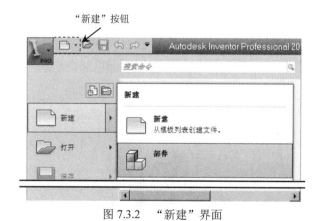

图 7.3.2 "新建"界面

说明:进入装配环境还有两种方法。

方法一:直接单击图 7.3.2 所示的"新建"按钮,系统弹出"新建文件"对话框,选择图 7.3.3 所示的模板,单击 创建 按钮。

方法二：在快速访问工具栏中单击 🗋 后的 ▼，选择 🗂 部件 命令。

图 7.3.3　"新建文件"对话框

说明：每次新建一个文件时，Inventor 会显示一个默认名。如果要创建的是部件，默认名的格式是一个序号+.iam（如部件 1.iam），以后再新建一个部件，序号自动加 1。

7.3.2　装配第一个零件

Step 1　在 装配 选项卡 零部件 区域单击 🖼 按钮，系统弹出"装入零部件"对话框。

Step 2　选取添加模型。在 D:\inv13.1\work\ch07\ch07.03 目录下选取轴零件模型文件 shaft.ipt，然后单击 打开(O) 按钮。

Step 3　确定零件位置。按 Esc 键，将模型放置在装配环境中，如图 7.3.4 所示。

图 7.3.4　放置第一个零件

说明：在引入第一个零件后，直接按 Esc 键，系统将零件固定在原点位置，不需要任何约束就已完全定位，如果在其他位置单击，则系统会自动复制出此零件的一个副本。

7.3.3　装配第二个零件

1. 引入第二个零件

Step 1 选择命令。在 装配 选项卡 零部件 区域单击 ⬚ 按钮（或在装配浏览器栏中右击选择 ⬚ 装入零部件(P) 命令），系统弹出"装入零部件"对话框。

Step 2 选取添加模型。在 D:\inv13.1\work\ch07\ch07.03 目录下选取轴零件模型文件 bush.ipt，然后单击 打开(O) 按钮。

Step 3 放置第二个零件。在图形区合适的位置处单击，即可把零件放置到当前位置，如图 7.3.5 所示，放置完成后按 Esc 键。

图 7.3.5　放置第二个零件

2. 放置第二个零件前的准备

在放置第二个零件时，可能与第一个组件重合，或者其方向和方位不便于进行装配放置。解决这种问题的方法如下。

Step 1 选择命令。单击"装配"选项卡 位置 区域中的 ⬚ 移动 按钮。

Step 2 将鼠标移动至要移动的零件上（此时零件会以红色加亮显示），然后按住左键并移动鼠标，可以看到轴套模型随着鼠标移动，将轴套模型从图 7.3.5 所示的位置移动到图 7.3.6 所示的位置。

说明：读者也可以不选择"移动"命令，直接将鼠标指针移动至零件上，当零件以红色加亮显示时，按住鼠标左键也可以移动零件模型。

Step 3 选择命令。单击"装配"选项卡 位置 区域中的 ⬚ 旋转 按钮。

Step 4 将鼠标移动至要旋转的零件上并单击，此时在需要旋转的零件周围会出现图 7.3.6 所示的三维旋转符号，然后按住左键并移动鼠标可以看到轴套模型随着鼠标旋转，将轴套模型从图 7.3.6 所示的位置移动到图 7.3.7 所示的位置。

图 7.3.6 所示的三维旋转符号的说明如下：

① 如果想要对零件进行 360 度任意方向的自由旋转，可将鼠标放在三维旋转符号内

部，此时鼠标显示 ⬖ 形状，然后按住左键沿适当的方向拖动即可完成旋转。

② 如果想要对零件绕水平轴进行旋转，可以将鼠标放在三维旋转符号的顶部或者底部控制点，当鼠标显示 ⬗ 形状时，然后按住鼠标左键竖直拖动鼠标即可完成旋转。

③ 如果想要对零件绕竖直轴进行旋转，可以将鼠标放在三维旋转符号的左侧或者右侧控制点，当鼠标显示 ⬙ 形状时，然后按住鼠标左键水平拖动鼠标即可完成旋转。

④ 如果想要对零件在平面内旋转，可将鼠标放在三维旋转符号外面，当鼠标显示 ↻ 形状时，按住鼠标左键拖动即可完成旋转。

图 7.3.6　位置 1

图 7.3.7　位置 2

3. 完全约束第二个零件

若要使轴套完全定位，需要向它添加三种约束，分别为同轴约束、轴向约束和径向约束。单击"装配"选项卡 位置 区域中的"约束"按钮 ⬚（或在"装配"浏览器栏中右击选择 ⬚ 约束(C) 命令），系统弹出图 7.3.8 所示的"放置约束"对话框，以下的所有约束都将在"放置约束"对话框中完成。

Step 1　定义第一个装配约束（同轴约束）。

（1）确定约束类型。在"放置约束"对话框 部件 选项卡中的 类型 区域中选中"配合"约束 ⬚ 。

（2）选取约束面。分别选取图 7.3.9 所示的圆柱面 1 与圆柱面 2 作为要约束的几何图元。

图 7.3.8　"放置约束"对话框

图 7.3.9　选取约束对象

（3）在"放置约束"对话框中单击 应用 按钮，完成第一个装配约束，如图 7.3.10 所示。

图 7.3.10   完成第一个装配约束

图 7.3.8 所示的"放置约束"对话框"部件"选项卡中各选项说明如下。

- 类型 区域: 用于指定约束的类型。

  - ☑ ⬚ (配合): 配合约束可将零件面对面放置(法向相反),或者将零件面与面对齐放置(法向相同)。

  - ☑ ⬚ (角度): 角度约束是以一个指定角度定义的枢轴点来定义两个零部件上的边或平面之间的关系。

  - ☑ ⬚ (相切): 相切约束可以使面、平面、柱面、球面和锥面在切点处接触。

  - ☑ ⬚ (插入): 插入约束是平面之间的面对面配合约束和两个零部件的轴之间的配合约束的组合。

- 选择 区域: 用于选择要约束到一起的两个零部件上的几何图元。

  - ☑ ⬚ 按钮: 用于选择第一个零部件上的曲线、面或点。

  - ☑ ⬚ 按钮: 用于选择第二个零部件上的曲线、面或点。

  - ☑ ☑⬚ 复选框: 用于将可选几何图元限制为单一零部件。可在零部件相互靠近或部分相互遮挡时正确选取几何图元。

- 求解方法 区域: 可选择两种求解方法,各选项功能如下:

  - ☑ ⬚ (配合)按钮: 用于将选定的面重合且法向相反。

  - ☑ ⬚ (表面平齐)按钮: 用于将选定的面重合且法向相同。

- >> (更多)区域: 用于设定约束名称和装配约束极限的选项。

  - ☑ 名称 文本框: 用于设定约束的名称。

  - ☑ ☑ 使用偏移量作为基准位置 复选框: 用于将偏移值设为具有极限的约束的默认位置。

  - ☑ ☑ 最大值 复选框: 选中此复选框,用于设定约束运动的最大范围。

  - ☑ ☑ 最小值 复选框: 选中此复选框,用于设定约束运动的最小范围。

- 偏移量 文本框: 用于指定部件相互之间偏移的距离。

- ☑⬚ 复选框: 选中此复选框,则显示所选几何图元上的约束的效果。

- ☑⬚ 复选框: 用于设置当"偏移量"文本框为空时,通过测量确定零部件的方向及偏移值,如果清除该复选框,则可以手动设置零部件的方向和偏移量。

Step 2 定义第二个装配约束（轴向约束）。

（1）确定约束类型。在"放置约束"对话框 部件 选项卡中的 类型 区域中选中"配合"约束 ┛ 。

（2）选取约束面。分别选取图 7.3.11 所示的面 1 与面 2 作为约束面。

（3）改变方向。在"放置约束"对话框中确认 被按下。

（4）在"放置约束"对话框中单击 应用 按钮，完成第二个装配约束，如图 7.3.12所示。

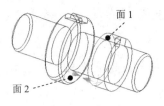

图 7.3.11　选取约束面

图 7.3.12　完成第二个装配约束

Step 3 定义第三个装配约束（径向约束）。

（1）确定约束类型。在"放置约束"对话框 部件 选项卡中的 类型 区域中选中"配合"约束 ┛ 。

（2）选取约束面。分别选取图 7.3.13 所示的面 1 与面 2 作为约束面。

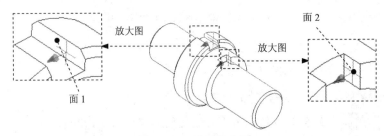

图 7.3.13　选取约束面

（3）改变方向。在"放置约束"对话框中确认 被按下。

（4）在"放置约束"对话框中单击 应用 按钮，完成第三个装配约束，如图 7.3.14所示。

图 7.3.14　完成第三个装配约束

Step 4 单击"放置约束"对话框的 取消 按钮，完成装配体的创建。

7.4 零部件阵列

与零件模型中的特征阵列一样，在装配体中也可以对零部件进行阵列。零部件阵列的类型主要包括"矩形阵列"、"环形阵列"和"关联阵列"。

7.4.1 矩形阵列

矩形阵列可以将一个部件沿指定的方向进行阵列复制，下面以图 7.4.1 为例说明装配体"矩形阵列"的一般操作步骤。

a）阵列前　　　　　　　　　　　　　　　　　　　　b）阵列后

图 7.4.1　矩形阵列

Step 1　打开装配文件 D:\inv13.1\work\ch07\ch07.04\ch07.04.01\size.iam。

Step 2　选择命令。单击 装配 选项卡 零部件 区域中的 阵列 按钮，系统弹出"阵列零部件"对话框。

Step 3　定义要阵列的零部件。在系统 选择零部件进行阵列 的提示下，选取图 7.4.1 所示的零件 2 作为要阵列的零部件。

Step 4　定义阵列类型。在"阵列零部件"对话框中单击"矩形"选项卡 ，如图 7.4.2 所示，将阵列类型设置为矩形阵列。

Step 5　确定阵列方向。在"阵列零部件"对话框中单击 列 区域中的"列方向"按钮 ，然后在图形区选取图 7.4.3 所示的模型边线为阵列的参考方向，然后单击 按钮调整箭头方向。

图 7.4.2　"阵列零部件"对话框（一）

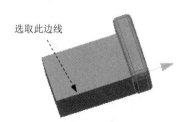

图 7.4.3　选取方向

Step **6** 设置间距及个数。在"阵列零部件"对话框（一）的 列 区域的 ⁰⁰⁰ 后的文本框中
输入数值 4.0，在 ◇ 后的文本框中输入数值 20.0。

Step **7** 单击 确定 按钮，完成矩形阵列的操作。

图 7.4.2 所示的"阵列零部件"对话框（一）的说明如下：

- ⬚ 按钮：用来选择要阵列的零部件。

- ⬚ （列/行方向）按钮：用于通过选取边或者轴来定义列/行方向。

- ⬚ （反向）按钮：用于使列/行的放置方向反向。

- ⁰⁰⁰ 文本框：在此文本框中输入数值可以设置阵列零件的个数（包括原零件）。

- ◇ 文本框：在此文本框中输入数值可以设置阵列零件的间距。

7.4.2 环形阵列

下面以图 7.4.4 所示模型为例，说明创建环形阵列的一般操作步骤。

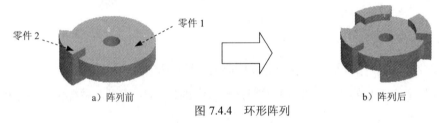

图 7.4.4　环形阵列

Step **1** 打开装配文件 D:\inv13.1\work\ch07\ch07.04\ch07.04.02\rotund.iam。

Step **2** 选择命令。单击 装配 选项卡 零部件 区域中的 ⬚ 阵列 按钮，系统弹出"阵列零部
件"对话框（一）。

Step **3** 定义要阵列的零部件。在系统 选择零部件进行阵列 的提示下，选取图 7.4.4a 所示的
零件 2 作为要阵列的零部件。

Step **4** 定义阵列类型。在"阵列零部件"对话框（一）中单击"环形"选项卡 ⬚ ，将
阵列类型设置为环形阵列，如图 7.4.5 所示。

Step **5** 确定阵列轴。在"阵列零部件"对话框中单击 环形 区域中的"轴向"按钮 ⬚ ，
然后在图形区选取 Y 轴为阵列轴。

说明：如果图形区没有 Y 轴，也可通过在浏览器中修改 Y 轴的可见性，将 Y 轴显示
出来；或者直接单击浏览器中的 Y 轴进行阵列即可；也可以通过选择圆柱面来实现。

Step **6** 设置角度间距及个数。在"阵列零部件"对话框的 环形 区域的 ⬚ 后的文本框中
输入数值 4.0，在 ◇ 后的文本框中输入数值 90.0。

Step **7** 单击 确定 按钮，完成环形阵列的操作。

图 7.4.5 "阵列零部件"对话框（二）

图 7.4.5 所示的"阵列零部件"对话框（二）的说明如下：

● 环形区域：用于对零件环形阵列进行相关设置。

　☑ （轴向）按钮：用于指定环形阵列的旋转轴，此轴可以与要阵列的零部件位于不同的平面上。

　☑ （反向）按钮：用于使阵列的方向反向。

　☑ 文本框：在此文本框中输入数值可以设置阵列零件的总个数（包括原零件）。

　☑ 文本框：在此文本框中输入数值可以设置阵列后零件的角度间距值。

7.4.3 关联阵列

关联阵列是指以装配体中某一部件的阵列特征为参照来进行部件的复制。在图 7.4.6b 中，四个螺钉是参照装配体中零件 1 上的四个阵列孔进行创建的，所以在使用"关联阵列"命令之前，应提前在装配体的某一零件中创建阵列特征。下面以图 7.4.6 为例，说明"关联阵列"的一般操作步骤。

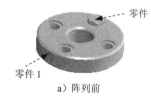

a）阵列前　　　　　　　　　　　　　　　　　　　b）阵列后

图 7.4.6 关联阵列

Step 1 打开装配文件 D:\inv13.1\work\ch07\ch07.04\ch07.04.03\reusepattern.iam。

Step 2 选择命令。单击 装配 选项卡 零部件 区域中的 阵列 按钮，系统弹出图 7.4.7 所示的"阵列零部件"对话框（三）。

Step 3 定义要阵列的零部件。在系统 选择零部件进行阵列 的提示下，选取图 7.4.6a 所示的零件 2 作为要阵列的零部件。

图 7.4.7 "阵列零部件"对话框（三）

Step 4 确定关联驱动特征。在"阵列零部件"对话框（三） 特征阵列选择 区域单击"关联
阵列特征"按钮 ，然后在浏览器中展开 cover:1 节点，在其节点下选取
环形阵列1为关联驱动特征。

Step 5 单击 确定 按钮，完成关联阵列特征的操作。

7.5 零部件镜像

在装配体中，经常会出现两个部件关于某一平面对称的情况，这时不需要再次为装配
体添加相同的部件，只需对原有部件进行镜像装配即可，如图 7.5.1 所示。下面介绍镜像
零部件操作的一般步骤。

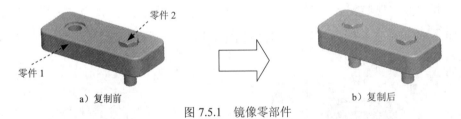

a）复制前   b）复制后

图 7.5.1 镜像零部件

Step 1 打开装配文件 D:\inv13.1\work\ch07\ch07.05\symmetry.iam。

Step 2 选择命令。单击 装配 选项卡 零部件 区域中的 镜像 按钮，系统弹出图 7.5.2 所示
的"镜像零部件：状态"对话框。

Step 3 确定要镜像的零部件。在图形区选取图 7.5.1a 所示的零件 2 为要镜像的零部件（或
在浏览器中选取）。

Step 4 定义镜像工作平面。在"镜像零部件：状态"对话框中单击"选取镜像平面"按
钮 ，然后在浏览器中"原点"节点下选取图 7.5.3 所示的 YZ 基准平面作为镜
像平面。

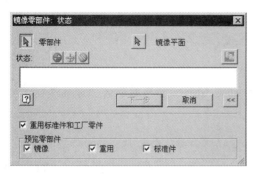

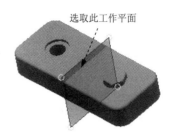

选取此工作平面

图 7.5.2 "镜向零部件：状态"对话框　　　图 7.5.3 选取镜像平面

图 7.5.2 所示的"镜向零部件：状态"对话框说明如下：

●  零部件按钮：用于选择要镜像的零部件。

● 镜像平面按钮：用于选取镜像的工作平面或平面。

● 状态 区域：用于更改选定的所有零部件的状态。

　　☑ （镜像）按钮：用于创建零部件并将其保存在一个新文件夹中。

　　☑ （重用选定的对象）按钮：用于在当前或新部件文件中添加零部件引用。

　　☑ （排除选项的对象）按钮：用于从镜像操作中排除零部件。

● ☑ 重用标准件和工厂零件复选框：用于指定对部件执行的操作。对于零件，可以指定是旋转、镜像还是忽略该零件。对于子装配，可以指定是旋转还是忽略该零件。

● 预览零部件 区域：用于切换每种状态类型的预览显示。

Step 5　单击"镜像零部件：状态"对话框中的 下一步 按钮，系统弹出图 7.5.4 所示的"镜像零部件：文件名"对话框，单击该对话框中的 确定 按钮，完成零件的镜像。

图 7.5.4 "镜向零部件：文件名"对话框

图 7.5.4 所示的"镜向零部件：文件名"对话框说明如下：

● 名称：用于列出通过镜像（或复制）操作创建的所有零部件，且重复的零件只显示一个。

- <u>　新名称　</u>：用于列出新文件的名称。

- <u>　文件位置　</u>：用于指定新文件的保存位置。

- <u>　状态　</u>：用于表明新文件名是否有效。

- <u>命名方案</u>区域：用于使用指定的"前缀"或"后缀"重命名"名称"列中的选定零部件。

- <u>零部件目标</u>区域：用于指定镜像或者复制的零部件的目标。

  - ☑ ⦿ <u>插入到部件中</u>单选按钮：用于将所有新零部件作为同级对象放到顶级部件中。

  - ☑ ⦿ <u>在新窗口中打开</u>单选按钮：用于在新窗口中打开包含所有镜像的零部件的新部件。

- <u>　　＜重新选择　　　</u>按钮：用于返回"镜像零部件：状态"对话框，从中可以选择零部件。

7.6　简化表示

大型装配体通常包括数百个零部件，这样将会占用极高的资源。为了提高系统性能，减少模型重建的时间，以及生成简化的装配体视图等，可以通过切换零部件的显示状态和改变零部件的压缩状态简化复杂的装配体。

7.6.1　切换零部件的显示状态

暂时关闭零部件的显示，可以将其从视图中移除，以便容易地处理被遮蔽的零部件。隐藏或显示零部件仅影响零部件在装配体中的显示状态，不会影响重建模型及计算的速度，但是可以提高显示的性能。以图 7.6.1 所示模型为例，介绍隐藏零部件的一般操作步骤。

a）隐藏前　　　　　　　　　　　　　　　　　　b）隐藏后

图 7.6.1　隐藏零部件

Step 1 打开文件 D:\inv13.1\work\ch07\ch07.06\ch07.06.01\asm_example.iam。

Step 2 在浏览器中选取 ⊞—⬜top_cover:1 为要隐藏的零件。

Step 3 在 ⊞—⬜top_cover:1 上右击，在系统弹出的快捷菜单中取消选中 ✔ <u>可见性(V)</u>，此时图形区中的该零件已被隐藏，如图 7.6.1b 所示。

说明：显示零部件的方法与隐藏零部件的方法基本相同，在浏览器上右击要显示的零件名称，然后在系统弹出的快捷菜单中选中 可见性(V)。

7.6.2 抑制零部件

使用抑制命令可暂时将零部件从装配体中移除，在图形区将隐藏被抑制的零部件。被抑制的零部件无法被选取，并且不装入内存，不再是装配体中有功能的部分。在浏览器中抑制后的零部件呈暗色显示。以图 7.6.2 所示模型为例，介绍抑制零部件的一般操作步骤。

a）压缩前 　　　　　　　　　　　　　　　　　　b）压缩后

图 7.6.2　抑制零部件

Step 1　打开文件 D:\inv13.1\work\ch07\ch07.06\ch07.06.02\asm_example.iam。

Step 2　在浏览器中选择 top_cover:1 为要抑制的零件。

Step 3　在 top_cover:1 上右击，在系统弹出的快捷菜单中选择 抑制 命令，此时零件已被抑制。

说明：取消抑制特征的方法与抑制特征的方法基本相同，在浏览器上右击要取消抑制的零件名称，然后在系统弹出的快捷菜单中取消选中 ✓ 抑制 即可完成操作。

7.7　爆炸视图

装配体中的爆炸视图是指将装配体中的各零部件沿着直线或坐标轴移动，使各个零件从装配体中分解出来，如图 7.7.1 所示。爆炸视图对于表达各零部件的相对位置十分有帮助，因而常常用于表达装配体的装配过程。

a）爆炸前 　　　　　　　　　　　　　　　　　b）爆炸后

图 7.7.1　爆炸视图

7.7.1 手动爆炸

下面以图 7.7.1 所示为例，说明手动生成爆炸视图的一般操作步骤。

Step 1 进入表达视图环境。选择  ➡️ 新建 ➡️ 表达视图 命令，系统自动进入表达视图环境。

Step 2 选择命令。单击 表达视图 选项卡 创建 区域中的"创建视图"按钮，系统弹出图 7.7.2 所示的"选择部件"对话框。

图 7.7.2 "选择部件"对话框

Step 3 选择部件。在"选择部件"对话框中单击"打开现有文件"按钮 🔍，找到 D:\inv13.1\work\ch07\ch07.07\ch07.07.01\clutch_asm.iam，单击 打开(O) 按钮，系统返回到"选择部件"对话框。

Step 4 定义爆炸方式。在"选择部件"对话框 分解方式 区域选中 ⦿ 手动 单选按钮，单击 确定 按钮。

Step 5 创建图 7.7.3b 所示的爆炸步骤 1。

要爆炸的零部件

a）爆炸前　　　　　　　　　　b）爆炸后

图 7.7.3 爆炸步骤 1

（1）选择命令。单击 表达视图 选项卡 创建 区域中的"调整零部件位置"按钮 ，系统弹出图 7.7.4 所示的"调整零部件位置"对话框。

图 7.7.4 所示的"调整零部件位置"对话框的说明如下：

● 创建位置参数 区域其各选项介绍如下：

　　☑ ⬚ 方向(D)：用于指定位置调整的方向或旋转轴。

　　☑ ⬚ 零部件(C)：用于选择要调整位置的零部件。

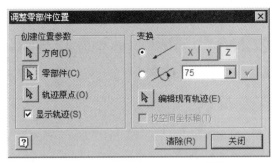

图 7.7.4　"调整零部件位置"对话框

☑ 　 **轨迹原点(O)**：用于设置轨迹的原点。

☑ 　 ☑**显示轨迹(S)** 复选框：用于设置轨迹的显示与隐藏。

● 　**变换** 区域：用于设置所选零部件变换的参数及类型。

☑ 　◉　 单选按钮：用于将位置参数的类型设置为线性。并且可通过单击 X 、

　 Y 、 Z 按钮指定移动的方向。

☑ 　◉　 单选按钮：用于将位置参数的类型设置为旋转。并且可通过单击 X 、

　 Y 、 Z 按钮指定要旋转的轴线。

☑ 　 75.00 　▶ 文本框：用于设置零部件沿线性移动或绕某一轴线旋转的值。

☑ 　 **编辑现有轨迹(E)**：用于为现有位置参数初始化编辑模式。

☑ 　☐**仅空间坐标轴(T)** 复选框：当将位置参数的类型设置为旋转时可用，选中此
复选框时不旋转所选零部件，只旋转空间坐标轴方向。

● 　 **清除(R)** 按钮：用于清除对话框中的设置，以便设置其他位置参数。

（2）确定爆炸方向。选取图 7.7.5 所示的边线作为爆炸方向边线，在"调整零部件位
置"对话框 **变换** 区域中确认 Z 被选中。

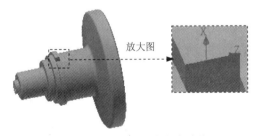

放大图

图 7.7.5　选取爆炸方向边线

说明：在选取爆炸方向边线时要注意 Z 轴方向要与图 7.7.5 所示的方向相同，若方向
相反，在后面输入爆炸距离时应输入所输值的负值。

（3）定义要爆炸的零件。在图形区选取图 7.7.3a 所示的螺钉。

（4）定义移动距离。在"调整零部件位置"对话框 **变换** 区域的文本框中输入–80，单

击 ✓ 按钮。

（5）单击 关闭 按钮，完成爆炸步骤1的创建，效果如图7.7.3b所示。

Step 6 创建图7.7.6b所示的爆炸步骤2。

a）爆炸前　　　　　　　　　　　　　　　　　　b）爆炸后

图 7.7.6　爆炸步骤 2

（1）选择命令。单击 表达视图 选项卡 创建 区域中的"调整零部件位置"按钮，系统弹出"调整零部件位置"对话框。

（2）确定爆炸方向。选取图7.7.7所示的边线作为爆炸方向边线，在"调整零部件位置"对话框 变换 区域中确认 Z 被选中。

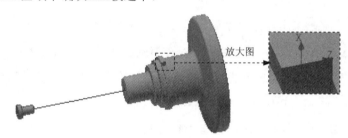

图 7.7.7　选取爆炸方向边线

（3）定义要爆炸的零件。在图形区选取图7.7.6a所示的零部件。

（4）定义移动距离。在"调整零部件位置"对话框 变换 区域的文本框中输入–65，单击 ✓ 按钮。

（5）单击 关闭 按钮，完成爆炸步骤2的创建，效果如图7.7.6b所示。

Step 7 创建图7.7.8b所示的爆炸步骤3。

a）爆炸前　　　　　　　　　　　　　　　　　　b）爆炸后

图 7.7.8　爆炸步骤 3

（1）选择命令。单击 **表达视图** 选项卡 **创建** 区域中的"调整零部件位置"按钮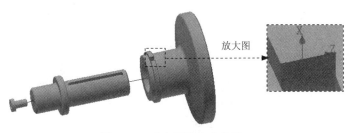，
系统弹出"调整零部件位置"对话框。

（2）确定爆炸方向。选取图 7.7.9 所示的边线作为爆炸方向边线，在"调整零部件位
置"对话框 **变换** 区域中确认 **Z** 被选中。

放大图

图 7.7.9　选取爆炸方向边线

（3）定义要爆炸的零件。在图形区选取图 7.7.8a 所示的零部件。

（4）定义移动距离。在"调整零部件位置"对话框 **变换** 区域的文本框中输入–15，单
击 **✔** 按钮。

（5）单击 **关闭** 按钮，完成爆炸步骤 3 的创建，效果如图 7.7.8b 所示。

Step 8　创建图 7.7.10b 所示的爆炸步骤 4。

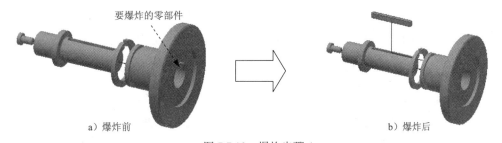

要爆炸的零部件

a）爆炸前　　　　　　　　　　　　　　　　　　b）爆炸后

图 7.7.10　爆炸步骤 4

（1）选择命令。单击 **表达视图** 选项卡 **创建** 区域中的"调整零部件位置"按钮，
系统弹出"调整零部件位置"对话框。

（2）确定爆炸方向。选取图 7.7.11 所示的边线作为爆炸方向边线，在"调整零部件
位置"对话框 **变换** 区域中确认 **Z** 被选中。

放大图

图 7.7.11　选取爆炸方向边线

Chapter

7

（3）定义要爆炸的零件。在图形区选取图 7.7.10a 所示的零部件。

（4）定义移动距离。在"调整零部件位置"对话框 变换 区域的文本框中输入–65，单击 ✓ 按钮。

（5）确定爆炸方向。单击 创建位置参数 区域中的 ⊾ 方向(D) 按钮，然后选取图 7.7.12 所示的边线作为爆炸方向边线，在"调整零部件位置"对话框 变换 区域中确认 Z 被选中。

图 7.7.12　选取爆炸方向边线

（6）定义移动距离。在"调整零部件位置"对话框 变换 区域的文本框中输入–35，单击 ✓ 按钮。

（7）单击 关闭 按钮，完成爆炸步骤 4 的创建，效果如图 7.7.10b 所示。

7.7.2　自动爆炸

下面以图 7.7.13 所示为例，说明自动生成爆炸视图的一般操作步骤。

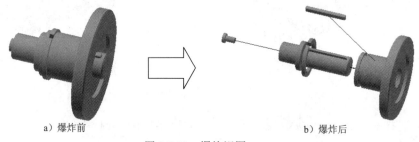

a）爆炸前　　　　　　　　　　　　　　　　　b）爆炸后

图 7.7.13　爆炸视图

Step 1 进入表达视图环境。选择 ![]PRO ➡ 🗀 新建 ➡ 表达视图 命令，系统自动进入表达视图环境。

Step 2 选择命令。单击 表达视图 选项卡 创建 区域中的"创建视图"按钮 🔲，系统弹出"选择部件"对话框。

Step 3 选择部件。在"选择部件"对话框中单击"打开现有文件"按钮 🔍，找到 D:\inv13.1\work\ch07\ch07.07\ch07.07.02\clutch_asm.iam，单击 打开 (0) 按钮，系统返回到"选择部件"对话框。

Step 4 定义爆炸方式。在"选择部件"对话框 分解方式 区域选中 ⊙ 自动 单选按钮，在"选择部件"对话框 距离: 文本框中输入 60。

Step 5　单击　确定　按钮，完成自动爆炸视图的创建，如图 7.7.13b 所示。

7.8　装配体中零部件的修改

一个装配体完成后，可以对该装配体中的任何零部件进行下面的一些操作：零部件的打开与删除、零部件尺寸的修改、零部件装配约束的修改（如距离约束中距离值的修改）以及部件装配约束的重定义等。

7.8.1　更改浏览器中零部件的名称

大型的装配体中会包括数百个零部件，若要选取某个零件只能在浏览器中进行操作，这样浏览器中零部件的名称就显得十分重要。下面以图 7.8.1 为例，来说明在浏览器中更改零部件名称的一般过程。

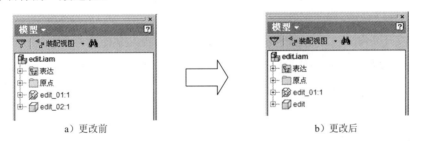

a）更改前　　　　　　　　　　　　　　b）更改后

图 7.8.1　在浏览器中更改零部件名称

Step 1　打开装配文件 D:\inv13.1\work\ch07\ch07.08\ch07.08.01\edit.iam。

Step 2　在浏览器栏单击 ⊞ 🗇 edit_02:1 两次，将模型的名称修改为 edit。

Step 3　在图形区空白处单击，完成更改浏览器中零部件名称的操作。

注意：这里更改的是浏览器中零件显示的名称，而不会更改零件模型文件的名称。

7.8.2　修改零部件的尺寸

下面以在图 7.8.2 所示的装配体 edit.iam 中修改 edit_02.ipt 零件为例，说明修改装配中零部件尺寸的一般操作步骤。

Step 1　打开装配文件 D:\inv13.1\work\ch07\ch07.08\ch07.08.02\edit.iam。

Step 2　定义要更改的零部件。在浏览器（或在图形区）中选取 ⊞ 🗇 edit_02:1 零件。

Step 3　选择命令。右击，在弹出的快捷菜单中选择 🗇 编辑(E) 命令（或者快速的双击 ⊞ 🗇 edit_02:1 ），此时装配体显示如图 7.8.3 所示。

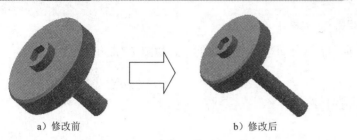

a）修改前　　　　　　　　b）修改后

图 7.8.2　零部件的操作过程

图 7.8.3　装配体

Step 4　定义修改特征。在浏览器中右击 🔶—⬛拉伸2 ，在系统弹出的快捷菜单中选择 🖊️ 编辑特征 按钮，系统弹出"拉伸：拉伸 2"对话框。

Step 5　更改尺寸。在"拉伸：拉伸 2"对话框的 范围 区域中，将深度值改为 50。

Step 6　单击 确定 按钮，完成对"拉伸 2"的修改。

Step 7　在浏览器中双击 🔲 edit.ia 将总装配激活，完成对 edit_02.ipt 零件的修改。

7.9　零部件的外观处理

使用外观可以将颜色、材料外观和透明度应用到零件和装配体零部件。

为零部件赋予外观后，可以使整个装配体显示更为逼真。下面以图 7.9.1 为例，说明赋予外观的一般操作步骤。

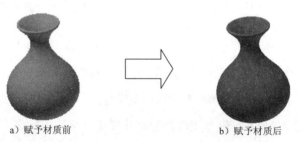

a）赋予材质前　　　　　　　　b）赋予材质后

图 7.9.1　赋予材质

Step 1　打开文件 D:\inv13.1\work\ch07\ch07.09\vase.ipt。

Step 2　选择命令。在浏览器中选中要附加材质的 vase 零件，然后单击 工具 选项卡 材料和外观 ▾ 区域中的"外观"按钮 ⚫，系统弹出图 7.9.2 所示的"外观浏览器"对话框。

Step 3　定义外观类型。在 收藏夹 区域中选中 ▶ Inventor 材质库 ，然后在缩略图区域中选中所需要的材质（以金色为例进行讲解）并单击"将外观添加到文档"按钮 ⬆️，将金色材质附加到零件上。

Step 4　关闭"外观浏览器"对话框完成材质的添加。

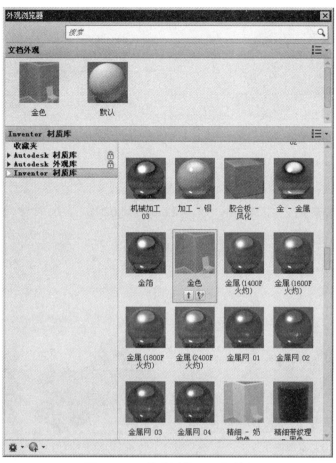

图 7.9.2 "外观浏览器"对话框

7.10 Inventor 装配设计综合实际应用

本节将详细讲解图 7.10.1 所示多部件装配体的装配过程，使读者进一步熟悉 Inventor 中的装配操作。用户可以从 D:\inv13.1\work\ch07\ch07.10 中找到该装配体的所有部件。

Step 1 新建一个装配文件。选择下拉菜单 ![PRO] ➡ □ 新建 ➡ ![部件] 命令，系统自动进入装配环境。

Step 2 添加下基座零件模型。

（1）引入零件。在 装配 选项卡 零部件 区域单击 ![按钮] 按钮，系统弹出"装入零部件"对话框；在 D:\inv13.1\work\ch07\ch07.10 下选取轴零件模型文件 down_base.ipt，再单击 打开(O) 按钮；按下 Esc 键，将模型放置在装配环境中，如图 7.10.2 所示。

Step 3 添加图 7.10.3 所示的轴套并定位。

图 7.10.1　装配设计范例

图 7.10.2　添加下基座零件

（1）引入零件。

① 在 装配 选项卡 零部件 区域单击 按钮，系统弹出"装入零部件"对话框。

② 选取添加模型。在 D:\inv13.1\work\ch07\ch07.10 下选取轴套零件模型文件 sleeve.ipt，再单击 打开(O) 按钮。

③ 在图形区的合适位置处单击，即可把零件放置到当前位置，如图 7.10.4 所示，放置完成后按下 Esc 键。

图 7.10.3　添加轴套零件

图 7.10.4　放置零件

④ 调整零件的方位。通过旋转与移动命令，将零件调整至图 7.10.5 所示的位置。

（2）添加约束，使零件完全定位。

① 选择命令。单击"装配"选项卡 位置 区域中的"约束"按钮 （或在"装配"浏览器中右击选择 约束(C) 命令），系统弹出"放置约束"对话框。

② 添加"配合"约束 1。在"放置约束"对话框 部件 选项卡中的 类型 区域中选中"配合"约束按钮 ，分别选取图 7.10.6 所示的两个面作为约束面，并将 按钮选中，在"放置约束"对话框中单击 应用 按钮，完成第一个装配约束，如图 7.10.7 所示。

图 7.10.5　调整后方位

重合面

图 7.10.6　选取配合面

③ 添加"配合"约束 2。在"放置约束"对话框中选中"配合"约束按钮 ⊡ ，并将 ⬡ 选中，选取图 7.10.7 所示的两个面为约束面，单击 应用 按钮，完成第二个装配约束，如图 7.10.8 所示。

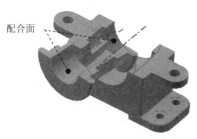

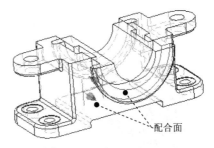

图 7.10.7　选取配合面　　　　　　　　　　　　图 7.10.8　选取配合面

④ 添加"配合"约束 3。在"放置约束"对话框中选中"配合"约束按钮 ⊡ ，分别选取图 7.10.8 所示的两个面作为约束面，并确认 ⬡ 按钮被选中，单击 应用 按钮，完成第三个装配约束。

⑤ 单击"放置约束"对话框的 取消 按钮，完成轴套零件的定位。

Step 4 　添加图 7.10.9 所示的楔块并定位。

（1）隐藏轴套零件。在浏览器中右击 ⊞ ⬡ sleeve:1 ，在系统弹出的快捷菜单中选择 ✔ 可见性(V) 命令。

（2）引入零件。

① 在 装配 选项卡 零部件 区域单击 按钮，系统弹出"装入零部件"对话框。

② 在 D:\inv13.1\work\ch07\ch07.10 下选取楔块零件模型文件 chock.ipt，再单击 打开(O) 按钮。

③ 在图形区合适的位置处单击，即可把零件放置到当前位置，如图 7.10.10 所示，放置完成后按下 Esc 键。

图 7.10.9　添加楔块零件　　　　　　　　　图 7.10.10　放置零件

④ 通过旋转与移动命令调整零件方位以便于装配。

（3）添加约束，使零件完全定位。

① 选择命令。单击"装配"选项卡 位置 区域中的"约束"按钮 ⊡ （或在"装配"

浏览器中右击选择 约束(C) 命令），系统弹出"放置约束"对话框。

② 添加"配合"约束 1。在"放置约束"对话框 部件 选项卡中的 类型 区域中选中"配合"约束按钮 ，分别选取图 7.10.11 所示的两个面作为约束面，并确认 按钮被选中，在"放置约束"对话框中单击 应用 按钮，完成第一个装配约束，如图 7.10.12 所示。

图 7.10.11　选取配合面

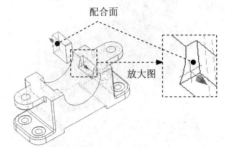

图 7.10.12　选取配合面

③ 添加"配合"约束 2。操作方法参照上一步，配合面如图 7.10.12 所示。

④ 添加"配合"约束 3。操作方法参照上一步，配合面如图 7.10.13 所示。

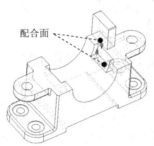

图 7.10.13　选取配合面

⑤ 单击"放置约束"对话框的 取消 按钮，完成零件的定位。

Step 5　参照 Step4 完成第二个楔块零件的添加（图 7.10.14）。

Step 6　镜像轴套零件，如图 7.10.15 所示。

图 7.10.14　添加第二个楔块零件

图 7.10.15　镜像轴套零件

（1）显示轴套零件。在浏览器中右击 sleeve:1 ，在系统弹出的快捷菜单中选择 可见性(V) 命令。

（2）选择命令。单击 装配 选项卡 零部件 区域中的 镜像 按钮，系统弹出"镜像零部件"对话框。

（3）确定要镜像的零部件。在图形区选取轴套零件为要镜像的零部件（或在浏览器中选取）。

（4）定义镜像工作平面。在"镜像零部件"对话框中单击"选取镜像平面"按钮 ⯑ ，然后在图形区选取图 7.10.15 所示工作平面作为镜像平面。

（5）单击"镜像零部件"对话框中的 下一步 按钮，单击 确定 按钮，完成镜像操作。

Step 7 参照 Step3 将镜像出来的轴套零件完全定位。

Step 8 添加图 7.10.16 所示的上基座并定位。

（1）引入零件。

① 在 装配 选项卡 零部件 区域中单击 ⯑ 按钮，系统弹出"装入零部件"对话框。

② 选取添加模型。在 D:\inv13.1\work\ch07\ch07.10 下选取上基座零件模型文件 top_cover.ipt，再单击 打开(0) 按钮。

③ 在图形区合适的位置处单击，即可把零件放置到当前位置，如图 7.10.17 所示，放置完成后按下 Esc 键。

图 7.10.16 添加上基座　　　　　图 7.10.17　放置零件

（2）添加约束，使零件完全定位。

① 单击"装配"选项卡 位置 区域中的"约束"按钮 ⯑ （或在"装配"浏览器中右击选择 ⯑ 约束(C) 命令），系统弹出"放置约束"对话框。

② 添加"配合"约束 1。在"放置约束"对话框中选中"配合"约束按钮 ⯑ ，并确认 ⯑ 按钮被选中，选取图 7.10.18 所示的两个面为约束面，单击 应用 按钮，完成第一个装配约束。

③ 添加"配合"约束 2。在"放置约束"对话框中选中"配合"约束按钮 ⯑ ，分别选取图 7.10.19 所示的两个面作为约束面，并确认 ⯑ 按钮被选中，单击 应用 按钮，完成第二个装配约束。

④ 添加"配合"约束 3。在"放置约束"对话框中选中"配合"约束按钮 ⯑ ，分别选取图 7.10.20 所示的两个面作为约束面，并确认 ⯑ 按钮被选中，单击 应用 按钮，

完成第三个装配约束。

⑤ 单击"放置约束"对话框的 取消 按钮，完成上基座零件的定位。

图 7.10.18 选取配合面　　　　图 7.10.19 选取配合面　　　　图 7.10.20 选取配合面

Step 9 添加图 7.10.21 所示的螺栓并定位。

（1）引入零件。

① 在 装配 选项卡 零部件 区域单击 按钮，系统弹出"装入零部件"对话框。

② 选取添加模型。在 D:\inv13.1\work\ch07\ch07.10 下选取螺栓零件模型文件 bolt.ipt，再单击 打开(0) 按钮。

③ 在图形区合适的位置处单击，即可把零件放置到当前位置，如图 7.10.22 所示，放置完成后按下 Esc 键。

图 7.10.21 添加螺栓零件　　　　　　　图 7.10.22 放置零件

（2）添加约束，使零件定位。

① 选择命令。单击"装配"选项卡 位置 区域中的"约束"按钮 （或在"装配"浏览器中右击选择 约束(C) 命令），系统弹出"放置约束"对话框。

② 添加"配合"约束 1。在"放置约束"对话框 部件 选项卡中的 类型 区域中选中"配合"约束按钮 ，分别选取图 7.10.23 所示的两个面作为约束面，并确认 按钮被选中，在"放置约束"对话框中单击 应用 按钮，完成第一个装配约束，如图 7.10.24 所示。

③ 添加"配合"约束 2。在"放置约束"对话框中选中"配合"约束按钮 ，分别选取图 7.10.24 所示的两个面作为约束面，并确认 按钮被选中，在"放置约束"对话框中单击 应用 按钮，完成第二个装配约束。

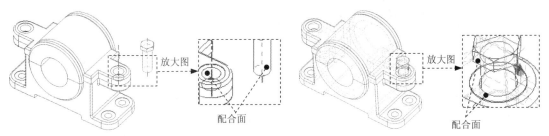

图 7.10.23 选取配合面   图 7.10.24 选取配合面

④ 单击"放置约束"对话框的 取消 按钮，完成螺栓零件的定位。

Step 10 镜像螺栓零件，如图 7.10.25 所示。

（1）选择命令。单击 装配 选项卡 零部件 区域中的 镜像 按钮，系统弹出"镜像零部件"对话框。

（2）确定要镜像的零部件。在图形区选取螺栓零件为要镜像的零部件（或在浏览器中选取）。

（3）定义镜像工作平面。在"镜像零部件"对话框中单击"选取镜像平面"按钮，然后选取 YZ 平面作为镜像平面。

（4）单击"镜像零部件"对话框中的 下一步 按钮，单击 确定 按钮，完成镜像操作。

Step 11 参照 Step9 将镜像出来的螺栓零件完全定位。

Step 12 添加图 7.10.26 所示的螺母并定位。

图 7.10.25 镜像螺栓零件   图 7.10.26 添加螺母零件

（1）引入零件。

① 在 装配 选项卡 零部件 区域单击 按钮，系统弹出"装入零部件"对话框。

② 选取添加模型。在 D:\inv13.1\work\ch07\ch07.10 下选取螺母零件模型文件 nut.ipt，再单击 打开(0) 按钮。

③ 在图形区合适的位置处单击，即可把零件放置到当前位置，如图 7.10.27 所示，放置完成后按下 Esc 键。

（2）添加约束，使零件定位。

① 选择命令。单击"装配"选项卡 位置 区域中的"约束"按钮（或在"装配"

浏览器中右击选择 约束(C) 命令），系统弹出"放置约束"对话框。

② 添加"配合"约束 1。在"放置约束"对话框中选中"配合"约束按钮，分别选取图 7.10.28 所示的两个面作为约束面，并确认 按钮被选中，单击 应用 按钮，完成第一个装配约束。

图 7.10.27 放置零件

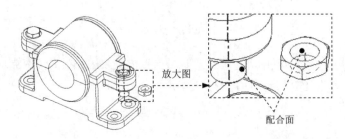

配合面

图 7.10.28 选取配合面

③ 添加"配合"约束 2。在"放置约束"对话框中选中"配合"约束按钮，分别选取图 7.10.29 所示的两个面作为约束面，并确认 按钮被选中，单击 应用 按钮，完成第二个装配约束。

④ 单击"放置约束"对话框的 取消 按钮，完成零件的定位。

Step 13 镜像螺母零件，如图 7.10.30 所示。

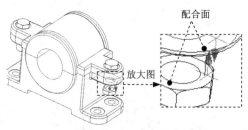

配合面

放大图

图 7.10.29 选取配合面

图 7.10.30 镜像零件

（1）选择命令。单击 装配 选项卡 零部件 区域中的 镜像 按钮，系统弹出"镜像零部件"对话框。

（2）确定要镜像的零部件。在图形区选取螺母零件为要镜像的零部件（或在浏览器中选取）。

（3）定义镜像工作平面。在"镜像零部件"对话框中单击"选取镜像平面"按钮 ，然后选取 YZ 平面作为镜像平面。

（4）单击"镜像零部件"对话框中的 下一步 按钮，单击 确定 按钮，完成镜像操作。

Step 14 参照 Step12 将镜像出来的螺母零件完全定位。

Step15　保存装配模型。

7.11　习题

1. 将 D:\inv13.1\work\ch07\ch07.11\ch07.11.01 文件夹中的零件 bolt.ipt 和 nut.ipt 装配起来，如图 7.11.1 所示，装配约束如图 7.11.2 所示。

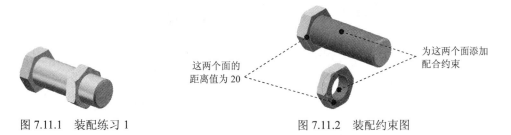

图 7.11.1　装配练习 1　　　　　　　　　　图 7.11.2　装配约束图

2. 将 D:\inv13.1\work\ch07\ch07.11\ch07.11.02 文件夹中的零件 bush_bracket.ipt 和 bush_bush.ipt 装配起来，如图 7.11.3 所示，装配约束如图 7.11.4 所示。

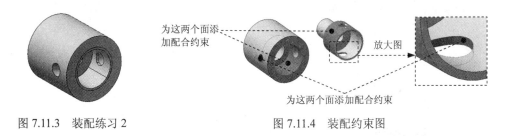

图 7.11.3　装配练习 2　　　　　　　　　　图 7.11.4　装配约束图

3. 将 D:\inv13.1\work\ch07\ch07.11\ch07.11.03 文件夹中的零件 body.ipt、body_cap.ipt、socket.ipt、wine_bottle.ipt 和 cork.ipt 装配起来，如图 7.11.5 所示，装配约束如图 7.11.6 所示。

图 7.11.5　装配练习 3

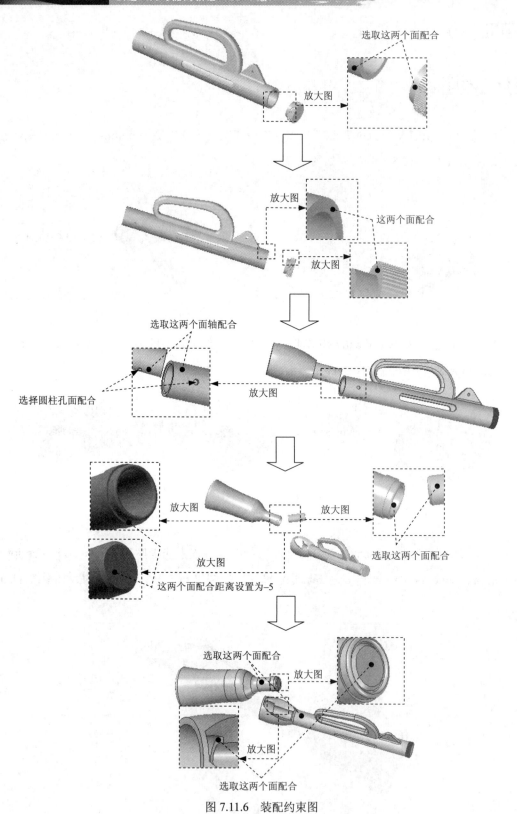

图 7.11.6 装配约束图

8

模型的测量与分析

 本章提要

严格的产品设计离不开模型的测量与分析，本章主要介绍的就是 Inventor 中的测量与分析操作，包括测量距离、角度、曲线长度、面积，分析模型的质量属性、装配体中零部件之间的干涉情况等，这些测量和分析功能在产品设计过程中具有非常重要的作用。

8.1 模型的测量

通过单击 工具 选项卡 测量 ▾ 区域中的各功能按钮（如图 8.1.1 所示）进行模型的基本测量。

图 8.1.1 所示"测量"区域的各功能按钮说明如下：

- ▭▭▭（距离）按钮：用于测量直线长度、圆弧长度、两点间的距离、圆弧半径与直径、部件中两零部件之间的距离（最小距离）或者两面之间的距离等。

图 8.1.1 "测量"区域各功能按钮

- ◹ 角度 按钮：用于测量两条直线之间的角度。

- ▭ 周长 按钮：用于测量由面边界或其他几何图元定义的封闭回路的长度。

- ▭ 面积 按钮：用于测量连续闭合区域的面积。

8.1.1 测量面积及周长

1. 测量面积

下面以图 8.1.2 为例，说明测量面积的一般操作步骤。

Step 1 打开文件 D:\inv13.1\work\ch08\ch08.01\measure_area.ipt。

Step 2 选择命令。在 **工具** 选项卡 测量 ▾ 区域中单击 面积 按钮，系统弹出"测量面积"对话框。

Step 3 定义要测量的面。选取图 8.1.2 所示的模型表面为要测量的面。

Step 4 查看测量结果。完成上步操作后，在图 8.1.3 所示的"测量面积"对话框中会显示测量的结果。

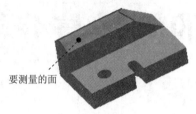
要测量的面

图 8.1.2　选取测量的模型表面

图 8.1.3　"测量面积"对话框

2. 测量周长

下面以图 8.1.4 为例，说明测量周长的一般操作步骤。

Step 1 打开文件 D:\inv13.1\work\ch08\ch08.01\measure_area.ipt。

Step 2 选择命令。在 **工具** 选项卡 测量 ▾ 区域中单击 周长 按钮，系统弹出"测量周长"对话框。

Step 3 定义要测量的面。选取图 8.1.4 所示的模型表面为要测量的面。

Step 4 查看测量结果。完成上步操作后，在图 8.1.5 所示的"测量周长"对话框中会显示测量的结果。

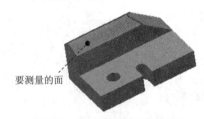
要测量的面

图 8.1.4　选取测量的模型表面

图 8.1.5　"测量周长"对话框

8.1.2　测量距离

下面以一个简单模型为例，说明测量距离的一般操作步骤。

Step 1 打开文件 D:\inv13.1\work\ch08\ch08.01\measure_distance.ipt。

Step 2 选择命令。在 **工具** 选项卡 测量 ▾ 区域中单击"距离"按钮，系统弹出"测量距离"对话框。

Step 3 测量面到面的距离。选取图 8.1.6 所示的模型表面，在图 8.1.7 所示的"测量距离"

对话框中会显示测量的结果。

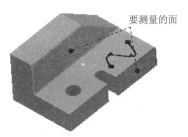

图 8.1.6　选取要测量的面

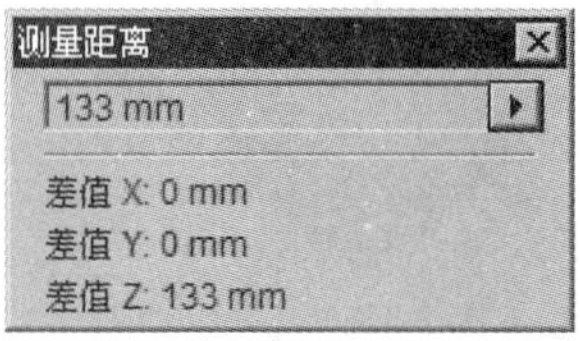

测量距离 ✕
133 mm ▶
差值 X: 0 mm
差值 Y: 0 mm
差值 Z: 133 mm

图 8.1.7　"测量距离"对话框

Step 4 测量点到面的距离，如图 8.1.8 所示。

Step 5 测量点到线的距离，如图 8.1.9 所示。

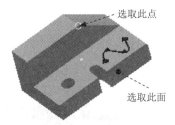

图 8.1.8　选取点和面

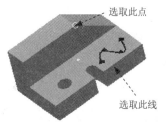

图 8.1.9　选取点和线

Step 6 测量点到点的距离，如图 8.1.10 所示。

Step 7 测量线到线的距离，如图 8.1.11 所示。

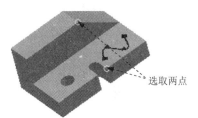

图 8.1.10　选取两点

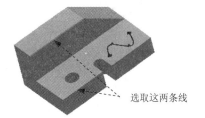

图 8.1.11　选取两线

Step 8 测量点到曲线的距离，如图 8.1.12 所示。

Step 9 测量线到面的距离，如图 8.1.13 所示。

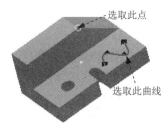

图 8.1.12　选取点和曲线

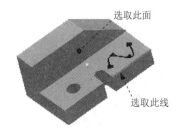

图 8.1.13　选取线和面

8
Chapter

Step 10　测量曲线的长度，如图 8.1.14 所示，测量结果如图 8.1.15 所示。

选取此曲线

图 8.1.14　选取曲线

图 8.1.15　"测量距离"对话框

说明：如果要求显示同一个尺寸的两个不同形式（如毫米与英寸），则用户需在"测量距离"对话框中单击 ▶ 按钮，系统弹出图 8.1.16 所示的快捷菜单，然后在此下拉菜单中选择单击 双重单位 ▶ 选项，在弹出的图 8.1.17 所示的快捷菜单中选择 英寸 ，此时测量结果如图 8.1.18 所示。

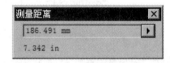

图 8.1.16　快捷菜单 1　　图 8.1.17　快捷菜单 2　　图 8.1.18　"测量距离"对话框

8.1.3　测量角度

下面以一个简单模型为例，说明测量角度的一般操作步骤。

Step 1　打开文件 D:\inv13.1\work\ch08\ch08.01\measure_angle.ipt。

Step 2　选择命令。在 工具 选项卡 测量 ▾ 区域中单击 ⬦ 角度 按钮，系统弹出"测量角度"对话框（一）。

Step 3　测量面与面间的角度。选取图 8.1.19 所示的模型表面 1 和模型表面 2 为要测量的两个面；完成选取后，在图 8.1.20 所示的"测量角度"对话框（一）中可看到测量的结果。

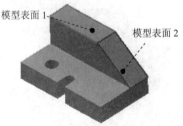

模型表面 1
模型表面 2

图 8.1.19　测量面与面间的角度

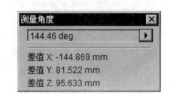

图 8.1.20　"测量角度"对话框（一）

Step 4 测量线与面间的角度，如图 8.1.21 所示。操作方法参见 Step3，结果如图 8.1.22 所示。

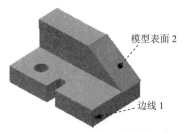

图 8.1.21 测量线与面间的角度

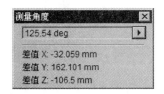

图 8.1.22 "测量角度"对话框（二）

Step 5 测量线与线间的角度，如图 8.1.23 所示。操作方法参见 Step3，结果如图 8.1.24 所示。

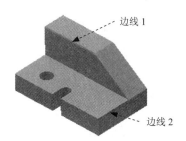

图 8.1.23 测量线与线间的角度

图 8.1.24 "测量角度"对话框（三）

8.2 模型的基本分析

8.2.1 模型的质量属性分析

通过质量属性的分析，可以获得模型的体积、总的表面积、质量、密度和惯性特性等数据，对产品设计有很大参考价值。下面以一个简单模型为例，说明质量属性分析的一般操作步骤。

Step 1 打开文件 D:\inv13.1\work\ch08\ch08.02\ch08.02.01\mass.ipt。

Step 2 选择命令。选择 ![] ➡️ ![iProperty] 命令，系统弹出 mass.ipt iProperty 对话框。

Step 3 在 mass.ipt iProperty 对话框中单击 **物理特性** 选项卡（如图 8.2.1 所示）。

Step 4 在 mass.ipt iProperty 对话框中单击 **更新(U)** 按钮，其列表框中将会显示模型的质量属性，如图 8.2.1 所示。

图 8.2.1 所示 mass.ipt iProperty 对话框的说明如下：

● **更新(U)** 按钮：用于计算质量、曲面面积和体积。

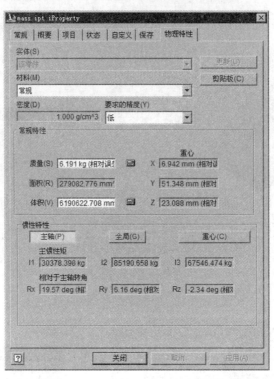

图 8.2.1　mass.ipt iProperty 对话框

- 剪贴板(C) 按钮：用于以多信息文本格式将物理特性报告移动到操作系统剪贴板中。
- 材料(M) 下拉列表：用于选择所选零部件的材料。
- 密度(D)：用于显示所选材料的密度。
- 要求的精度(Y) 下拉列表：用于设置物理特性计算的精度。
- 常规特性 区域：用于计算所选零件或部件的质量、曲面面积和体积。
- 惯性特性 区域：用于显示相对于激活编辑目标的坐标系报告的选定零部件的质量特性。

8.2.2　装配干涉分析

在产品设计过程中，当各零部件组装完成后，设计者最关心的是各个零部件之间的干涉情况，使用 检验 选项卡 过盈 区域中的"过盈分析"命令 可以帮助用户了解这些信息。下面以一个简单的装配为例，说明干涉检查的一般操作步骤。

Step 1　打开文件 D:\inv13.1\work\ch08\ch08.02\ch08.02.02\asm_clutch.iam。

Step 2　选择命令。单击 检验 选项卡 过盈 区域中的"过盈分析"命令 ，系统弹出图 8.2.2 所示的"干涉检查"对话框。

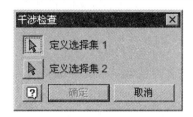

图 8.2.2　"干涉检查"对话框

图 8.2.2 所示的"干涉检查"对话框中的选项说明如下：

- 定义选择集 1 按钮：用于选择一个或多个要检查的零部件作为一组。
- 定义选择集 2 按钮：用于选择一个或多个要检查的零部件作为另外一组。

Step 3　选择需检查的零部件。在浏览器中选取所有零部件作为要检查的零部件。

Step 4　查看检查结果。完成上步操作后，单击"干涉检查"对话框中的 确定 按钮，系统弹出图 8.2.3 所示的"检测到干涉"对话框，同时图形区中发生干涉的面也会高亮显示，如图 8.2.4 所示。

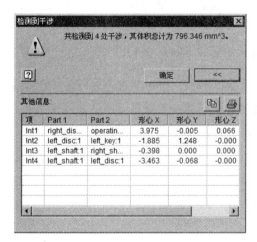

图 8.2.3　"检测到干涉"对话框

图 8.2.4　装配干涉分析

　　说明：在检查过程中，屏幕上会显示出完成的百分比；对于大量零部件或大型装配，检查可能需要很长时间；如果要检查一组零部件之间的干涉，可以选择选择集 1 中的所有零部件，然后单击 确定 按钮即可。

9

钣金设计

 本章提要

在机械设计中，钣金件设计占很大的比例。钣金具有重量轻、强度高、成本低、大规模量产性能好等特点，目前在电子电器、通信、汽车工业、医疗器械等领域得到了广泛应用，例如在电脑机箱、手机、MP3 中，钣金是必不可少的组成部分。随着钣金的应用越来越广泛，钣金件的设计变成了产品开发过程中很重要的一环，机械工程师必须熟练掌握钣金件的设计技巧，使得设计的钣金件既满足产品的功能和外观等要求，又能使得冲压模具制造简单、成本低。本章将介绍 Inventor 钣金设计的基本知识，包括以下内容：

- 钣金设计概述。
- 创建基础特征。
- 钣金的折叠与展开。
- 钣金除料及拐角处理。
- 钣金冲压特征。
- 钣金综合范例

9.1　钣金设计概述

钣金件一般是指具有均一厚度的金属薄板零件，机电设备的支撑结构（如电器控制柜）、护盖（如机床的外围护罩）等一般都是钣金件。图 9.1.1 所示的为常见的几种钣金零件，与实体零件模型一样，钣金件模型的各种结构也是以特征的形式创建的，但钣金件的设计也有自己独特的规律。

图 9.1.1 常见的几种钣金件

使用 Inventor 软件创建钣金件的过程大致如下。

Step 1 通过新建一个钣金件模型，进入钣金环境。

Step 2 以钣金件所支持或保护的内部零部件大小和形状为基础，创建基础钣金特征。

Step 3 在基础钣金特征创建之后，往往需要在其基础上添加另外的钣金壁，即凸缘、异形板等特征。

Step 4 在钣金模型中，还可以随时添加一些如剪切特征、孔特征和拐角倒角特征等。

Step 5 创建钣金冲压特征，为钣金的折弯做准备。

Step 6 进行钣金的折弯。

Step 7 进行钣金的展平图样的创建。

Step 8 创建钣金件的工程图。

9.2 钣金基础特征

9.2.1 平板

平板是指其厚度一致的平整薄板，它是一个钣金零件的"基础"，其他的钣金特征（如凸缘、异形板、折弯、剪切等）都要在这个"基础"上构建，因而这个平整的薄板就是钣金件最重要的部分。

1. 创建"平板"的两种类型

进入 Inventor 的钣金件设计环境后，在软件界面上方会显示图 9.2.1 所示的"钣金"功能选项卡中的"创建"工具栏，该工具栏中包含 Inventor 中几乎所有的钣金特征命令，特征命令的选取方法一般是单击其中的命令按钮。

图 9.2.1 "创建"工具栏

单击"平板"按钮，即可用来构造一个基本特征，也可以用来将特征添加到现有的钣金零件上，如图 9.2.2 所示。

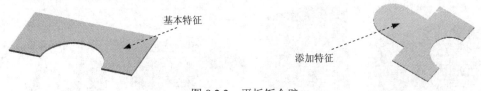

图 9.2.2　平板钣金壁

2．创建平板的一般过程

基本平板特征是指一个平整的钣金基础特征，在创建钣金零件时，需要先绘制钣金壁的正面轮廓草图（轮廓必须是闭合的），必须定义需要的材料方向。添加平板特征是指在已有的钣金壁上创建的平整的钣金薄壁材料，其材料方向无需用户定义，系统自动设定为与已存在钣金壁的加厚方向相同。

Task1．基本平板特征

下面以图 9.2.3 所示的模型为例，说明创建基本平板钣金壁的一般操作过程。

Step 1　新建钣金文件。选择下拉菜单 ➡ 新建 ➡ 从模板列表创建文件 命令，系统弹出图 9.2.4 所示的"新建文件"对话框，选取图 9.2.4 所示的钣金件模板，单击 创建 按钮。

图 9.2.3　创建基本平板特征　　　　　图 9.2.4　"新建文件"对话框

说明：除 Step1 中的叙述外，还有两种方法可进入钣金环境。

● 首先新建一个实体零件，然后在零件对话框中单击 三维模型 选项卡 转换 区域中的"转换为钣金"按钮，系统弹出图 9.2.5 所示的 Autodesk Inventor Professional

对话框，单击该对话框中的 ╔确定╗ 按钮，即可转换到钣金环境。

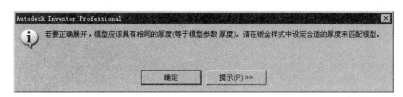

图 9.2.5 Autodesk Inventor Professional 对话框

● 直接打开一个钣金零件进入钣金环境。

Step 2 定义平板特征的截面草图。

（1）选择命令。单击 ╔钣金╗ 功能选项卡 ╔草图╗ 区域中的 ╔🖉╗ 按钮。

（2）选取草图平面。在系统 ╔选择平面以创建草图或编辑现有草图╗ 的提示下，选取 XZ 平面作为草图平面，进入草图绘制环境。

（3）绘制图 9.2.6 所示的截面草图。

（4）单击 ╔钣金╗ 功能选项卡 ╔退出╗ 区域中的"完成草图"按钮 ╔✔╗，退出草图绘制环境。

Step 3 选择命令。单击 ╔钣金╗ 功能选项卡 ╔创建╗ 区域中的"平板"按钮 ╔▱╗，系统弹出图 9.2.7 所示的"面"对话框。

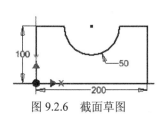

图 9.2.6 截面草图

图 9.2.7 "面"对话框

Step 4 定义钣金材料方向。在"面"对话框 ╔形状╗ 区域通过单击"偏移"按钮 ╔⤴偏移(O)╗ 将钣金材料方向调整至图 9.2.8 所示的方向。

图 9.2.7 所示的"面"对话框中各选项的说明如下：

● ╔形状╗ 选项卡：用于控制钣金平板截面的选择以及要使用的折弯设置。

☑ ╔🖮截面轮廓(P)╗：用于选择一个或者多个截面轮廓，按照钣金厚度进行拉伸，如果草图中只有一个截面轮廓，系统将自动选择该轮廓。

☑ ╔⤴偏移(O)╗：用于调整钣金材料的方向，如图 9.2.9 所示。

图 9.2.8　定义材料方向

图 9.2.9　调整钣金材料方向

- **展开选项** 选项卡：用于设置展开规则。

- **折弯** 选项卡：用于设置释放槽的类型参数。

Step 5　单击"面"对话框中的 **确定** 按钮。

Step 6　定义钣金材料厚度。单击 **钣金** 功能选项卡 **设置 ▾** 区域中的"钣金默认设置"按钮 ，系统弹出图 9.2.10 所示的"钣金默认设置"对话框；在 **钣金规则(S)** 下拉列表中选择 **默认_mm** 选项，取消选中 □ **使用规则中的厚度(R)** 复选框，在 **厚度(T)** 文本框中输入数值为 1.0，其他参数接受系统默认设置。

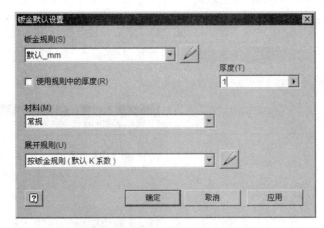
图 9.2.10　"钣金默认设置"对话框

图 9.2.10 所示的"钣金默认设置"对话框中各选项的说明如下：

- **钣金规则(S)** 下拉列表：用于指定或者修改钣金规则的参数值。

  - ☑ ：用于编辑钣金规格，单击此按钮，系统会弹出图 9.2.11 所示的"样式和标准编辑器"对话框，在此对话框中可以定义包括"材料"、"厚度"、"折弯"、"拐角"和"展开模式"选项的选择和值，也可以新建一个样式。

  - ☑ □ **使用规则中的厚度(R)** 复选框：用于设置是否使用钣金规则中的默认数值，如果选中将使用规则值，如果不选中则可以根据需要输入一具体值。

- **材料(M)** 下拉列表：用于给当前钣金件指定材料。

- **展开规则(U)** 下拉列表：用于设置钣金展开规则，单击 按钮，可用于编辑当前选中的展开规则。

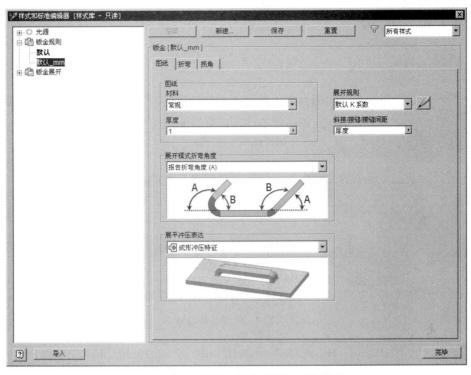

图 9.2.11   "样式和标准编辑器"对话框

Step 7   保存模型文件。选择下拉菜单 ▭ ➡ 🖫 保存 命令，文件名称为 tack。

Task2. 添加平板特征

下面继续以 Task1 的模型为例，来说明添加平板特征的一般操作过程（图 9.2.12 所示）。

Step 1   定义平板特征的截面草图。

（1）选择命令。单击 钣金 功能选项卡 草图 区域中的 ▭ 按钮。

（2）选取草图平面。在系统 选择平面以创建草图或编辑现有草图 的提示下，选取图 9.2.12 所示的模型表面作为草图平面，进入草图绘制环境。

（3）绘制图 9.2.13 所示的截面草图。

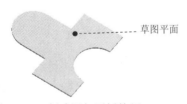
—— 草图平面

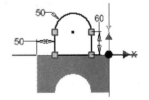

图 9.2.12   创建添加平板特征   图 9.2.13   截面草图

（4）单击 钣金 功能选项卡 退出 区域中的"完成草图"按钮 ✔，退出草图绘制环境。

Step 2   选择命令。单击 钣金 功能选项卡 创建 区域中的"平板"按钮 ▱，系统弹出"面"对话框。

Step 3 单击"面"对话框中的 确定 按钮，完成添加平板特征的创建。

9.2.2 凸缘

钣金凸缘是指在已存在的钣金壁的边缘上创建的折弯，其厚度与原有钣金厚度相同。在创建凸缘特征时，需先在已存在的钣金中选取某一条边线作为凸缘钣金壁的附着边，其次需要定义凸缘特征的其余参数。

下面以图 9.2.14 所示的模型为例，说明创建凸缘特征的一般操作过程。

图 9.2.14　创建凸缘特征

Step 1 打开文件 D:\inv13.1\work\ch09\ch09.02\ch09.02.02\practice.ipt。

Step 2 选择命令。单击 钣金 功能选项卡 创建 区域中的"凸缘"按钮 ，系统弹出图 9.2.15 所示的"凸缘"对话框（一）。

Step 3 选取附着边。选取图 9.2.16 所示的模型边线为凸缘的附着边。

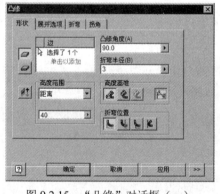

图 9.2.15　"凸缘"对话框（一）

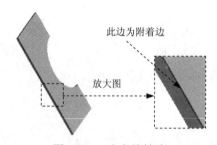

图 9.2.16　定义线性边

Step 4 定义凸缘形状属性。在"凸缘"对话框的 高度范围 区域的下拉列表中选择 距离 选项，在"距离"文本框中输入 40；在 凸缘角度(A) 文本框中输入 90；在 折弯半径(B) 文本框中输入 3；在 高度基准 区域中将"从两个外侧面的交线折弯"按钮 按下；在 折弯位置 区域中将"折弯面范围之内"按钮 按下。

图 9.2.15 所示的"凸缘"对话框（一）中的部分按钮说明如下：

- （边选择模式）按钮：单击该按钮，可用于选择应用于凸缘的一条或者多条独立的边线，如图 9.2.17 所示。

- （回路选择模式）按钮：单击该按钮，可用于选择一个边回路，然后将凸缘
  应用于选定回路的所有边线，如图 9.2.18 所示。

图 9.2.17　边选择模式　　　　　　　　　图 9.2.18　回路选择模式

- （反向）按钮：用于调整凸缘生成的方向，如图 9.2.19 所示。

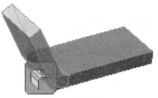

a）反向前　　　　　　　　　　　　b）反向后

图 9.2.19　反向按钮

- 凸缘角度(A) 文本框：可以输入折弯角度的值，该值是与原钣金所成角度的补角，
  几种折弯角度如图 9.2.20 所示。

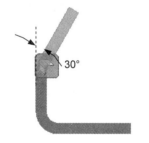
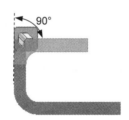
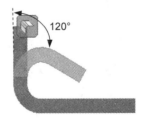

图 9.2.20　设置折弯角度值

- 折弯半径(B) 文本框：用于设置凸缘折弯半径。
- 高度基准 区域：用于选择定义凸缘高度时选取哪个面作为高度测量基准。

  ☑ （从两个外侧面的交线折弯）：凸缘的总长是指从折弯面的外部虚拟交点
  处开始计算，直到折弯平面区域端部为止的距离，如图 9.2.21a 所示。

  ☑ （从两个内侧面的交线折弯）：凸缘的总长是指从折弯面的内部虚拟交点
  处开始计算，直到折弯平面区域端部为止的距离，如图 9.2.21b 所示。

  ☑ （平行于凸缘终止面）：凸缘的总长是指从折弯面相切虚拟交点处开始计

算，直到折弯平面区域的端部为止的距离（只对大于 90 度的折弯有效），如图 9.2.21c 所示。

a）从两个外侧面的交线折弯

b）从两个内侧面的交线折弯

c）平行于凸缘终止面

图 9.2.21 设置法兰长度按钮

☑ 　 　（对齐与平行）：此按钮用于控制高度测量值是与凸缘面对齐还是与基础面正交，如图 9.2.22 所示。

● 折弯位置 区域：用于选择相对于包含选定边的面进行定位折弯。

☑ 　 　（折弯面范围之内）：凸缘的外侧面与附着边平齐，如图 9.2.23 所示。

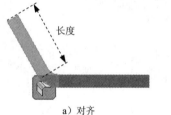
a）对齐

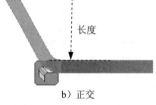
b）正交

图 9.2.22 "对齐与平行"按钮

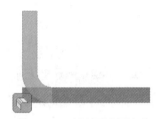
图 9.2.23 折弯面范围之内

☑ 　 　（从相邻面折弯）：把凸缘特征直接加在基础特征上来创建材料而不改变基础特征尺寸，如图 9.2.24 所示。

☑ 　 　（基础面范围之外）：凸缘的内侧面与附着边平齐，如图 9.2.25 所示。

☑ 　 　（从侧面相切的折弯）：凸缘圆弧面的相切面与附着边平齐，如图 9.2.26 所示。

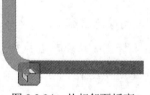
图 9.2.24 从相邻面折弯

图 9.2.25 基础面范围之外

图 9.2.26 从侧面相切的折弯

● >> 按钮：单击此按钮可以指定凸缘的范围。

☑ 边：用于创建选定平板边的全长的凸缘，如图 9.2.27 所示。

☑ **宽度**：用于从现有面的边上选定一个顶点、工作点、工作平面或者平面作为参考，偏移一定的值来创建指定宽度的凸缘，如图 9.2.28 所示；还可以以选定边的中点为基准创建特定宽度的凸缘，如图 9.2.29 所示。

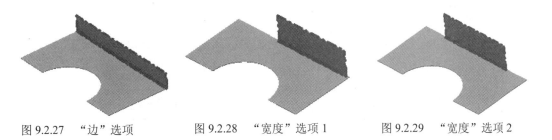

图 9.2.27　"边"选项　　　图 9.2.28　"宽度"选项 1　　　图 9.2.29　"宽度"选项 2

☑ **偏移量**：用于指定从现有面的边上的两个选定顶点、工作点、工作平面或平面的偏移量创建凸缘，如图 9.2.30 所示。

☑ **从表面到表面**：用于创建通过选定现有的零件几何图元定义凸缘的宽度，效果如图 9.2.31 所示。

图 9.2.30　"偏移量"选项　　　　　　　图 9.2.31　"从表面到表面"选项

Step 5　定义凸缘折弯属性。在"凸缘"对话框中单击 折弯 选项卡，此选项卡内容接受系统默认设置，如图 9.2.32 所示。

图 9.2.32　"凸缘"对话框（二）

图 9.2.32 所示的"凸缘"对话框（二）中的部分选项说明如下：

● 释压形状(S) 下拉列表：用于设置钣金件中释放槽的类型。

  ☑ 线性过渡：用于创建由方形拐角定义的折弯释放槽的形状，效果如图 9.2.33 所示。

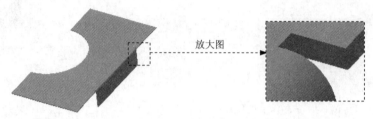

图 9.2.33 线性过渡类型

  ☑ 水滴形：用于创建在凸缘壁的连接处，通过垂直切割主壁材料至折弯线处构建的释放槽，效果如图 9.2.34 所示。

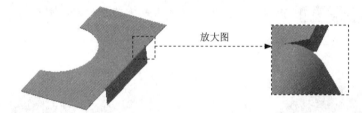

图 9.2.34 水滴形类型

  ☑ 圆角：用于创建在凸缘的连接处，将主壁材料切割成矩圆形缺口构建的释放槽，效果如图 9.2.35 所示。

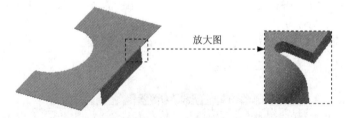

图 9.2.35 圆角类型

● 释压宽度(A)(W) 文本框：用于定义折弯释压的宽度，在对话框释放槽预览区域标示为 A。

● 释压深度(B)(D) 文本框：用于定义折弯释压的深度，在对话框释放槽预览区域标示为 B。

● 最小余量(M) 文本框：用于定义沿折弯释压切割允许保留的最小备料的可接受大小。

● 折弯过渡(T) 下拉列表：用于在进行折弯操作时设置折弯过渡的形式。

  ☑ 无：用于根据几何图元，在选定折弯处相交的两个面的边之间产生一条样条曲线。

- ☑ 交点：用于从与折弯特征的边相交的折弯区域的边上产生一条直线。
- ☑ 直线：用于从折弯区域的一条边到另一条边产生一条直线。
- ☑ 圆弧：用于从与折弯特征的边相交的折弯区域的边上产生一段圆弧。
- ☑ 修剪到折弯：用于对折弯区域采用垂直于折弯特征的方式进行切割。

Step 6 单击"凸缘"对话框中的 确定 按钮，完成特征的创建。

9.2.3 异形板

异形板特征是指以扫掠的方式创建钣金壁。在创建异形板特征时需要先绘制钣金壁的侧面轮廓草图，然后给定钣金的宽度值（即扫掠轨迹的长度值），则系统将轮廓草图沿指定方向延伸至指定的深度，形成钣金壁。值得注意的是，异形板所使用的草图必须是不封闭的。

1. 创建基本异形板

基本异形板是指创建一个异形板的钣金基础特征，在创建该钣金特征时，需要先绘制钣金壁的侧面轮廓草图（必须为开放的线条），然后给定钣金厚度和材料方向。下面以图9.2.36所示的模型为例，说明创建基本异形板的一般操作过程。

Step 1 新建一个钣金件模型，进入钣金设计环境。

Step 2 定义异形板特征的截面草图。

（1）选择命令。单击 钣金 功能选项卡 草图 区域中的 按钮。

（2）选取草图平面。在系统 选择平面以创建草图或编辑现有草图 的提示下，选取 XY 平面作为草图平面，进入草图绘制环境。

（3）绘制图9.2.37所示的截面草图。

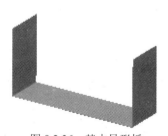

图 9.2.36 基本异形板

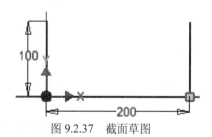

图 9.2.37 截面草图

（4）单击 钣金 功能选项卡 退出 区域中的"完成草图"按钮 ✔，退出草图绘制环境。

Step 3 选择命令。单击 钣金 功能选项卡 创建 区域中的"异形板"按钮 ，系统弹出图9.2.38所示的"异形板"对话框。

说明：在绘制轮廓弯边的截面草图时，如果没有将折弯位置绘制为圆弧，系统将在折弯位置自动创建圆弧以作为折弯的半径。

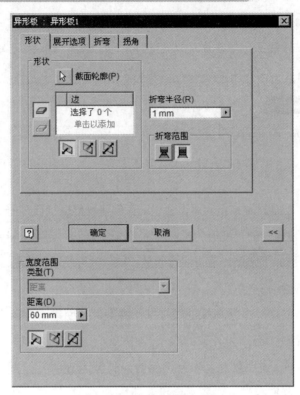

图 9.2.38　"异形板"对话框

Step 4　定义截面轮廓。在系统 选择开放截面轮廓 的提示下，选取 Step2 中创建的草图作为
　　　　截面轮廓。

Step 5　定义异形板参数。

（1）定义材料加厚方向。在"异形板"对话框中确认 被按下。

（2）定义折弯半径。在"异形板"对话框 折弯半径(R) 文本框中输入 1.0。

（3）定义钣金板长度。在"异形板"对话框 距离(D) 文本框中输入 60.0。

Step 6　单击"异形板"对话框中的 确定 按钮，完成异形板的创建。

Step 7　保存模型文件。选择下拉菜单 ➡️ 保存 命令，文件名称为 schema。

2. 创建二次异形板

　　二次异形板是根据用户定义的侧面形状并沿着已存在的钣金体的边缘进行拉伸所形
成的钣金特征，其壁厚与原有钣金壁相同。下面以上面创建的模型为例，来说明创建二次
异形板的一般操作过程（图 9.2.39 所示）。

Step 1　定义二次异形板特征的截面草图。

（1）选择命令。单击 钣金 功能选项卡 草图 区域中的 按钮。

（2）选取草图平面。在系统 选择平面以创建草图或编辑现有草图 的提示下，选取图 9.2.40

所示的模型表面作为草图平面，进入草图绘制环境。

图 9.2.39 创建二次异形板

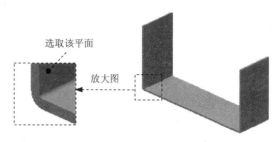

选取该平面

放大图

图 9.2.40 定义草图平面

（3）绘制图 9.2.41 所示的截面草图。

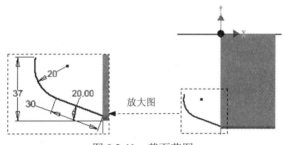

放大图

图 9.2.41 截面草图

（4）单击 钣金 功能选项卡 退出 区域中的"完成草图"按钮 ✔，退出草图绘制环境。

Step 2 选择命令。单击 钣金 功能选项卡 创建 区域中的"异形板"按钮 ⚑，系统弹出
"异形板"对话框。

Step 3 定义截面轮廓。在系统 选择开放截面轮廓 的提示下，选取 Step1 中创建的草图作为
截面轮廓。

Step 4 定义附着边。在系统 选择边 的提示下，选取图 9.2.42 所示的模型边线为异形板的
附着边。

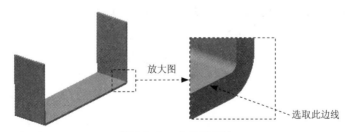

放大图

选取此边线

图 9.2.42 定义附着边

Step 5 定义异形板参数。

（1）定义材料加厚方向。在"异形板"对话框中确认 ⟋ 被按下。

（2）定义折弯半径。在"异形板"对话框 折弯半径(R) 文本框中输入 1.0。

（3）定义钣金板长度。在"异形板"对话框 类型(T) 下拉列表中选择 宽度 选项，并在
"宽度"文本框中输入 100。

Step 6　单击"异形板"对话框中的 确定 按钮，完成图 9.2.39 所示的二次异形板的
　　　　创建。

9.2.4　钣金放样

钣金放样是指通过两个钣金截面轮廓生成钣金，这两个截面轮廓必须位于两个平行的
参考平面上。

下面以图 9.2.43 所示的模型为例，说明创建钣金放样的一般过程。

Step 1　打开文件 D:\inv13.1\work\ch09\ch09.02\ch09.02.04\Hopper.ipt。

Step 2　选取命令。单击 钣金 功能选项卡 创建 区域中的"钣金放样"按钮 钣金放样 ，
　　　　系统弹出图 9.2.44 所示的"钣金放样"对话框。

图 9.2.43　创建钣金放样特征　　　　图 9.2.44　　"钣金放样"对话框

图 9.2.44 所示的"钣金放样"对话框中的部分选项说明如下：

输出 区域：用于设置钣金放样的输出类型。

● ：用于冲压成型输出的钣金放样；效果如图 9.2.43 所示。

● ：用于折弯成型输出的钣金放样，此类钣金件是完全由平面或者圆柱面折弯组
　　成的过渡形状，效果如图 9.2.45 所示。

Step 3　定义特征的截面轮廓以及输出类型。在系统 选择第一个打开或关闭的截面轮廓 的提示
　　　　下，选取图 9.2.46 所示的草图 1 为截面轮廓 1；然后选取图 9.2.46 所示的草图 2
　　　　为截面轮廓 2；并在对话框中确认"冲压成型"按钮 被选中。

Step 4　单击"钣金放样"对话框中的 确定 按钮，完成特征的创建。

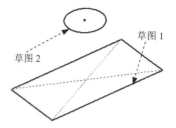

图 9.2.45　折弯成型输出类型　　　　　图 9.2.46　定义截面轮廓

9.2.5　卷边

卷边特征是指沿着钣金件的任何一条边线折叠构造卷边。下面以图 9.2.47 所示的模型为例，说明创建卷边特征的一般过程。

Step 1　打开文件 D:\inv13.1\work\ch09\ch09.02\ch09.02.05\schema.ipt。

Step 2　选取命令。单击 钣金 功能选项卡 创建 区域中的"卷边"按钮 卷边，系统弹出图 9.2.48 所示的"卷边"对话框。

图 9.2.47　创建卷边特征

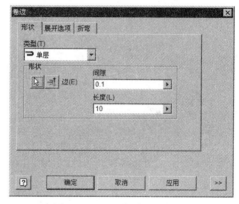

图 9.2.48　"卷边"对话框

图 9.2.48 所示的"卷边"对话框中的部分选项说明如下：

● 类型(T) 下拉列表：用于设置卷边的类型。

● 边(E)按钮：用于选取附着边，并且可以反转卷边的方向。

● 间隙 文本框：在此文本框中输入不同的数值，可改变卷边特征的内壁面与附着边之间的垂直距离（仅对"单层"、"双层"卷边类型适用）。

● 长度(L) 文本框：在此文本框中输入不同的数值，可以改变卷边的长度（仅对"单层"、"双层"卷边类型适用）。

● 半径(R) 文本框：在此文本框中输入不同的数值，可改变卷边内侧半径的大小（仅对"滚边形"、"水滴形"卷边类型适用）。

● 角度(A) 文本框：在此文本框中输入不同的数值，可改变卷边的角度（仅对"滚边形"、"水滴形"卷边类型适用）。

Step 3 选取附着边。选取图 9.2.49 所示的模型边线为卷边的附着边。

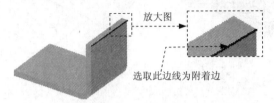

放大图

选取此边线为附着边

图 9.2.49 选取附着边

Step 4 定义卷边类型及属性。在"卷边"对话框 类型(T) 下拉列表中选中 单层 选项；在 间隙 文本框中输入 0.1；在 长度(L) 文本框中输入 10.0。

说明：在"卷边"对话框 类型(T) 下拉列表中包含 单层、 水滴形、 滚边形 和 双层 四种类型选项，如图 9.2.50 所示。

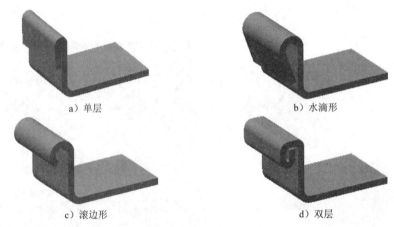

a）单层   b）水滴形

c）滚边形   d）双层

图 9.2.50 定义卷边类型

Step 5 单击"卷边"对话框中的 确定 按钮，完成特征的创建。

9.3 钣金的折叠与展开

9.3.1 钣金折叠

钣金折叠是指将钣金的平面区域沿指定的直线弯曲某个角度。

钣金折叠特征包括如下三个要素：

● 折叠角度：折叠折弯的弯曲程度。

- 折叠半径：折叠处的内半径或外半径。

- 折叠应用曲线：确定折弯位置和折叠形状的几何线。

下面以图 9.3.1 所示的模型为例，说明创建折叠的一般过程。

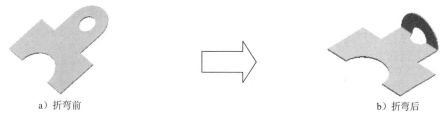

a）折弯前　　　　　　　　　　　　　　　　　　b）折弯后

图 9.3.1　折叠的一般过程

Step 1　打开文件 D:\inv13.1\work\ch09\ch09.03\ch09.03.01\offset01。

Step 2　选择命令。单击 钣金 功能选项卡 创建 区域中的"折叠"按钮 折叠，系统弹

出图 9.3.2 所示的"折叠"对话框。

图 9.3.2　"折叠"对话框

Step 3　选取折弯线。选取图 9.3.3 所示的直线作为折弯线。

Step 4　定义折弯属性。在"折叠"对话框 反向控制 区域单击"反转到对侧"按钮 ，使

折叠方向如图 9.3.4 所示；在 折叠位置 区域选中"折叠中心线"按钮 ；在 折叠角度

文本框中输入 90；在 折弯半径(R) 文本框中输入 1.0。

Step 5　单击"折叠"对话框中的 确定 按钮，完成特征的创建。

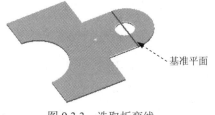

图 9.3.3　选取折弯线

图 9.3.4　定义折叠方向

基准平面

9.3.2　钣金展开

在钣金设计中，如果需要在钣金件的折叠区域创建剪切或孔等特征，应首先使用展开命令取消折弯钣金件的折叠特征，然后就可以在展开的折叠区域创建剪切或孔等特征。

下面以图 9.3.5 所示的模型为例，说明展开特征的一般过程。

a）展开前

b）展开后

图 9.3.5　钣金展开

Step 1　打开文件 D:\inv13.1\work\ch09\ch09.03\ch09.03.02\cancel.ipt。

Step 2　选择命令。单击 钣金 功能选项卡 修改 ▼ 区域中的"展开"按钮 展开，系统弹出图 9.3.6 所示的"展开"对话框。

Step 3　选取基础参考。选取图 9.3.7 所示的内表面为基础参考面。

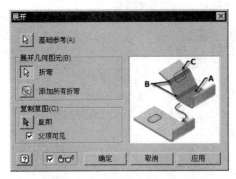

图 9.3.6　"展开"对话框

图 9.3.7　选取基础参考面

Step 4　选取要展开的折弯面。在"展开"对话框 展开几何图元(B) 区域单击 添加所有折弯 按钮。

Step 5　单击"展开"对话框中的 确定 按钮，完成特征的创建。

9.3.3　重新折叠

将展开后的钣金壁部分或全部折弯回来（图 9.3.8），就是钣金的重新折叠。

下面以图 9.3.8c 所示的模型为例，说明重新折叠的一般过程。

Step 1　打开文件 D:\inv13.1\work\ch09\ch09.03\ch09.03.03\cancel.ipt。

Step 2　选择命令。单击 钣金 功能选项卡 修改 ▼ 区域中的"重新折叠"按钮 重新折叠，系统弹出图 9.3.9 所示的"重新折叠"对话框。

a）原钣金件　　　　　　b）展开钣金件　　　　　　c）钣金的重新折弯

图 9.3.8 钣金的重新折叠

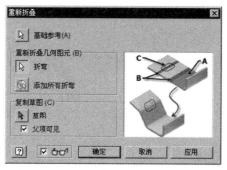

图 9.3.9 "重新折叠"对话框

Step 3 选取基础参考。在系统的提示下，选取图 9.3.10 所示的模型表面。

Step 4 选取要重新折叠的展开的折叠面。在系统选择要重新折叠的展开的折弯面 的提示下，选取图 9.3.11 所示的折叠特征。

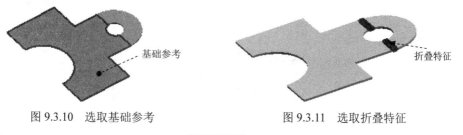

图 9.3.10 选取基础参考　　　　　　图 9.3.11 选取折叠特征

Step 5 单击"重新折叠"对话框中的　确定　按钮，完成特征的创建。

9.4 钣金除料及拐角处理

9.4.1 剪切

剪切是指沿着垂直于草图平面，以一组连续的曲线作为裁剪的轮廓线进行拉伸裁剪。剪切与实体拉伸切除特征的结果大致相同。

下面以图 9.4.1 所示的模型为例，说明创建剪切的一般过程。

图 9.4.1　创建除料特征

Step 1　打开文件 D:\inv13.1\work\ch09\ch09.04\ch09.04.01\remove.ipt。

Step 2　定义剪切特征的截面草图。

（1）选择命令。单击 钣金 功能选项卡 草图 区域中的 按钮。

（2）选取草图平面。在系统 选择平面以创建草图或编辑现有草图 的提示下，选取图 9.4.2 所示的面作为草图平面，进入草图绘制环境。

（3）绘制图 9.4.3 所示的截面草图。

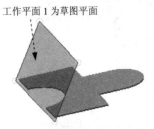

图 9.4.2　选取草图平面

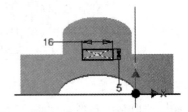

图 9.4.3　截面草图

（4）单击 钣金 功能选项卡 退出 区域中的"完成草图"按钮 ，退出草图绘制环境。

Step 3　选择命令。单击 钣金 功能选项卡 修改 ▾ 区域中的"剪切"按钮 ，系统弹出图 9.4.4 所示的"剪切"对话框。

图 9.4.4　"剪切"对话框

Step 4　定义剪切参数。在"剪切"对话框 范围 区域中的下拉列表中选择 贯通 选项，将方向设置为"方向 2"类型 。

Step 5　单击"剪切"对话框中的 确定 按钮，完成特征的创建。

9.4.2　孔

孔特征包含简单孔、螺纹孔、沉孔等，其生成孔特征的操作步骤与零件模块完全一致，这里不再赘述。

9.4.3 拐角接缝

拐角接缝可以修改两个相邻弯边特征间的缝隙并创建一个止裂口，在创建封闭角时需要确定希望封闭的两个折弯中的一个折弯。

下面以图 9.4.5 所示的模型为例，来说明创建拐角接缝的一般操作过程。

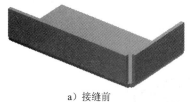
a）接缝前

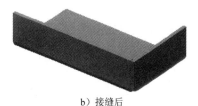
b）接缝后

图 9.4.5   创建拐角接缝特征

Step 1   打开文件 D:\inv13.1\work\ch09\ch09.04\ch09.04.03\fold.ipt。

Step 2   选择命令。单击 钣金 功能选项卡 修改 ▼ 区域中的"拐角接缝"按钮 ，系统弹出图 9.4.6 所示的"拐角接缝"对话框。

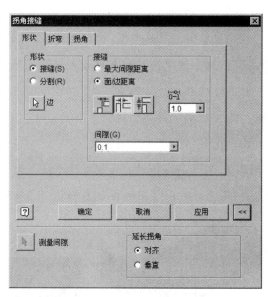

图 9.4.6   "拐角接缝"对话框

Step 3   定义拐角接缝参考边。在系统 选择边 的提示下，依次选取图 9.4.7 所示的边线 1 与边线 2 作为参照。

Step 4   定义接缝参数。在"拐角接缝"对话框 接缝 区域选中 ⊙ 面处距离 单选按钮，单击 "交迭"按钮 ，在 文本框中输入 1.0，在 间隙(G) 文本框中输入 0.1，其余参数接受系统默认设置。

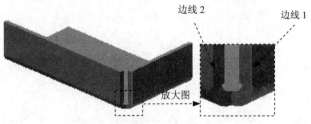

图 9.4.7 定义拐角接缝参照

Step 5 单击"拐角接缝"对话框中的 确定 按钮，完成图 9.4.8 所示的特征的创建。

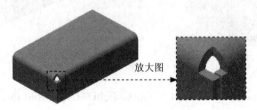

图 9.4.8 创建拐角接缝特征

图 9.4.6 所示的"拐角接缝"对话框中的各选项说明如下：

- 形状 区域：选择模型的边并指定是否接缝拐角。
- 接缝 区域：用于控制接缝间隙交迭类型、间隙距离值以及交迭百分比等。
  - ☑ ⦿最大间隙距离：选中该单选按钮创建拐角接缝间隙，可以使用与物理检测标尺方式一致的方式对其进行测量。
  - ☑ ⦿面边距离：选中该单选按钮创建拐角接缝间隙，可以测量从与选定的第一条边相邻的面到选定的第二条边的距离。
  - ☑ （对称间隙）：用于将当前的拐角接缝类型设置为"对称间隙"（只有在选中⦿最大间隙距离后才可以使用该按钮），如图 9.4.9 所示。

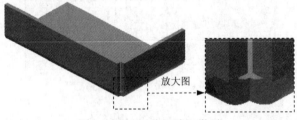

图 9.4.9 "对称间隙"类型

  - ☑ （交迭）：用于将当前的拐角接缝类型设置为"交迭"（只有在选中⦿最大间隙距离后才可以使用该按钮），如图 9.4.10 所示。
  - ☑ （反向交迭）：用于将当前的拐角接缝类型设置为"反向交迭"（只有在选中⦿最大间隙距离后才可以使用该按钮），如图 9.4.11 所示。

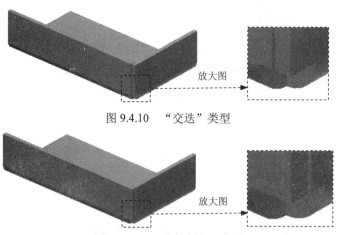

图 9.4.10 "交迭"类型

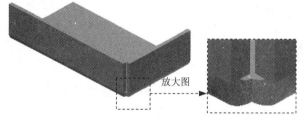

图 9.4.11 "反向交迭"类型

☑ 💠 (无交迭): 用于将当前的拐角接缝类型设置为"无交迭"(只有在选中 ⦿ 面edge距离 后才可以使用该按钮), 如图 9.4.12 所示。

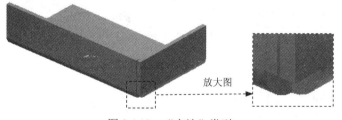

图 9.4.12 "无交迭"类型

☑ 💠 (交迭): 用于将当前的拐角接缝类型设置为"交迭"(只有在选中 ⦿ 面edge距离 后才可以使用该按钮), 如图 9.4.13 所示。

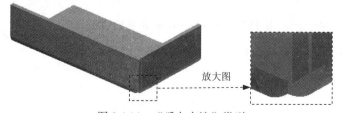

图 9.4.13 "交迭"类型

☑ 💠 (反向交迭): 用于将当前的拐角接缝类型设置为"反向交迭"(只有在选中 ⦿ 面edge距离 后才可以使用该按钮), 如图 9.4.14 所示。

图 9.4.14 "反向交迭"类型

☑ ⌐°⌐₁ （百分比交迭）：使用 0 到 1 之间的小数值来定义交迭部分占凸缘厚度的百分比，只有将交迭类型指定为交迭或反向交迭时，该文本框才有效。

☑ 间隙(G)：用于指定拐角接缝的边之间（或面与边之间）的距离。

● 延长拐角 区域：用于指定拐角如何延长。

☑ ⊙对齐：用于投影第一个平板使其与第二个平板对齐。

☑ ⊙垂直：用于投影第一个平板使其与第二个平板垂直。

9.4.4 拐角圆角

创建拐角圆角特征即是指对钣金件在厚度方向上倒圆角。下面以图 9.4.15 所示的模型为例，来说明创建拐角圆角特征的一般操作过程。

a）拐角圆角前　　　　　　　　　　　　　　　　　b）拐角圆角后

图 9.4.15　创建拐角圆角

Step 1 打开文件 D:\inv13.1\work\ch09\ch09.04\ch09.04.04\Break_corner.ipt。

Step 2 选择命令。单击 钣金 功能选项卡 修改 ▾ 区域中的"拐角圆角"按钮 ⌐⌐ 拐角圆角 ，系统弹出图 9.4.16 所示的"拐角圆角"对话框。

Step 3 定义拐角圆角的参数。

（1）选取图 9.4.17 所示的四条模型边线为圆角参照边。

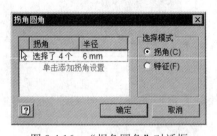

图 9.4.16　"拐角圆角"对话框

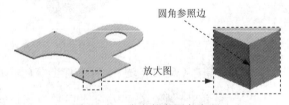

图 9.4.17　定义拐角圆角参照

图 9.4.16 所示的"拐角圆角"对话框中的部分选项说明如下：

● 拐角 列表：定义用于圆角的一组钣金拐角。

● 半径 列表：用于指定一组选定拐角的半径。

● 选择模式 区域：用于设置从拐角组中添加或删除拐角的方法。

☑ ⦿ **拐角(C)**：选中该单选按钮用于选择或者删除单个拐角特征。

☑ ⦿ **特征(F)**：选中该单选按钮用于选择或删除某个特征的所有拐角。

（2）定义拐角圆角属性。在"拐角圆角"对话框中输入半径值为 8。

Step 4 单击"拐角圆角"对话框中的 **确定** 按钮，完成拐角圆角的创建。

9.4.5 拐角倒角

创建拐角倒角特征可以对钣金件表面棱边或厚度方向的棱边进行倒角。下面以图 9.4.18 所示的模型为例，来说明创建拐角倒角特征的一般操作过程。

a）拐角倒角前　　　　　　图 9.4.18　创建拐角倒角　　　　　　b）拐角倒角后

Step 1 打开文件 D:\inv13.1\work\ch09\ch09.04\ch09.04.05\wall.ipt。

Step 2 选择命令。单击 **钣金** 功能选项卡 **修改 ▾** 区域中的"拐角倒角"按钮 ⟋ 拐角倒角，系统弹出图 9.4.19 所示的"拐角倒角"对话框。

Step 3 定义拐角倒角的参数。

（1）选取图 9.4.20 所示的两条模型边线为倒角参照边。

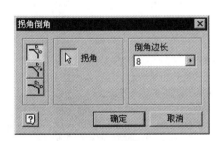

图 9.4.19　"拐角倒角"对话框

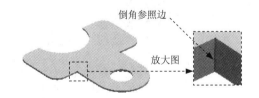

图 9.4.20　定义拐角倒角参照边

（2）在"拐角倒角"对话框 **倒角边长** 文本框中输入 8.0。

Step 4 单击"拐角倒角"对话框中的 **确定** 按钮，完成拐角倒角特征的创建。

注意：当用户在一条边缘上创建了一个"倒斜角"特征后，倒角后的边缘仍可以进行倒角。建议用户在整个钣金设计的最后阶段，完成所有的倒角。

9.5 钣金成型特征

本节将详细介绍 Inventor 2013 软件中创建冲压特征的一般过程，冲压工具是预先定义好的冲压型孔以及冲压成型特征；当需要使用该特征时，需保证在已有板的基础上创建一个草图点，并以该草图点为基准选取冲压工具，最后将其插入；通过本节提供的一些具体范例的操作，读者可以掌握钣金设计中冲压特征的创建方法。

9.5.1 冲压工具

在冲压特征的创建过程中冲压工具的选择尤其重要，有一个很好的冲压工具才可以创建完美的冲压特征。在 Inventor 2013 中用户可以直接使用软件提供的冲压工具或将其修改后使用，也可按要求自己创建冲压工具。本节将详细讲解使用冲压工具的几种方法。

1. 软件提供的冲压工具

单击 钣金 功能选项卡 修改 ▼ 区域中的"冲压工具"按钮 ，系统弹出图 9.5.1 所示的"冲压工具目录"对话框，在此对话框中可以浏览该文件夹中的冲压工具。

图 9.5.1 "冲压工具目录"对话框

选取要使用的冲压工具并打开，此时系统弹出图 9.5.2 所示的"冲压工具"对话框，在此对话框中可以定义冲压工具的几何中心、角度以及大小规格。

2. 自定义冲压工具

冲压工具的定制相对来说比较简单，首先要创建出该特征，然后利用 iFeature 功能就可以定制冲压工具了。

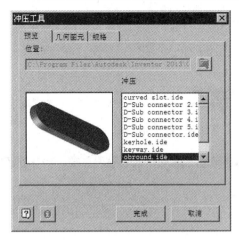

图 9.5.2　"冲压工具"对话框

下面以图 9.5.3 所示的冲压工具为例，讲述冲压工具定制的一般操作过程。

Step 1　打开文件 D:\inv13.1\work\ch09\ch09.05\form_tool_01.ipt。

Step 2　创建图 9.5.3 所示的剪切工具。

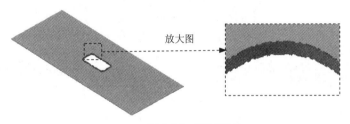

放大图

图 9.5.3　剪切工具

（1）定义剪切特征的截面草图。单击 钣金 功能选项卡 草图 区域中的 按钮；在系统 选择平面以创建草图或编辑现有草图 的提示下，选取图 9.5.4 所示的面作为草图平面，进入草图绘制环境；绘制图 9.5.5 所示的截面草图。

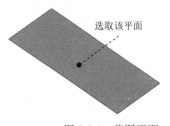

选取该平面

图 9.5.4　草图平面

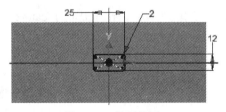

图 9.5.5　截面草图

注意：在图 9.5.5 所示的草图中的原点位置要有一个定位参考点。

（2）定义剪切参数。单击 钣金 功能选项卡 修改 ▼ 区域中的"剪切"按钮 ，系统弹出"剪切"对话框；在"剪切"对话框 范围 区域中的下拉列表中选择 贯通 选项，将方向设置为"方向2"类型 。

（3）单击"剪切"对话框中的 确定 按钮，完成特征的创建。

Step 3 创建冲压工具。

（1）选择命令。单击 管理 选项卡 编写 区域中的"提取 iFeature"命令 ，系统弹出图 9.5.6 所示的"提取 iFeature"对话框（一）。

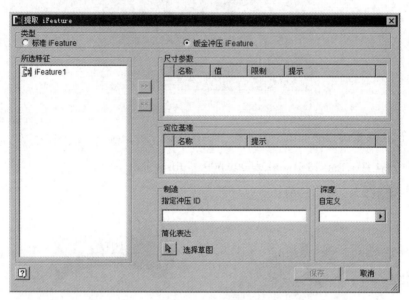

图 9.5.6 "提取 iFeature"对话框（一）

（2）定义提取类型。在"提取 iFeature"对话框（一） 类型 区域选中 钣金冲压 iFeature 单选按钮。

说明：选中 钣金冲压 iFeature 单选按钮之后， 制造 与 深度 区域自动激活，以便定义冲压工具的制造信息与深度信息。

（3）选取需要提取为冲压工具的特征。在图形区或者浏览器中选取 Step2 中创建的剪切特征，选取完成后，在"提取 iFeature"对话框中会自动提取选择的特征的自定义参数，如图 9.5.7 所示。

（4）添加并定义尺寸参数。

① 在"提取 iFeature"对话框 所选特征 区域选中 x= d6 [25 mm]，然后单击 >> 按钮。

② 参照上一步，将 x= d8 [12 mm] 与 x= d9 [2.0000000 mm] 添加至 尺寸参数 列表。

③ 在"提取 iFeature"对话框 尺寸参数 区域中，将 d6 的提示设置为"宽度"；将 d8 的提示设置为"长度"；将 d9 的提示设置为"深度"。

（5）定义定位基准。采用系统默认的定位基准。

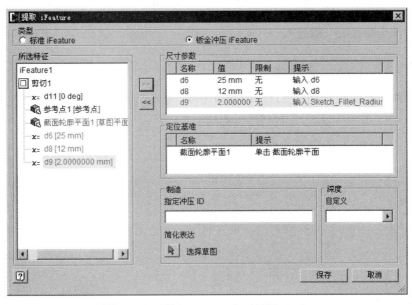

图 9.5.7　"提取 iFeature"对话框（二）

（6）定义冲压工具的制造信息。在"提取 iFeature"对话框 制造 区域的 指定冲压 ID 文本框中输入"冲压工具"，其他参数采用系统默认设置。

（7）定义冲压工具的深度信息。不指定深度信息。

说明：对于冲压深度，可以不指定，Inventor 将默认为冲压工具定义的厚度参数。当然我们也可以指定每个冲压工具冲裁的深度。

Step 4　保存冲压工具。单击"提取 iFeature"对话框中的 保存 按钮，系统弹出"另存为"对话框，选择冲压工具的保存路径，输入冲压工具的名称，参照图 9.5.8 所示，单击 保存(S) 按钮，完成冲压工具的创建。

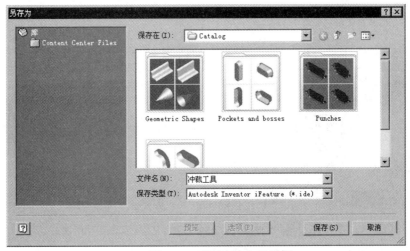

图 9.5.8　"另存为"对话框

9.5.2 创建冲压特征的一般过程

1. 创建冲压特征的一般过程

使用系统中自带的冲压工具，应用到钣金零件上创建冲压特征的一般过程如下：

（1）定义冲压工具在钣金中的放置参考点。

（2）选择冲压工具命令，找到合适的冲压工具。

（3）定义冲压工具的中心、角度及规格。

2. 实例 1

下面以图 9.5.9 所示的模型为例，来说明用"创建的冲压工具"创建冲压特征的一般过程。

a）创建前　　　　　　　　　　　　　　　　　　b）创建后

图 9.5.9　创建钣金冲压特征

Step 1　打开文件 D:\inv13.1\work\ch09\ch09.05\SM_FORM_01.ipt。

Step 2　定义冲压工具在钣金中的放置参考点。

（1）选择命令。单击 钣金 功能选项卡 草图 区域中的 按钮。

（2）选取草图平面。在系统 选择平面以创建草图或编辑现有草图 的提示下，选取图 9.5.10 所示的模型表面作为草图平面，进入草图绘制环境。

（3）绘制图 9.5.11 所示的截面草图。

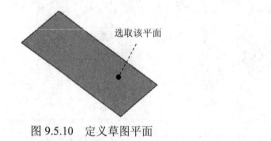

选取该平面

图 9.5.10　定义草图平面

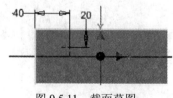

图 9.5.11　截面草图

（4）单击 钣金 功能选项卡 退出 区域中的"完成草图"按钮 ，退出草图绘制环境。

Step 3　选择命令。单击 钣金 功能选项卡 修改 ▼ 区域中的"冲压工具"按钮 ，系统弹出"冲压工具目录"对话框。

Step 4 选取冲压工具。在"冲压工具目录"对话框中选取图 9.5.12 所示的冲压工具，单击 打开(0) 按钮，系统弹出"冲压工具"对话框。

图 9.5.12 "冲压工具目录"对话框

Step 5 定义冲压工具参数。在"冲压工具"对话框中单击 几何图元 选项卡（图 9.5.13），在此选项卡中可以设置冲压工具的中心及角度，本例中接受系统默认设置；单击 规格 选项卡（图 9.5.14），在此选项卡中可以设置冲压工具的大小，本例中也接受系统默认设置。

图 9.5.13 "几何图元"选项卡

图 9.5.14 "规格"选项卡

Step 6 单击 完成 按钮，完成冲压的创建。

9.6　Inventor 钣金设计综合实际应用 1

应用概述

本应用详细讲解了图 9.6.1 所示钣金环的设计过程，主要应用了异形板、镜像、剪切、轮廓旋转等命令。钣金件模型及相应的浏览器如图 9.6.1 所示。

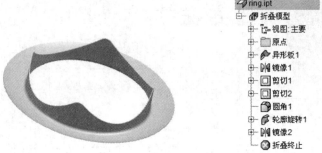

图 9.6.1　钣金件模型及浏览器

Step 1 新建一个钣金模型，进入钣金设计环境。

Step 2 修改钣金默认设置。单击 钣金 功能选项卡 设置 ▾ 区域中的"钣金默认设置"按钮 ，系统弹出"钣金默认设置"对话框，设置图 9.6.2 所示的参数；单击 确定 按钮。

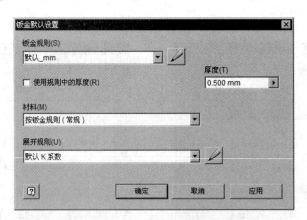

图 9.6.2　"钣金默认设置"对话框

Step 3 创建图 9.6.3 所示的异形板特征 1。

（1）定义特征的截面草图。单击 钣金 功能选项卡 草图 区域中的 按钮；选取 XZ 平面作为草图平面，进入草图绘制环境；绘制图 9.6.4 所示的截面草图；单击 钣金 功能选项卡 退出 区域中的"完成草图"按钮 ，退出草图绘制环境。

（2）选择命令。单击 钣金 功能选项卡 创建 区域中的"异形板"按钮 ，系统弹出"异形板"对话框。

（3）选取截面轮廓。在系统 选择开放截面轮廓 的提示下，选取图 9.6.4 所示的草图作为截面轮廓。

（4）定义异形板参数。在"异形板"对话框中确认 被按下，在 距离 文本框中输入 40.0，其余参数接受系统默认设置。

（5）单击 确定 按钮，完成特征的创建。

Step 4 创建图 9.6.5 所示的镜像特征 1。

图 9.6.3 异形板特征 1

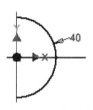
图 9.6.4 截面草图

图 9.6.5 镜像特征 1

（1）选择命令。单击 钣金 功能选项卡 阵列 区域中的"镜像"按钮 ，系统弹出"镜像"对话框。

（2）定义镜像特征。选取 Step3 创建的异形板特征 1 为镜像体。

（3）定义镜像平面。选取 YZ 平面为镜像平面。

（4）单击 确定 按钮，完成镜像特征 1 的创建。

Step 5 创建图 9.6.6 所示的剪切特征 1。

（1）定义特征的截面草图。单击 钣金 功能选项卡 草图 区域中的 按钮；选取 YZ 平面作为草图平面，进入草图绘制环境；绘制图 9.6.7 所示的截面草图；单击 钣金 功能选项卡 退出 区域中的"完成草图"按钮 ，退出草图绘制环境。

图 9.6.6 剪切特征 1

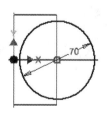
图 9.6.7 截面草图

（2）选择命令。单击 钣金 功能选项卡 修改 ▼ 区域中的"剪切"按钮 ，系统弹出"剪切"对话框。

（3）定义剪切参数。在"剪切"对话框 范围 区域中的下拉列表中选择 贯通 选项，将剪切方向设置为"对称"类型 ⤢ 。

（4）单击 确定 按钮，完成剪切特征 1 的创建。

Step 6 创建图 9.6.8 所示的剪切特征 2。

（1）定义特征的截面草图。单击 钣金 功能选项卡 草图 区域中的 ✐ 按钮；选择 XY 平面作为草图平面，进入草图绘制环境；绘制图 9.6.9 所示的截面草图；单击 钣金 功能选项卡 退出 区域中的"完成草图"按钮 ✔ ，退出草图绘制环境。

图 9.6.8 剪切特征 2

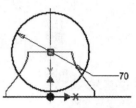

图 9.6.9 截面草图

（2）选择命令。单击 钣金 功能选项卡 修改 ▼ 区域中的"剪切"按钮 ⬜ ，系统弹出"剪切"对话框。

（3）定义剪切参数。在"剪切"对话框 范围 区域的下拉列表中选择 贯通 选项，将剪切方向设置为"对称"类型 ⤢ 。

（4）单击 确定 按钮，完成剪切特征 2 的创建。

Step 7 创建图 9.6.10 所示的圆角特征 1。

（1）选择命令。单击 三维模型 功能选项卡 修改 ▼ 区域中的 ◗ 按钮。

（2）选取要倒圆角的对象。在系统的提示下，选取图 9.6.10a 所示的模型边线为倒圆角的对象。

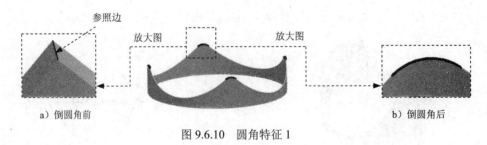

a）倒圆角前　　　　b）倒圆角后

图 9.6.10 圆角特征 1

（3）定义倒圆角参数。在"倒圆角"工具栏"半径 R"文本框中输入 5.0。

（4）单击"圆角"对话框中的 确定 按钮完成圆角特征的定义。

Step 8 创建图 9.6.11 所示的轮廓旋转特征 1。

图 9.6.11　轮廓旋转特征 1

（1）定义特征的截面草图。单击 钣金 功能选项卡 草图 区域中的 ✎ 按钮；选 XY 平面作为草图平面，进入草图绘制环境；绘制图 9.6.12 所示的截面草图；单击 钣金 功能选项卡 退出 区域中的"完成草图"按钮 ✔，退出草图绘制环境。

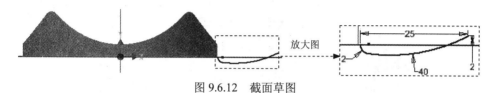

图 9.6.12　截面草图

（2）选择命令。单击 钣金 功能选项卡 创建 区域中的"轮廓旋转"按钮 ⚙轮廓旋转，系统弹出"轮廓旋转"对话框。

（3）定义轮廓旋转参数。

① 定义旋转轮廓。系统自动选取图 9.6.12 所示的轮廓。

② 定义旋转轴。在浏览器中选取 Y 轴作为旋转轴。

③ 定义旋转角度。在"轮廓旋转"对话框 旋转角度 文本框中输入 180。

（4）单击"轮廓旋转"对话框中的 确定 按钮完成轮廓旋转特征 1 的定义。

Step 9　创建图 9.6.13 所示的镜像特征 2。

图 9.6.13　镜像特征 2

（1）选择命令。单击 钣金 功能选项卡 阵列 区域中的"镜像"按钮 ▷◁，系统弹出"镜像"对话框。

（2）定义镜像特征。选取 Step8 创建的轮廓旋转特征 1 为镜像体。

（3）定义镜像平面。选取 XY 平面为镜像平面。

（4）单击 确定 按钮，完成镜像特征 2 的创建。

Step 10　保存钣金件模型文件，并命名为 ring。

9.7　Inventor 钣金设计综合实际应用 2

应用概述

本应用介绍了插座铜芯的设计过程，首先创建出铜芯的大致形状，然后通过折弯命令将模型沿着不同的折弯线进行折弯，最后创建出圆角。其中主要讲解的是折弯命令的使用，通过对本范例的学习，读者对折弯命令将会有更深的了解。模型的创建思想值得借鉴学习。该钣金件模型及浏览器如图 9.7.1 所示。

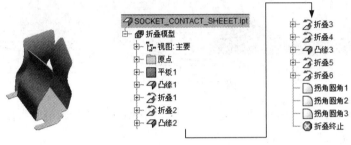

图 9.7.1　钣金件模型及浏览器

Step 1 新建一个钣金模型，进入钣金设计环境。

Step 2 修改钣金默认设置。单击 钣金 功能选项卡 设置 ▾ 区域中的"钣金默认设置"按钮 ，系统弹出"钣金默认设置"对话框，设置图 9.7.2 所示的参数；单击 确定 按钮。

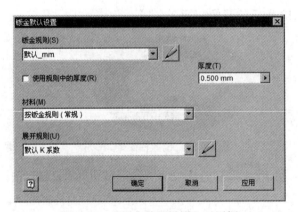

图 9.7.2　"钣金默认设置"对话框

Step 3 创建图 9.7.3 所示的平板特征 1。

（1）定义平板特征的截面草图。单击 钣金 功能选项卡 草图 区域中的 按钮；在系统 选择平面以创建草图或编辑现有草图 的提示下，选取 XZ 平面作为草图平面，进入草图绘制环境，绘制图9.7.4所示的截面草图。

图9.7.3 平板特征1

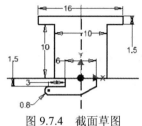

图9.7.4 截面草图

（2）选择命令。单击 钣金 功能选项卡 创建 区域中的"平板"按钮 ，系统弹出"面"对话框。

（3）定义钣金材料方向。采用系统默认的材料方向，单击 确定 按钮完成平板特征1的创建。

Step 4 创建图9.7.5所示的凸缘特征1。

（1）选择命令。单击 钣金 功能选项卡 创建 区域中的"凸缘"按钮 ，系统弹出"凸缘"对话框。

（2）选取附着边。选取图9.7.6所示的模型边线为凸缘的附着边。

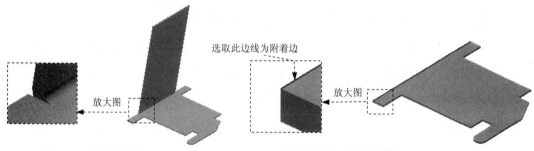

图9.7.5 凸缘特征1　　　　图9.7.6 选取附着边

（3）定义凸缘形状属性。

① 在"凸缘"对话框的 高度范围 区域的下拉列表中选择 距离 选项，在"距离"文本框中输入20.0；在 凸缘角度(A) 文本框中输入80。

② 在 折弯半径(B) 文本框中输入0.1。

③ 在 高度基准 区域中将"从两个外侧面的交线折弯"按钮 按下，在 折弯位置 区域中将"折弯面范围之内"按钮 按下。

④ 在 宽度范围 区域的 类型(T) 下拉列表中选择 宽度 选项，选中 ⊙ 居中 单选按钮，并在 宽度 文本框中输入10.0。

（4）定义凸缘折弯属性。在"凸缘"对话框中单击 折弯 选项卡，在 释压形状(S) 下拉列表中选择 水滴形 选项，其余参数接受系统默认设置。

（5）单击"凸缘"对话框中的 ▭确定▭ 按钮，完成特征的创建。

Step 5 创建图 9.7.7 所示折叠特征 1。

（1）绘制折弯线。单击 钣金 功能选项卡 草图 区域中的 ✎ 按钮；在系统 选择平面以创建草图或编辑现有草图 的提示下，选取图 9.7.7 所示的模型表面作为草图平面，进入草图绘制环境，绘制图 9.7.8 所示的折弯线。

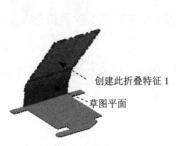

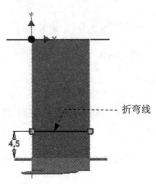

图 9.7.7 折叠特征 1 　　　　　　　　图 9.7.8 绘制折弯线

（2）选择命令。单击 钣金 功能选项卡 创建 区域中的"折叠"按钮 ⤵折叠，系统弹出"折叠"对话框。

（3）选取折弯线。选取图 9.7.8 所示的直线作为折弯线。

（4）定义折弯属性。确认折叠方向如图 9.7.9 所示；在 折叠位置 区域选中"折叠中心线"按钮 ⤵；在 折叠角度 文本框中输入 30；在 折弯半径(R) 文本框中输入 5.0。

（5）单击"折叠"对话框中的 ▭确定▭ 按钮，完成折叠特征 1 的创建。

Step 6 创建图 9.7.10 所示的折叠特征 2。

图 9.7.9 定义折弯位置与方向 　　　　　图 9.7.10 折叠特征 2

（1）绘制折弯线。单击 钣金 功能选项卡 草图 区域中的 ✎ 按钮；在系统 选择平面以创建草图或编辑现有草图 的提示下，选取图 9.7.11 所示的模型表面作为草图平面，进入草图绘制环境，绘制图 9.7.12 所示的折弯线。

（2）选择命令。单击 钣金 功能选项卡 创建 区域中的"折叠"按钮 ⤵折叠，系统弹出"折叠"对话框。

（3）选取折弯线。选取图 9.7.12 所示的直线作为折弯线。

图 9.7.11 定义草图平面

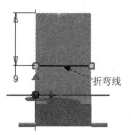

图 9.7.12 绘制折弯线

（4）定义折弯属性。通过调整 反向控制 区域"反转到对侧"方向按钮 ⇄ 与"反向"按钮 ⇂↑，使折叠方向如图 9.7.13 所示；在 折叠位置 区域选中"折叠中心线"按钮 ↲；在 折叠角度 文本框中输入 60；在 折弯半径(R) 文本框中输入 8.0。

（5）单击"折叠"对话框中的 确定 按钮，完成折叠特征 2 的创建。

Step 7 创建图 9.7.14 所示的凸缘特征 2。

图 9.7.13 定义折弯位置与方向

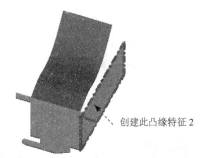

创建此凸缘特征 2

图 9.7.14 凸缘特征 2

（1）选择命令。单击 钣金 功能选项卡 创建 区域中的"凸缘"按钮 ⬦，系统弹出"凸缘"对话框。

（2）选取附着边。选取图 9.7.15 所示的模型边线为凸缘的附着边。

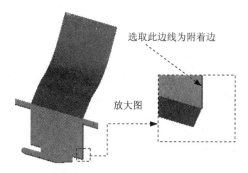

选取此边线为附着边

放大图

图 9.7.15 定义附着边

（3）定义凸缘形状属性。

① 在"凸缘"对话框的 高度范围 区域的下拉列表中选择 距离 选项，在"距离"文本框中输入 20.0。

②在 凸缘角度(A) 文本框中输入 85；在 折弯半径(B) 文本框中输入 0.1。

③ 在 高度基准 区域中将"从两个外侧面的交线折弯"按钮 ✍ 按下，在 折弯位置 区域中将"折弯面范围之内"按钮 ☒ 按下。

（4）单击"凸缘"对话框中的 确定 按钮，完成凸缘特征 2 的创建。

Step 8 创建图 9.7.16 所示的折叠特征 3。

（1）绘制折弯线。单击 钣金 功能选项卡 草图 区域中的 ✐ 按钮；在系统 选择平面以创建草图或编辑现有草图 的提示下，选取图 9.7.16 所示的模型表面作为草图平面，进入草图绘制环境，绘制图 9.7.17 所示的折弯线。

（2）选择命令。单击 钣金 功能选项卡 创建 区域中的"折叠"按钮 ⚁ 折叠，系统弹出"折叠"对话框。

（3）选取折弯线。选取图 9.7.17 所示的直线作为折弯线。

（4）定义折弯属性。通过调整 反向控制 "反转到对侧"方向按钮 ⇄ 与"反向"按钮 ⇱ ，使折叠方向如图 9.7.18 所示；在 折叠位置 区域选中"折弯中心线"按钮 ⇲ ；在 折叠角度 文本框中输入 30；在 折弯半径(R) 文本框中输入 5.0。

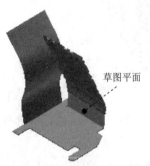
图 9.7.16 折叠特征 3

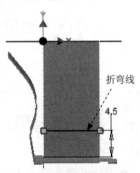
图 9.7.17 绘制折弯线

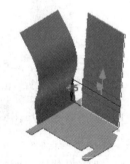
图 9.7.18 定义折弯位置与方向

（5）单击"折叠"对话框中的 确定 按钮，完成折叠特征 3 的创建。

Step 9 创建图 9.7.19 所示的折叠特征 4。

（1）绘制折弯线。单击 钣金 功能选项卡 草图 区域中的 ✐ 按钮；在系统 选择平面以创建草图或编辑现有草图 的提示下，选取图 9.7.20 所示的模型表面作为草图平面，进入草图绘制环境，绘制图 9.7.21 所示的折弯线。

（2）选择命令。单击 钣金 功能选项卡 创建 区域中的"折叠"按钮 ⚁ 折叠，系统弹出"折叠"对话框。

（3）选取折弯线。选取图 9.7.21 所示的直线作为折弯线。

图 9.7.19　折叠特征 4

草图平面

图 9.7.20　定义草图平面

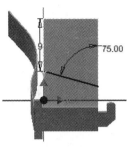

75.00

图 9.7.21　绘制折弯线

（4）定义折弯属性。在"折叠"对话框 反向控制 区域单击"反向"按钮 ，使折叠方向如图 9.7.22 所示；在 折叠位置 区域选中"折弯起始线"按钮 ；在 折叠角度 文本框中输入 60；在 折弯半径(R) 文本框中输入 8.0。

（5）单击"折叠"对话框中的 确定 按钮，完成折叠特征 4 的创建。

Step 10　创建图 9.7.23 所示的凸缘特征 3。

75.00

图 9.7.22　定义折弯位置与方向

图 9.7.23　凸缘特征 3

（1）选择命令。单击 钣金 功能选项卡 创建 区域中的"凸缘"按钮 ，系统弹出"凸缘"对话框。

（2）选取附着边。选取图 9.7.24 所示的模型边线为凸缘的附着边。

（3）定义凸缘形状属性。

① 在"凸缘"对话框的 高度范围 区域的下拉列表中选择 距离 选项，在"距离"文本框中输入 20.0。

② 在 凸缘角度(A) 文本框中输入 85；在 折弯半径(B) 文本框中输入 0.1。

③ 在 高度基准 区域中将"从两个外侧面的交线折弯"按钮 按下，在 折弯位置 区域中将"折弯面范围之内"按钮 按下。

（4）单击"凸缘"对话框中的 确定 按钮，完成凸缘特征 3 的创建。

Step 11 创建图 9.7.25 所示的折叠特征 5。

选取此边线为附着边

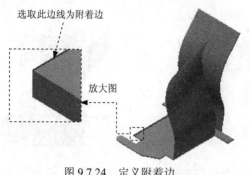

放大图

图 9.7.24 定义附着边

草图平面

图 9.7.25 折叠特征 5

（1）绘制折弯线。单击 钣金 功能选项卡 草图 区域中的 ✎ 按钮；在系统 选择平面以创建草图或编辑现有草图 的提示下，选取图 9.7.25 所示的模型表面作为草图平面，进入草图绘制环境，绘制图 9.7.26 所示的折弯线。

（2）选择命令。单击 钣金 功能选项卡 创建 区域中的"折叠"按钮 ⤵ 折叠 ，系统弹出"折叠"对话框。

（3）选取折弯线。选取图 9.7.26 所示的直线作为折弯线。

（4）定义折弯属性。通过调整 反向控制 "反转到对侧"方向按钮 ⇆ 与"反向"按钮 ⇥ ，使折叠方向如图 9.7.27 所示；在 折叠位置 区域选中"折弯中心线"按钮 ⤵ ；在 折叠角度 文本框中输入 30；在 折弯半径(R) 文本框中输入 5.0。

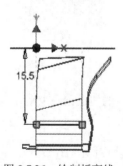

图 9.7.26 绘制折弯线

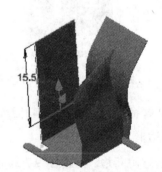

图 9.7.27 定义折弯位置与方向

（5）单击"折叠"对话框中的 确定 按钮，完成折叠特征 5 的创建。

Step 12 创建图 9.7.28 所示的折叠特征 6。

（1）绘制折弯线。单击 钣金 功能选项卡 草图 区域中的 ✎ 按钮；在系统 选择平面以创建草图或编辑现有草图 的提示下，选取图 9.7.29 所示的模型表面作为草图平面，进入草图绘制环境，绘制图 9.7.30 所示的折弯线。

（2）选择命令。单击 钣金 功能选项卡 创建 区域中的"折叠"按钮 ⤵ 折叠 ，系统弹出"折叠"对话框。

图 9.7.28　折叠特征 6

图 9.7.29　定义草图平面

（3）选取折弯线。选取图 9.7.30 所示的直线作为折弯线。

（4）定义折弯属性。在"折叠"对话框 反向控制 区域单击"反向"按钮 ⊐↑，使折叠方向如图 9.7.31 所示；在 折叠位置 区域选中"折弯起始线"按钮 ↴；在 折叠角度 文本框中输入 60；在 折弯半径(R) 文本框中输入 8.0。

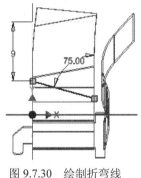

图 9.7.30　绘制折弯线

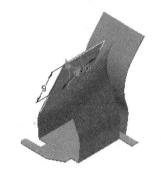

图 9.7.31　定义折弯位置与方向

（5）单击"折叠"对话框中的 确定 按钮，完成折叠特征 6 的创建。

Step 13　创建图 9.7.32 所示的拐角圆角特征 1。

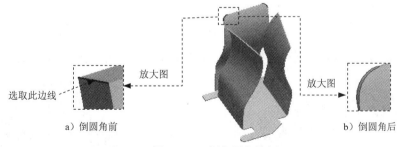

图 9.7.32　拐角圆角特征 1

（1）选择命令。单击 钣金 功能选项卡 修改 ▾ 区域中的"拐角圆角"按钮 拐角圆角，系统弹出"拐角圆角"对话框。

（2）定义拐角圆角的参数。选取图 9.7.32 所示的两条模型边线为圆角参照边，在"拐角圆角"对话框中输入半径值为 1.0。

（3）单击"拐角圆角"对话框中的 确定 按钮，完成拐角圆角特征 1 的创建。

Step 14 创建图 9.7.33 所示的拐角圆角特征 2。圆角半径值为 1.0。

Step 15 创建图 9.7.34 所示的拐角圆角特征 3。圆角半径值为 1.0。

图 9.7.33　拐角圆角特征 2　　　　　图 9.7.34　拐角圆角特征 3

Step 16 保存钣金件模型文件，选择下拉菜单 ➡ 命令，文件名称为 SOCKET_CONTACT_SHEET。

9.8　习题

1. 习题 1

练习概述

本练习介绍的是一个水杯盖的创建过程。首先创建一个实体旋转特征，然后创建旋转切削特征、抽壳特征、圆角特征、钣金变换特征、轮廓旋转特征及剪切特征。所用到的钣金设计命令有一定代表性，尤其是轮廓旋转特征的创建思想更值得借鉴。零件模型如图 9.8.1 所示，操作步骤提示如下。

Step 1 新建一个钣金件模型，进入钣金环境。

Step 2 创建图 9.8.2 所示的实体旋转特征（切换到零件环境），截面草图如图 9.8.3 所示。

图 9.8.1　水杯盖模型　　　　　图 9.8.2　实体旋转特征

Step 3 创建图 9.8.4 所示的旋转切削特征，截面草图如图 9.8.5 所示。

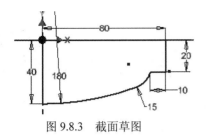

图 9.8.3　截面草图

图 9.8.4　旋转切削特征

Step 4　创建图 9.8.6 所示的圆角特征，其圆角半径值为 5.0。

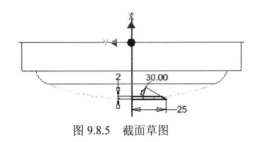

图 9.8.5　截面草图

图 9.8.6　圆角特征

Step 5　创建图 9.8.7 所示的抽壳特征及钣金变换。壁厚值为 1.0；并切换到钣金环境。

Step 6　创建图 9.8.8 所示的轮廓旋转特征，截面草图如图 9.8.9 所示，旋转轴为 Y 轴，角度为 180 度。

图 9.8.7　抽壳特征及钣金变换

图 9.8.8　轮廓旋转特征

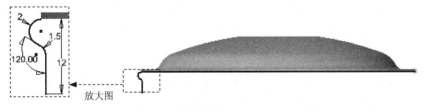

图 9.8.9　截面草图

Step 7　创建图 9.8.10 所示的镜像特征。

Step 8　创建图 9.8.11 所示的剪切特征，截面草图如图 9.8.12 所示。

Step 9　保存零件模型文件，并命名为 INSTANCE_CUP_COVER。

图 9.8.10　镜像特征

图 9.8.11　剪切特征

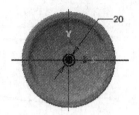

图 9.8.12　截面草图

2．习题 2

练习概述

本练习介绍的是一个卷尺挂钩的创建过程。首先创建一个平板基础特征，然后创建折叠特征、卷边特征及剪切特征。这些钣金设计命令有一定的代表性，尤其是折叠特征的创建思想更值得借鉴。零件模型如图 9.8.13 所示，操作步骤提示如下。

Step 1　新建一个钣金件模型，进入钣金环境。

Step 2　创建图 9.8.14 所示的平板特征（切换到零件环境），截面草图如图 9.8.15 所示，厚度值为 1.0。

图 9.8.13　卷尺挂钩模型

图 9.8.14　平板特征

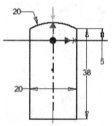

图 9.8.15　截面草图

Step 3　创建图 9.8.16 所示的折叠特征。绘制折弯线如图 9.8.17 所示，折弯半径为 1，折弯角度值为 60。

Step 4　创建图 9.8.18 所示的卷边特征。选择类型为"闭环"，折弯半径为 5，弯边长度值为 28。

图 9.8.16　折叠特征

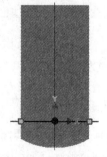

图 9.8.17　绘制折弯线

图 9.8.18　卷边特征

Step 5 创建图 9.8.19（截面草图如图 9.8.20 所示）、图 9.8.21（截面草图如图 9.8.22 所示）、
图 9.8.23（截面草图如图 9.8.24 所示）所示的剪切特征。

图 9.8.19　剪切特征

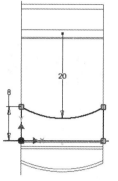

图 9.8.20　截面草图

图 9.8.21　剪切特征

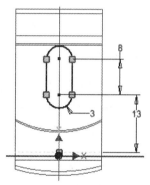

图 9.8.22　截面草图

图 9.8.23　剪切特征

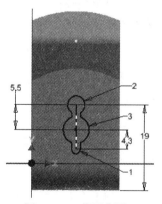

图 9.8.24　截面草图

Step 6 保存零件模型文件，并命名为 ROLL_RULER_HIP。

10
工程图制作

 本章提要

在产品的研发、设计和制造等过程中，各类技术人员需要经常进行交流和沟通，工程图则是经常使用的交流工具。尽管随着科学技术的发展，3D 设计技术有了很大的发展与进步，但是三维模型并不能将所有的设计参数表达清楚，有些信息如加工要求、尺寸精度、形位公差和表面粗糙度等，仍然需要借助二维的工程图将其表达清楚。因此工程图的创建是产品设计中较为重要的环节，掌握工程图的创建方法是设计人员最基本的能力要求。本章将介绍 Inventor 软件中工程图环境的基本知识，包括以下内容：

- 工程图环境简介。
- 创建工程图的一般过程。
- 工程图环境的设置。
- 各种视图的创建。
- 视图的操作。
- 各种尺寸的标注与操作。
- 基准符号的标注。
- 形位公差的标注。
- 表面粗糙度的标注。
- 注释文本的标注。
- Inventor 软件的打印出图。

10.1　概述

使用 Inventor 工程图环境中的各种工具可创建三维模型的工程图，且图样与模型相关联。因此，图样能够反映模型在设计阶段中的更改，可以使图样与装配模型或单个零部件保持同步。其主要特点如下：

- 用户界面直观、简洁、易用，可以快速方便地创建图样。
- 可以快速地将视图放置到图样上，系统会自动正交对齐视图。
- 具有从图形对话框编辑大多数制图对象（如尺寸和符号等）的功能。用户可以创建制图对象，并立即对其进行编辑。

10.1.1　工程图的组成

在学习本节前，请打开文件 D:\inv13.1\work\ch10\ch10.01\down_base.idw。Inventor 的工程图主要由三部分组成，如图 10.1.1 所示。

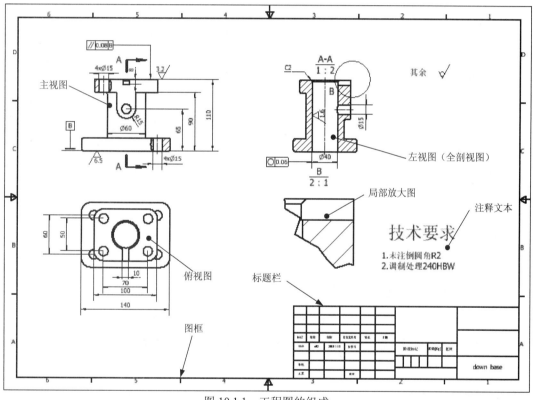

图 10.1.1　工程图的组成

- 视图：包括基本视图（前视图、后视图、左视图、右视图、仰视图、俯视图和轴测图）、各种剖视图、局部放大图、断裂视图等。
- 尺寸、公差、表面粗糙度及注释文本：包括形状尺寸、位置尺寸、尺寸公差、基准符号、形状公差、位置公差、零件的表面粗糙度以及注释文本。
- 图框、标题栏等。

在制作工程图时，应根据实际零件的特点，选择不同的视图组合，以便把零件模型表达清楚。

10.1.2　工程图环境中的功能选项卡

打开文件 D:\inv13.1\work\ch10\ch10.01\down_base.idw，进入工程图环境，此时系统功能区的选项卡将会发生一些变化（如图 10.1.2 所示）。

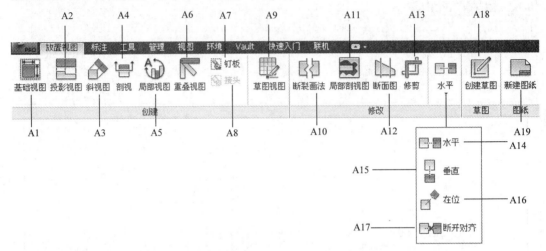

图 10.1.2　"放置视图"选项卡

1．"放置视图"选项卡

下面对工程图环境中"放置视图"选项卡中较为常用的工具进行介绍。

图 10.1.2 所示的"放置视图"选项卡中的各按钮说明如下：

A1：用于创建第一个基础视图。

A2：用于创建基于基础视图或其他视图的正交视图或等轴测视图。

A3：用于创建沿选定的边或直线垂直的方向投影得到的视图。

A4：用于创建通过绘制一条直线定义一个平面以切割零件或部件而创建的视图。

A5：用于创建某个工程视图中局部结构的放大视图。

A6：用于创建使用多个位置表达的视图，此视图显示同一个部件的多个位置。

A7：用于创建钉板视图。

A8：用于创建连接器的视图。

A9：用于创建包含一个或多个关联二维草图的视图，此视图不是由三维零件创建。

A10：用于创建断裂画法视图。

A11：用于创建局部剖视图。

A12：用于创建断面视图。

A13: 用于对视图执行修剪操作。

A14: 用于在两个工程视图之间创建水平对齐关系。

A15: 用于在两个工程视图之间创建垂直对齐关系。

A16: 用于在两个工程视图之间创建非水平和垂直的对齐关系。

A17: 用于删除两个工程视图之间的对齐关系。

A18: 用于在工程图纸或激活的视图中创建二维草图。

A19: 用于添加新的图纸页。

2. "标注"选项卡（图 10.1.3）

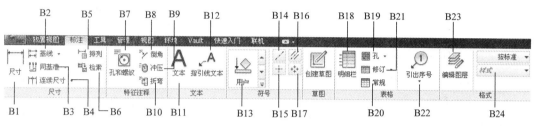

图 10.1.3　"标注"选项卡

图 10.1.3 所示的"标注"选项卡中部分选项的说明如下：

B1: 用于为工程视图添加工程图尺寸。

B2: 用于标注具有同一标注基线的一系列水平或竖直尺寸。

B3: 用于标注具有同一标注基准的一系列水平或竖直尺寸。

B4: 用于标注一个或多个连续尺寸。

B5: 用于按一定规律排列所选择的多个尺寸。

B6: 用于选择需要显示在工程视图中的模型尺寸。

B7: 用于添加具有指引线的孔或者螺纹尺寸。

B8: 用于在选定模型边缘或草图线上放置倒角注释。

B9: 用于向展开模型视图中添加冲压注释。

B10: 用于创建与模型关联的折弯注释到所选定的折弯中心线上。

B11: 用于在工程图的指定点上添加文本注释。

B12: 用于创建具有指引线的文本注释。

B13: 用于插入用户自定义的符号。

B14: 用于创建通过多个特征点的中心线。

B15: 用于为选定的圆弧或圆创建中心标记。

B16: 用于创建对分两条边的中心线。

B17：用于为特征阵列创建环形中心线。

B18：用于创建明细栏并将其放置在工程图中。

B19：用于创建选定孔的参数表。

B20：用于根据数据源创建一个常规表、配置表或折弯表。

B21：用于为工程图或工程图纸创建修订表。

B22：用于创建工程图中的零部件的引出序号。

B23：用于在当前文档中选择、修改或者创建图层。

B24：用于设置当前图层或样式。

10.2 新建工程图

下面介绍新建工程图的操作方法。

方法一：

选择下拉菜单 ➡ ➡ 命令，如图 10.2.1 所示，系统自动进入工程图环境。

图 10.2.1 "新建"界面

方法二：

单击图 10.2.1 所示的"新建"按钮 ，在系统弹出的"新建文件"对话框中，选择

图 10.2.2 所示的工程图模板，单击 **创建** 按钮。

图 10.2.2　"新建文件"对话框

方法三：

在快速访问工具栏中单击 后的，选择 工程图 命令。

10.3　设置符合国标的工程图环境

我国国标（GB）对工程图做了许多规定，例如尺寸文本的方位与字高、尺寸箭头的大小等都有明确的规定。下面详细介绍设置符合国标的工程图环境的一般操作步骤。

Step 1　选择下拉菜单 ➡ 新建 ➡ 工程图 命令，系统自动进入工程图环境。

Step 2　选择 管理 选项卡 样式和标准 区域中的"样式编辑器"命令，系统弹出"样式和标准编辑器"对话框。

Step 3　单击 标准 选项下的 默认标准 (GB) 选项，在对话框中进行如图 10.3.1 所示的设置。

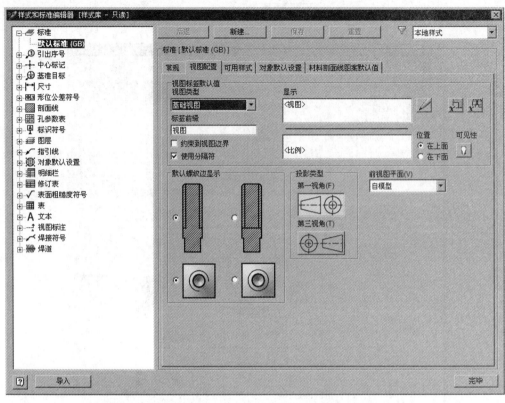

图 10.3.1 "样式和标准编辑器"对话框（一）

Step 4 单击白⊢⊣尺寸 选项下的 默认（GB）选项，在对话框中进行如图 10.3.2 所示的设置。

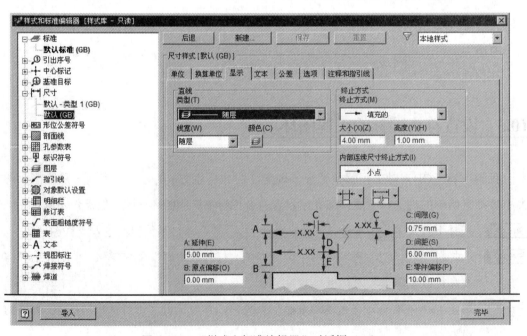

图 10.3.2 "样式和标准编辑器"对话框（二）

Step **5** 单击 日 A 文本 选项下的 注释文本 (ISO) 选项，进行如图 10.3.3 所示的设置。

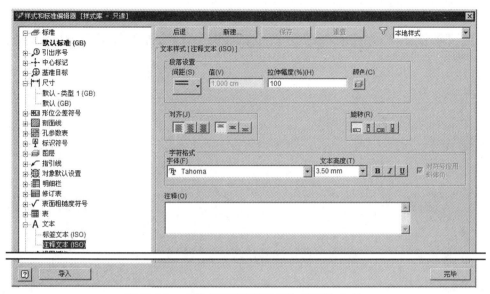

图 10.3.3 "样式和标准编辑器"对话框（三）

说明：制图标准中涉及的内容较多，用户应根据实际需要，在"样式和标准编辑器"对话框中选择合适的参数节点，并进行详细的参数设置。

Step **6** 单击 完毕 按钮，完成样式和标准的编辑。

10.4 工程图视图

工程图视图是按照三维模型的投影关系生成的，主要用来表达部件模型的外部结构及形状。在 Inventor 工程图模块中，视图包括基本视图、各种剖视图、局部放大图和断裂视图等。下面分别以具体的实例来介绍各种视图的创建方法。

10.4.1 创建基本视图

基本视图包括主视图和投影视图，下面将分别介绍。

1. 创建主视图

下面以 connecting_base.ipt 零件模型的主视图为例（图
10.4.1），说明创建主视图的一般操作步骤。

图 10.4.1 零件模型的主视图

Step **1** 新建一个工程图文件。选择下拉菜单  ➡

新建 ➡ 工程图 命令，系统自动进入工程图环境。

10
Chapter

Step 2 选择命令。单击 放置视图 选项卡 创建 区域中的"基础视图"按钮 ，系统弹出图 10.4.2 所示的"工程视图"对话框。

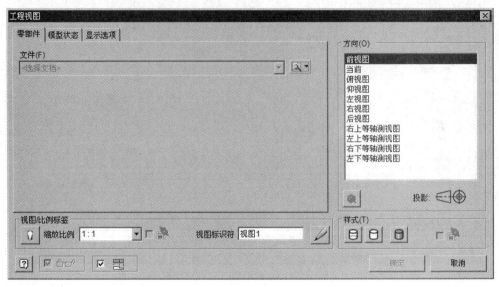

图 10.4.2 "工程视图"对话框

Step 3 选择零件模型。在"工程视图"对话框中单击"打开现有文件"按钮 ，系统弹出图 10.4.3 所示的"打开"对话框，在 查找范围(I): 下拉列表中选择目录 D:\inv13.1\work\ch10\ch10.04\ch10.04.01，然后选择 connecting_base.ipt，单击 打开(0) 按钮。

图 10.4.3 "打开"对话框

Step **4** 定义视图参数。

（1）在"工程视图"对话框中的 方向(O) 列表中选中 前视图 选项，此时在图纸区会出现前视图的预览图。

（2）定义视图比例。在 视图/比例标签 区域 缩放比例 文本框中输入 1:2，如图 10.4.4 所示。

图 10.4.4 "视图/比例标签"区域

（3）取消自动创建投影视图。在"工程视图"对话框中设置如图 10.4.5 所示。

（4）定义视图样式。在 样式(T) 区域中选中"不显示隐藏线"按钮 ，如图 10.4.6 所示。

图 10.4.5 取消自动创建投影视图

图 10.4.6 "样式"区域

说明：如果在生成主视图之前，选中 复选框，则在生成一个视图之后会继续生成其他投影视图。

（5）定义显示选项。在"工程视图"对话框中单击 显示选项 选项卡，选中 相切边 复选框，如图 10.4.7 所示。

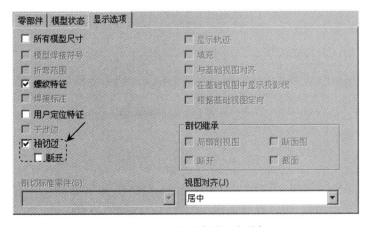

图 10.4.7 "显示选项"选项卡

Step **5** 放置视图。在图纸区选择合适的放置位置单击，以生成前视图。

2. 创建投影视图

投影视图包括仰视图、俯视图、右视图和左视图。下面紧接着上面的操作，以图 10.4.8 所示的视图为例，说明创建投影视图的一般操作步骤。

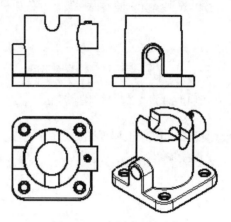

图 10.4.8　创建投影视图

Step 1　选择命令。单击 放置视图 选项卡 创建 区域中的"投影视图"按钮 ⊞。

Step 2　在系统 选择视图 的提示下，选取图 10.4.8 中的主视图作为投影的父视图。

Step 3　放置视图。在主视图的正右方单击，生成左视图；在主视图的正下方单击，生成俯视图；在主视图的右下方单击，生成轴测图。

Step 4　在图纸区右击，系统弹出快捷菜单，选择 创建(C) 命令完成操作。

10.4.2　视图的操作

1. 移动视图

在创建完主视图和投影视图后，如果它们在图纸上的位置不合适、视图间距太小或太大，用户可以根据自己的需要移动视图，具体方法为：将鼠标停放在视图的虚线框上，此时光标会变成 ⬚（左视图）、 ⬚ （俯视图）或者 ⬚（轴测图），按住左键并移动鼠标至合适的位置后放开。

2. 对齐视图

根据"长对正、高平齐"的原则（即俯视图、仰视图与主视图竖直对齐，左视图、右视图与主视图水平对齐），用户移动投影视图时，只能横向或纵向移动视图。如果需要将投影视图移动到任一位置，则需要断开其对齐关系。操作方法为：首先选中要移动的投影视图，然后选择 放置视图 选项卡 修改 区域中的"断开对齐"命令 ⬚，将视图之间的对齐约束关系删除后，即可移动该投影视图到图纸区的任意位置。

3．删除视图

要将某个视图删除，可先选中该视图，然后按下 Delete 键，系统弹出图 10.4.9 所示的 Autodesk Inventor Professional 2013 对话框，单击 确定 按钮即可删除该视图。

图 10.4.9　Autodesk Inventor Professional 2013 对话框

如果要删除的视图存在与其关联的视图，系统会弹出图 10.4.10 所示的"删除视图"对话框，直接单击 确定 按钮即可删除主视图及其从属视图。如果需要保留个别的从属视图，用户可以单击该对话框中的 >> 按钮，此时对话框显示如图 10.4.11 所示，然后单击 删除 属性列中的 是 ，使其变成 否 ，即可保留所对应的从属视图。

图 10.4.10　"删除视图"对话框（一）

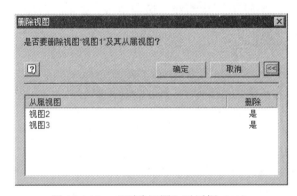

图 10.4.11　"删除视图"对话框（二）

10.4.3　视图的显示模式

在 Inventor 工程图模块中双击工程图视图，利用系统弹出的"工程视图"对话框可以设置视图的显示模式。下面介绍几种一般的显示模式。

- 🗄（不显示隐藏线）：视图中的不可见边线不显示，如图 10.4.12 所示。
- 🗄（显示隐藏线）：视图中的不可见边线以虚线显示，如图 10.4.13 所示。

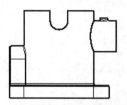

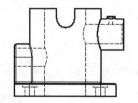

图 10.4.12　"不显示隐藏线"显示模式　　　　图 10.4.13　"显示隐藏线"显示模式

- ▣（着色）：用于控制视图是否显示着色状态，当被选中时效果如图 10.4.14 所示；当不被选中时效果如图 10.4.15 所示。

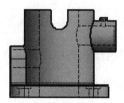

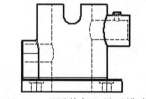

图 10.4.14　"着色"显示模式　　　　图 10.4.15　"不着色"显示模式

下面以图 10.4.16 为例，说明如何将视图设置为"显示隐藏线"显示状态。

Step 1　打开文件 D:\inv13.1\work\ch10\ch10.04\ch10.04.03\view01.idw。

Step 2　在浏览器中选择 ⊟— ▢ 视图2:connecting_base.ipt 并右击，在系统弹出的快捷菜单中选择 编辑视图(E)... 命令（或在视图上双击），系统弹出"工程视图"对话框。

Step 3　在"工程视图"对话框的 样式(T) 区域中单击"显示隐藏线"按钮 ▣，如图 10.4.16 所示，单击 确定 按钮，完成操作。

图 10.4.16　"样式"区域

说明：在生成投影视图后，如果改变父视图的显示状态，与其保持联接关系的从属视图的显示状态也会相应地发生变化。

10.4.4　创建斜视图

斜视图类似于投影视图，但它是平行于现有视图中参考边线的展开视图，其投影方向与水平和竖直存在一定的夹角。下面以图 10.4.17 为例，说明创建斜视图的一般操作步骤。

Step 1　打开文件 D:\inv13.1\work\ch10\ch10.04\ch10.04.04\connecting01.idw。

Step 2　选择命令。单击 放置视图 功能选项卡 创建 区域中的"斜视图"按钮 ◿。

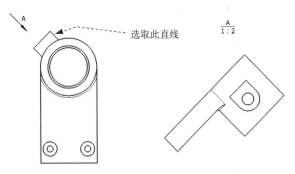

图 10.4.17　创建斜视图

Step 3　选取投影父视图。在系统 选择视图 的提示下，选取图 10.4.17 中的主视图作为投影的父视图，系统弹出图 10.4.18 所示的"斜视图"对话框。

图 10.4.18　"斜视图"对话框

Step 4　定义视图标识符。在"斜视图"对话框的 视图标识符 文本框中输入视图标识符 A。

Step 5　选择参考线。在系统 选择线性模型边以定义视图方向 的提示下，选取图 10.4.17 所示的直线作为投影的参考边线。

Step 6　放置视图。在图纸区选择合适的位置单击，生成视图并调整其位置。

10.4.5　创建全剖视图

全剖视图是用剖切面完全地剖开零件所得到的剖视图。下面以图 10.4.19 为例，说明创建全剖视图的一般操作步骤。

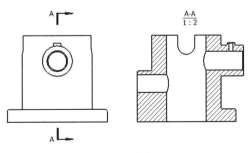

图 10.4.19　创建全剖视图

Step 1 打开文件 D:\inv13.1\work\ch10\ch10.04\ch10.04.05\cutaway_view.idw。

Step 2 选择命令。单击 放置视图 功能选项卡 创建 区域中的"剖视"按钮 。

Step 3 选取剖切父视图。在系统 选择视图或视图草图 的提示下，选取图 10.4.20 中的主视图作为剖切的父视图。

Step 4 绘制剖切线。绘制图 10.4.20 所示的直线作为剖切线，绘制完成后右击选择 继续(C) 命令，系统弹出图 10.4.21 所示的"剖视图"对话框。

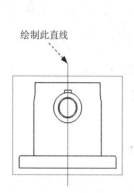

图 10.4.20 绘制剖切线

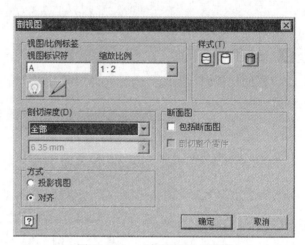

图 10.4.21 "剖视图"对话框

Step 5 在"剖视图"对话框的 视图标识符 文本框中输入 A。

Step 6 放置视图。在图纸区选择合适的位置单击，生成全剖视图。

10.4.6 创建半剖视图

下面以图 10.4.22 为例，说明创建半剖视图的一般操作步骤。

Step 1 打开工程图文件 D:\inv13.1\work\ch10\ch10.04\ch10.04.06\part_cutaway_view.idw。

Step 2 选择命令。单击 放置视图 功能选项卡 创建 区域中的"剖视"按钮 。

Step 3 选取剖切父视图。在系统 选择视图或视图草图 的提示下，选取图 10.4.22 中的主视图作为剖切的父视图。

Step 4 绘制剖切线。绘制图 10.4.23 所示的直线 1 与直线 2 作为剖切线，绘制完成后右击选择 继续(C) 命令，系统弹出"剖视图"对话框。

Step 5 在"剖视图"对话框的的 视图标识符 文本框中输入 A。

Step 6 放置视图。在图纸区选择合适的位置单击，生成半剖视图。

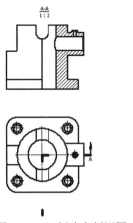

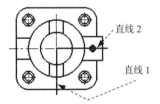

图 10.4.22　创建半剖视图　　　　图 10.4.23　绘制剖切线

10.4.7　创建阶梯剖视图

阶梯剖视图属于 2D 截面视图，其与全剖视图在本质上没有区别，但它的截面是偏距截面，创建阶梯剖视图的关键是创建好偏距截面，可以根据不同的需要创建偏距截面来实现阶梯剖视图，以达到充分表达视图的需要。下面以图 10.4.24 为例，说明创建阶梯剖视图的一般操作步骤。

Step 1　打开文件 D:\inv13.1\work\ch10\ch10.04\ch10.04.07\stepped_cutting_view.idw。

Step 2　选择命令。单击 放置视图 功能选项卡 创建 区域中的"剖视"按钮 📖 。

Step 3　选取剖切父视图。在系统 选择视图或视图草图 的提示下，选取图 10.4.24 中的主视图作为剖切的父视图。

Step 4　绘制剖切线。绘制图 10.4.25 所示的三条直线作为剖切线，绘制完成后右击选择 ⇨ 继续(C) 命令，系统弹出"剖视图"对话框。

Step 5　在"剖视图"对话框的 视图标识符 文本框中输入 A。

Step 6　放置视图。在图纸区选择合适的位置单击，生成阶梯剖视图。

Step 7　隐藏多余的投影线。选取图 10.4.26 所示的投影线右击，从系统弹出的快捷菜单中选择 ✔ 可见性(V) 命令。

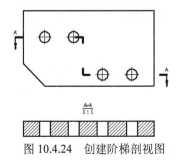

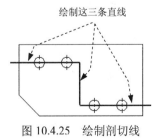

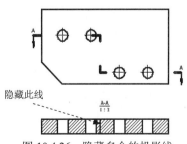

图 10.4.24　创建阶梯剖视图　　　图 10.4.25　绘制剖切线　　　图 10.4.26　隐藏多余的投影线

10.4.8　创建旋转剖视图

旋转剖视图是完整的截面视图，但它的截面是一个相交截面，其显示结果为绕相交轴线展开的截面视图。下面以图 10.4.27 为例，说明创建旋转剖视图的一般操作步骤。

Step 1　打开工程图文件 D:\inv13.1\work\ch10\ch10.04\ch10.04.08\revolved_cutting_view.idw。

Step 2　选择命令。单击 放置视图 功能选项卡 创建 区域中的"剖视"按钮 ⌷。

Step 3　选取剖切父视图。在系统 选择视图或视图草图 的提示下，选取图 10.4.27 中的主视图作为剖切的父视图。

Step 4　绘制剖切线。绘制图 10.4.28 所示的两条直线作为剖切线，绘制完成后右击选择 ⇨ 继续(C) 命令，系统弹出"剖视图"对话框。

Step 5　在"剖视图"对话框的 视图标识符 文本框中输入 A。

Step 6　放置视图。在图纸区选择合适的位置单击，生成旋转剖视图。

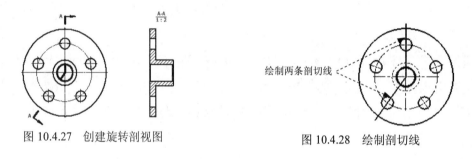

图 10.4.27　创建旋转剖视图　　　　　　　　图 10.4.28　绘制剖切线

10.4.9　创建局部剖视图

局部剖视图是用剖切面局部地剖开机件的某部分所得的剖视图。下面以图 10.4.29 为例，说明创建局部剖视图的一般操作步骤。

Step 1　打开文件 D:\inv13.1\work\ch10\ch10.04\ch10.04.09\connecting_base.idw。

Step 2　绘制剖切范围。在图纸区选取要创建局部剖视的视图，然后选择 放置视图 选项卡 草图 区域中的"创建草图"命令 ✎，绘制图 10.4.30 所示的样条曲线作为剖切范围。

Step 3　选择命令。单击 放置视图 功能选项卡 修改 区域中的"局部剖视图"按钮 ⇄。

Step 4　选取剖切父视图。在系统 选择视图或视图草图 的提示下，选取图 10.4.29 中的主视图作为剖切的父视图，系统弹出图 10.4.31 所示的"局部剖视图"对话框。

Step 5　定义深度参考。在"局部剖视图"对话框 深度 区域的下拉列表中选择 至孔 选项，然后选择图 10.4.30 所示的圆作为深度参考。

Step 6　单击"局部剖视图"对话框中的 确定 按钮，完成局部剖视图的创建。

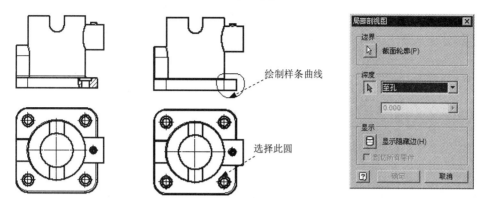

图 10.4.29　创建局部剖视图　　　图 10.4.30　绘制剖切范围　　　图 10.4.31　"局部剖视图"对话框

说明：在绘制草图曲线时，一定要确保绘制在要创建局部剖视的视图中，且是一个封闭曲线，否则将无法创建局部剖视图。如果视图中仅存在一个封闭曲线，系统会自动选中该曲线作为剖切截面轮廓，否则，用户需要从其中选择一个封闭曲线作为剖切范围。

10.4.10　创建局部放大图

局部放大图是将机件的部分结构用大于原图形所采用的比例生成的图形，根据需要可以生成视图、剖视图和断面图，放置时应尽量放在被放大部位的附近。下面以图 10.4.32 为例，说明创建局部放大图的一般操作步骤。

Step 1　打开文件 D:\inv13.1\work\ch10\ch10.04\ch10.04.10\connecting01.idw。

Step 2　选择命令。单击 放置视图 功能选项卡 创建 区域中的"局部视图"按钮 。

Step 3　选取父视图。在系统 选择视图 的提示下，选取图 10.4.32 中的主视图作为局部视图的父视图，系统弹出图 10.4.33 所示的"局部视图"对话框。

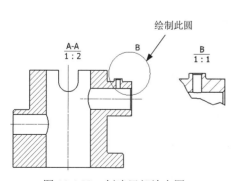

图 10.4.32　创建局部放大图

图 10.4.33　"局部视图"对话框

Step **4** 在"局部视图"对话框的 视图标识符 文本框中输入 B。在 缩放比例 文本框中输入
比例 1:1。

Step **5** 绘制局部范围。绘制图 10.4.32 所示的圆作为剖切范围。

Step **6** 放置视图。在图纸区选择合适的位置单击，完成局部视图的创建。

10.4.11　创建断裂视图

在机械制图中，经常遇到一些细长形的零组件，若要整个反映零件的尺寸形状，需用大幅面的图纸来绘制。为了既节省图纸幅面，又可以反映零件形状尺寸，在实际绘图中常采用断裂视图。断裂视图是指从零件视图中删除选定两点之间的视图部分，将余下的两部分合并成一个带打断线的视图。下面以图 10.4.34 为例，说明创建断裂视图的一般操作步骤。

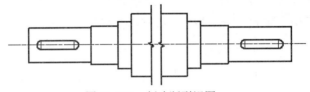

图 10.4.34　创建断裂视图

Step **1** 打开文件 D:\inv13.1\work\ch10\ch10.04\ch10.04.11\break.idw。

Step **2** 选择命令。单击 放置视图 功能选项卡 修改 区域中的"断裂画法"按钮 。

Step **3** 选取要断裂的视图，在系统 选择视图 的提示下，选取图 10.4.35 中的主视图作为
断裂视图的父视图，系统弹出图 10.4.36 所示的"断开"对话框。

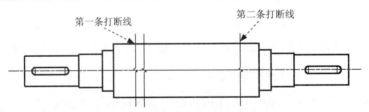

图 10.4.35　选择断裂视图和放置打断线

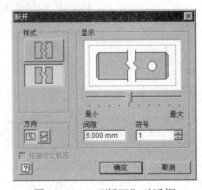

图 10.4.36　"断开"对话框

Step 4　在"断开"对话框 样式 区域中选择构造样式；方向为"水平" ；在 间隙 文本框中输入数值 6，如图 10.4.36 所示。

Step 5　放置第一条打断线，如图 10.4.35 所示。

Step 6　放置第二条打断线，如图 10.4.35 所示。

图 10.4.36 所示的"断开"对话框中部分选项的说明如下：

- （矩形样式）按钮：使用锯齿形的打断线创建打断，如图 10.4.37 所示。

- （构造样式）按钮：使用用户定义样式的打断线创建打断，如图 10.4.38 所示。

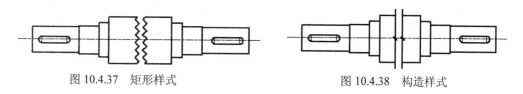

图 10.4.37　矩形样式　　　　　图 10.4.38　构造样式

- （水平）按钮：用于设置沿水平方向进行打断。

- （竖直）按钮：用于设置沿竖直方向进行打断。

- 间隙 文本框：用于指定断裂视图中断开之间的距离。

- 符号 文本框：用于指定所选打断的打断符号数，每处打断最多允许 3 个。

- ☑ 传递给父视图 复选框：选中此复选框，则将打断操作扩展到父视图。

10.5　尺寸标注

工程图中的尺寸标注是与模型相关联的，而且模型中的尺寸修改会反映到工程图中。尺寸标注的好坏直接影响到图纸数据的准确性和在制造中的可行性。Inventor 工程图模块主要通过图 10.5.1 所示的"尺寸"功能区中的按钮进行尺寸标注。

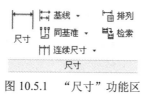

图 10.5.1　"尺寸"功能区

10.5.1　通用尺寸标注

通用尺寸标注用来标注任意单一元素或任意两个元素间的距离或角度等尺寸。尺寸的类型取决于所选取的对象元素。下面以图 10.5.2 为例，说明通用尺寸标注的一般过程。

Step **1**　打开文件 D:\inv13.1\work\ch10\ch10.05\ch10.05.01\dimension01.idw。

Step **2**　选择命令。单击 标注 功能选项卡 尺寸 区域中的"尺寸"按钮 ⊢⊣。

Step **3**　标注竖直尺寸。

（1）选取图 10.5.3 所示的直线，然后选择合适的位置放置尺寸。

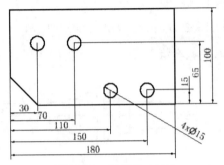 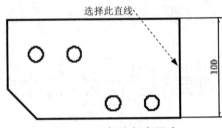

图 10.5.2　通用尺寸标注　　　　　　图 10.5.3　标注竖直尺寸

（2）系统弹出图 10.5.4 所示的"编辑尺寸"对话框，单击该对话框中 确定 按钮，完成尺寸的标注。

图 10.5.4　"编辑尺寸"对话框

Step **4**　标注其他尺寸。结果如图 10.5.5 所示。

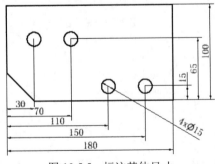

图 10.5.5　标注其他尺寸

说明：若标注的文本高度太小，可修改文本的高度值，标注其他尺寸的操作方法可参照第 4 章尺寸标注的内容。

10.5.2　基线尺寸标注

下面以图 10.5.6 为例，说明基线尺寸标注的一般操作步骤。

Step 1　打开文件 D:\inv13.1\work\ch10\ch10.05\ch10.05.02\dimension02.idw。

Step 2　选择命令。单击 **标注** 功能选项卡 **尺寸** 区域中的"基线"按钮 **基线**。

Step 3　依次选取图 10.5.7 所示的直线 1、圆心 1、圆心 2、圆心 3、圆心 4 和直线 2。

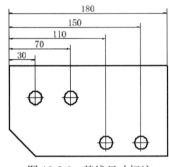

图 10.5.6　基线尺寸标注

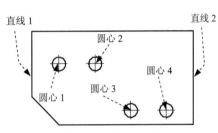

图 10.5.7　选取标注对象

Step 4　在图纸区右击选择 **继续(C)** 命令，然后选择合适的位置放置尺寸。

Step 5　在图纸区右击选择 **创建(C)** 命令，完成基线尺寸标注的创建。

10.5.3　同基准尺寸标注

下面以图 10.5.8 为例，说明同基准尺寸标注的一般操作步骤。

Step 1　打开文件 D:\inv13.1\work\ch10\ch10.05\ch10.05.03\dimension03.idw。

Step 2　选择命令。单击 **标注** 功能选项卡 **尺寸** 区域中的"同基准"按钮 **同基准**。

Step 3　选择视图。在系统 **选择视图** 的提示下，选取主视图作为要标注尺寸的视图。

Step 4　选择原点位置。在系统 **选择原点位置** 的提示下，选取图 10.5.9 所示的直线 1 的上部端点。

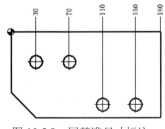

图 10.5.8　同基准尺寸标注

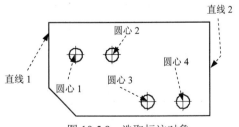

图 10.5.9　选取标注对象

Step **5**　依次选取图 10.5.9 所示的圆心 1、圆心 2、圆心 3、圆心 4 和直线 2。

Step **6**　在图纸区右击选择 ⇨ 继续(C) 命令，然后选择合适的位置放置尺寸。

Step **7**　在图纸区右击选择 ✓ 确定 命令，完成同基准尺寸标注的创建。

10.5.4　连续尺寸标注

下面以图 10.5.10 为例，说明连续尺寸标注的一般操作步骤。

Step **1**　打开文件 D:\inv13.1\work\ch10\ch10.05\ch10.05.04\dimension04.idw。

Step **2**　选择命令。单击 标注 功能选项卡 尺寸 区域中的"连续尺寸"按钮 ⑪ 连续尺寸 ▾。

Step **3**　在系统 选择模型或草图几何图元，或选择基准尺寸 的提示下，依次选取图 10.5.11 所示的直线 1、圆心 1、圆心 2、圆心 3、圆心 4 和直线 2。

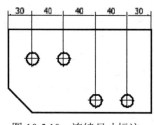

图 10.5.10　连续尺寸标注

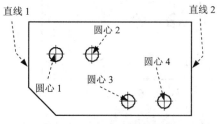

图 10.5.11　选取标注对象

Step **4**　在图纸区右击选择 ⇨ 继续(C) 命令，然后选择合适的位置放置尺寸。

Step **5**　在图纸区右击选择 创建(C) 命令，完成连续尺寸标注的创建。

10.5.5　孔或螺纹标注

下面以图 10.5.12 为例，说明孔和螺纹标注的一般操作步骤。

Step **1**　打开文件 D:\inv13.1\work\ch10\ch10.05\ch10.05.05\dimension05.idw。

Step **2**　选择命令。单击 标注 功能选项卡 特征注释 区域中的"孔和螺纹"按钮 ⊙。

Step **3**　在系统 选择孔或螺纹的特征边 的提示下，选取图 10.5.13 所示的圆 1，然后选择合适的位置放置尺寸。

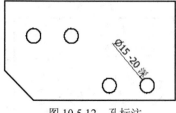

图 10.5.12　孔标注

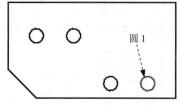

图 10.5.13　选取标注对象

10.5.6   倒角尺寸标注

下面以图 10.5.14 为例，说明倒角标注的一般操作步骤。

Step 1   打开文件 D:\inv13.1\work\ch10\ch10.05\ch10.05.06\bolt.idw。

Step 2   单击 标注 功能选项卡 特征注释 区域中的"倒角"按钮 倒角。

Step 3   在系统选择倒角边 的提示下，选取图 10.5.14 所示的直线 1，在系统选择引用边 的
提示下，选取图 10.5.14 所示的直线 2。

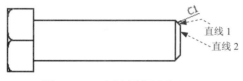

图 10.5.14   标注倒角尺寸

Step 4   放置尺寸。选择合适的位置单击，以放置尺寸。

Step 5   按 Esc 键退出命令，并完成倒角尺寸的标注。

10.6   标注尺寸公差

下面标注图 10.6.1 所示的尺寸公差，说明标注尺寸公差的一般操作步骤。

Step 1   打开文件 D:\inv13.1\work\ch10\ch10.06\connecting_base.idw。

Step 2   选择命令。单击 标注 功能选项卡 尺寸 区域中的"尺寸"按钮。

Step 3   选取图 10.6.1 所示的直线，选择合适的位置单击，系统弹出图 10.6.2 所示的"编
辑尺寸"对话框。

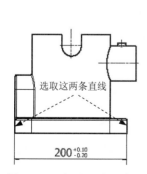

图 10.6.1   标注尺寸公差

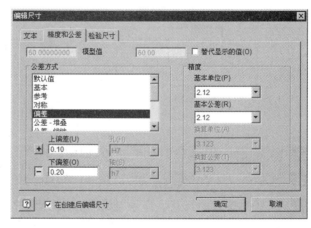

图 10.6.2   "编辑尺寸"对话框

Step 4 定义公差。在"编辑尺寸"对话框的 精度和公差 选项卡中设置图 10.6.2 所示的参数。

Step 5 单击"编辑尺寸"对话框中的 确定 按钮，完成尺寸公差的标注。

10.7　尺寸的操作

10.7.1　移动和删除尺寸

移动尺寸、尺寸文本及删除尺寸的方法介绍如下。

1. 移动尺寸

单击要移动尺寸的尺寸线，然后按住左键拖动即可。

2. 移动尺寸文本

单击要移动的尺寸文本，然后按住左键拖动即可。

3. 删除尺寸

选择要删除的尺寸右击，在弹出的快捷菜单中选择"删除"命令或按 Delete 键，即可把尺寸删除。

10.7.2　尺寸的编辑

1. 排列尺寸

排列尺寸是指将工程图中的尺寸标注排列整齐，下面以图 10.7.1 为例，说明创建排列尺寸的一般过程。

a）排列前　　　　　　　　　b）排列后

图 10.7.1　排列尺寸

Step 1 打开文件 D:\inv13.1\work\ch10\ch10.07\line_text.idw。

Step 2 选择命令。单击 标注 功能选项卡 尺寸 区域中的"排列"按钮 排列 。

Step 3 选择要排列的尺寸。在系统 选择要排列的尺寸 的提示下选取图 10.7.2 所示的三个尺寸。

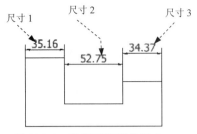

图 10.7.2 选择要排列的尺寸

Step 4 在图纸区右击选择 ✓ 确定(Enter) 命令,完成尺寸的排列。

2. 修改尺寸属性

修改尺寸属性包括修改尺寸的精度、尺寸的显示方式、尺寸的文本、尺寸线和尺寸的公差显示等。

打开工程图 D:\inv13.1\work\ch10\ch10.07\connecting_base.idw。双击要修改属性的尺寸(或者右击尺寸,在系统弹出的快捷菜单中选择 编辑(E)... 命令),系统弹出"编辑尺寸"对话框,在"编辑尺寸"对话框中有 文本 选项卡(图 10.7.3)、 精度和公差 选项卡(图 10.7.4)和 检验尺寸 选项卡(图 10.7.5)三个选项卡,利用这三个选项卡可以修改尺寸的属性。

图 10.7.3 "文本"选项卡

图 10.7.3 所示的"文本"选项卡中部分选项的说明如下:

- 按钮:用于相对于文本框的两侧定位文本。

- 按钮:用于相对于文本框的顶端和底端定位文本。

- ☑ 隐藏尺寸值 复选框:选择该复选框,用户就可以输入尺寸值以覆盖计算值。

- 按钮:用于打开"文本格式"对话框以访问高级文本格式选项。

- :在光标位置插入所选定的符号。单击 箭头可以从系统弹出的符号列表中选择适当的符号。

- ☑ 在创建后编辑尺寸 复选框:系统默认选中该复选框,此时在每次插入新的通用尺寸后都会显示"编辑尺寸"对话框,以便用户对尺寸进行编辑;若取消选中该复选框，则禁止在每次插入尺寸时编辑尺寸。

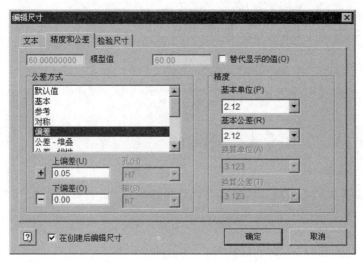

图 10.7.4　"精度和公差"选项卡

图 10.7.4 所示的"精度和公差"选项卡中部分选项的说明如下：

● 模型值 文本框：用于显示零件模型的实际尺寸数值。

● □ 替代显示的值(O) 复选框：选择该复选框可以关闭模型值的显示，此时允许用户
输入一个替代值；清除复选框则恢复默认的计算的模型值。

● 公差方式 列表：用于指定尺寸的公差方式，选中不同选项后，会自动激活相应的
设置参数。

● 精度 区域：用于设置尺寸的精度值，包括基本单位和基本公差的精度。

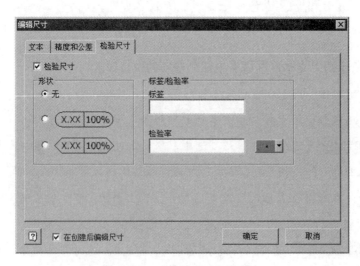

图 10.7.5　"检验尺寸"选项卡

图 10.7.5 所示的"检验尺寸"选项卡中部分选项的说明如下:

- ☑ **检验尺寸** 复选框:选中该复选框,用于将选定尺寸指定为检验尺寸并激活检验选项。

- **形状** 区域:用于指定检验尺寸文本的周围边界,各单选按钮介绍如下。
    - ☑ ⊙ **无** 单选按钮:用于指定检验尺寸文本周围无边界形状。
    - ☑ ⊙ (X.XX | 100%)单选按钮:用于指定所需的检验尺寸形状的两端为圆形。
    - ☑ ⊙ ◁ X.XX | 100% ▷单选按钮:用于指定所需的检验尺寸形状的两端为尖形。

- **标签/检验率** 区域:用于设置包含设置在尺寸值的标签与检验率,各选项介绍如下。
    - ☑ **标签** 文本框:用于设置包含放置在尺寸值左侧的文本标签。
    - ☑ **检验率** 文本框:用于设置包含放置在尺寸值右侧的检验百分比。
    - ☑ ▪ ▾:用于将选定的符号添加到激活的标签或检验率框中。

10.8　标注基准特征符号

下面标注图 10.8.1 所示的基准特征符号,其一般操作步骤如下。

Step 1　打开文件 D:\inv13.1\work\ch10\ch10.08\benchmark.idw。

Step 2　选择命令。单击 **标注** 功能选项卡 **符号** 区域中的 ▾ 按钮,系统弹出图 10.8.2 所示的列表框,选择"基准标识符号"命令 Ⓐ。

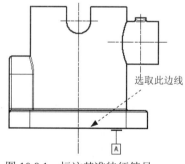

图 10.8.1　标注基准特征符号

图 10.8.2　"符号"列表框

Step 3　放置基准特征符号。选取图 10.8.1 所示的边线,移动鼠标指针,在合适的位置处单击两次,系统弹出图 10.8.3 所示的"文本格式"对话框。

Step 4　设置参数。在"文本格式"对话框中设置图 10.8.3 所示的参数。

Step 5　单击 **确定** 按钮,然后按 Esc 键退出,完成基准特征符号的创建。

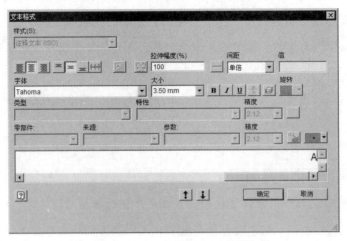

图 10.8.3　"文本格式"对话框

10.9　标注形位公差

形位公差包括形状公差和位置公差，是针对构成零件几何特征的点、线、面的形状和位置误差所规定的公差。下面标注图 10.9.1 所示图形的形位公差，其一般操作步骤如下。

Step 1　打开文件 D:\inv13.1\work\ch10\ch10.09\tolerance.idw。

Step 2　选择命令。单击 **标注** 功能选项卡 **符号** 区域中的 ▾ 按钮，选择"形位公差符号"命令 ⊕.1 。

Step 3　放置形位公差特征符号。分别选取图 10.9.1 所示的边线，单击合适的位置以放置形位公差，右击选择 ⇨ 继续(C) 命令，系统弹出图 10.9.2 所示的"形位公差符号"对话框。

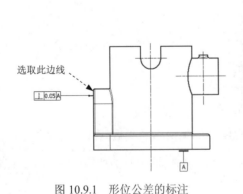

选取此边线

图 10.9.1　形位公差的标注

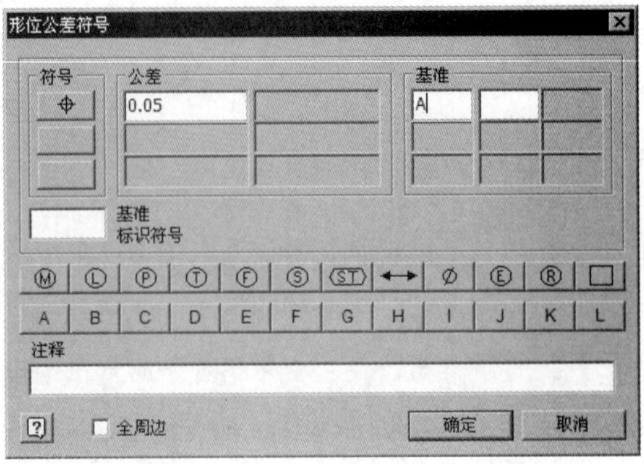

图 10.9.2　"形位公差符号"对话框

Step **4** 定义形位公差。

（1）在"形位公差符号"对话框中单击 符号 区域的"项目特征符号"按钮 ⊕ ，在弹出的特征符号列表中选择 ⊥ 按钮。

（2）在 公差 文本框中输入公差值 0.05。

（3）在 基准 文本框中输入基准符号 A。

Step **5** 单击 确定 按钮，然后按 Esc 键完成形位公差的标注。

10.10 标注表面粗糙度

表面粗糙度是指加工表面上具有较小的间距和峰谷所组成的微观几何特征。下面标注图 10.10.1 所示的表面粗糙度，其一般操作步骤如下。

Step **1** 打开文件 D:\inv13.1\work\ch10\ch10.10\connecting_base.idw。

Step **2** 选择命令。单击 标注 功能选项卡 符号 区域中的 ▾ 按钮，选择"表面粗糙度符号"命令 √ 。

Step **3** 放置粗糙度特征符号。选取图 10.10.1 所示的边线，然后按下 Enter 键，系统弹出图 10.10.2 所示的"表面粗糙度"对话框。

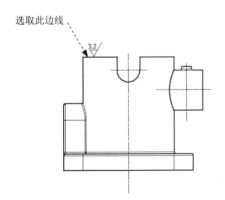

图 10.10.1　表面粗糙度的标注

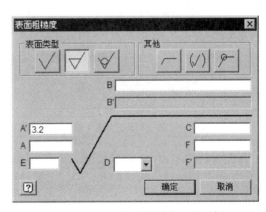

图 10.10.2　"表面粗糙度"对话框

Step **4** 定义表面粗糙度符号。在"表面粗糙度"对话框中设置图 10.10.2 所示的参数。

Step **5** 单击 确定 按钮，然后按 Esc 键退出，完成表面粗糙度的标注。

10.11 注释文本

在工程图中，除了尺寸标注外，还应有相应的文字说明，即技术要求，如工件的热处理要求、表面处理要求等。选择 标注 功能选项卡 文本 区域中的"文本"命令 A 与"指引线文本"命令 ✍A，可以创建不带引线与带引线文本。

10.11.1 创建注释文本

下面创建图 10.11.1 所示的注释文本，其一般操作步骤如下。

技术要求
1.未注倒角为C2
2.未注圆角为R2

图 10.11.1 创建注释文本

Step 1 打开文件 D:\inv13.1\work\ch10\ch10.11\ch10.11.01\text.idw。

Step 2 选择命令。选择 标注 功能选项卡 文本 区域中的"文本"命令 A。

Step 3 定义注释文本位置。在系统 在某处或两角处单击 的提示下单击图纸区的合适位置，系统弹出图 10.11.2 所示的"文本格式"对话框。

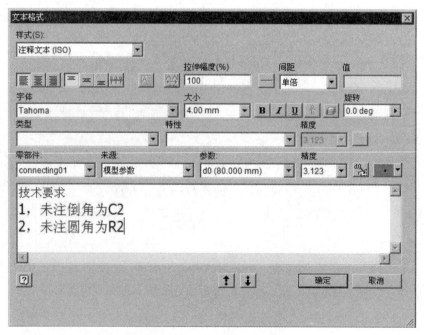

图 10.11.2 "文本格式"对话框

Step **4** 创建文本。在系统弹出的"文本格式"对话框中输入图 10.11.2 所示的注释文本。

Step **5** 设定文本格式。

（1）在图 10.11.2 所示的注释文本中选取图 10.11.3 所示的文本 1，将文本大小设置为 6.0。

（2）在图 10.11.2 所示的注释文本中选取图 10.11.4 所示的文本 2，将文本大小设置为 4.0。

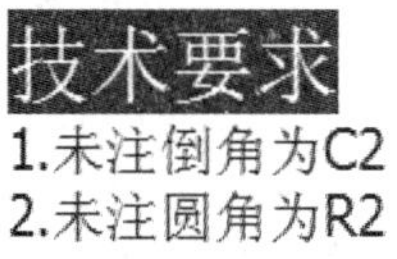

技术要求
1.未注倒角为C2
2.未注圆角为R2

技术要求
1.未注倒角为C2
2.未注圆角为R2

图 10.11.3　选取文本 1 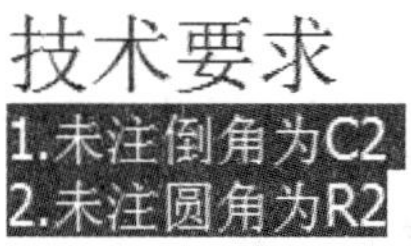　　　　　　　　　图 10.11.4　选取文本 2

Step **6** 单击 确定 按钮，然后按 Esc 键退出，完成注释文本的创建。

10.11.2　创建指引线文本

下面创建图 10.11.5 所示的指引线文本，其一般操作步骤如下。

Step **1** 打开文件 D:\inv13.1\work\ch10\ch10.11\ch10.11.01\connecting_base.idw。

Step **2** 选择命令。选择 标注 功能选项卡 文本 区域中的"指引线文本"命令 A。

Step **3** 定义指引线文本位置。在系统 在一个位置上单击 的提示下选取图 10.11.5 所示的边线，然后在合适的位置单击放置文本位置，按下 Enter 键，系统弹出"文本格式"对话框。

Step **4** 创建文本。在系统弹出的"文本格式"对话框中输入"此处喷漆"。

Step **5** 设定文本格式。在"文本格式"对话框中选中刚才输入的"此处喷漆"文本，如图 10.11.6 所示，在 大小 文本框中输入文本大小为 5.0。

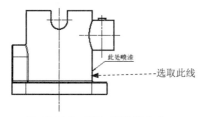

　　　　　　　　　　　　　　　　　　　　　　　　　　此处喷漆

图 10.11.5　添加指引线文本 　　　　　　　　　图 10.11.6　选取文本

Step **6** 单击 确定 按钮，然后按 Esc 键退出，完成指引线文本的创建。

10.11.3　注释文本的编辑

下面以图 10.11.7 为例，说明编辑注释文本的一般操作步骤。

Step **1** 打开工程图 D:\inv13.1\work\ch10\ch10.11\ch10.11.02\edit_text.idw。

Step **2** 双击要编辑的文本，系统弹出"文本格式"对话框。

Step **3** 选取文本。选取图 10.11.8 所示的文本。

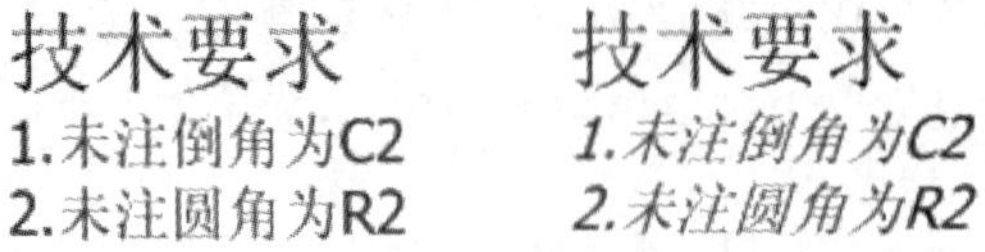

技术要求
1.未注倒角为C2
2.未注圆角为R2

技术要求
1.未注倒角为C2
2.未注圆角为R2

技术要求
1.未注倒角为C2
2.未注圆角为R2

图 10.11.7　编辑注释文本 　　　　　　　　图 10.11.8　选取文本

Step **4** 定义文本格式。在"文本格式"对话框中单击 *I* 按钮。

Step **5** 单击"文本格式"对话框中的 确定 按钮，完成注释文本的编辑。

10.12　Inventor 软件的打印出图

打印出图是 CAD 工程设计中必不可少的一个环节。在 Inventor 软件中的工程图模块中，选择下拉菜单 [PRO] ➡ 打印 命令，就可进行打印出图操作。

下面举例说明工程图打印的一般操作步骤。

Step **1** 打开工程图 D:\inv13.1\work\ch10\ch10.12\down_base.idw。

Step **2** 选择命令。选择下拉菜单 [PRO] ➡ 打印 命令，系统弹出图 10.12.1 所示的"打印工程图"对话框。

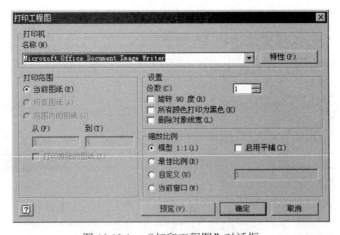

图 10.12.1　"打印工程图"对话框

Step **3** 选择打印机。在"打印工程图"对话框的 名称(N): 下拉列表中选择打印机类型为 Microsoft Office Document Image Writer 。

说明：在打印机名称下拉列表中显示的是当前计算机已安装的打印机，具体用户之间会存在差异。

Step 4　定义页面设置。

（1）单击"打印工程图"对话框中的 ▢特性(P)...▢ 按钮，系统弹出图 10.12.2 所示的 "Microsoft Office Document Image Writer 属性"对话框。

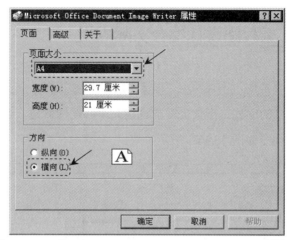

图 10.12.2　"Microsoft Office Document Image Writer 属性"对话框

（2）定义打印纸张的大小。在 ▢页面大小▢ 下拉列表中选择 ▢A4▢ 选项。

（3）选择方向。在 ▢方向▢ 选项组中选择 ⦿ ▢横向(L)▢ 单选按钮，单击 ▢确定▢ 按钮，系统返回到"打印工程图"对话框中。

Step 5　定义其他打印参数，设置完成如图 10.12.3 所示。

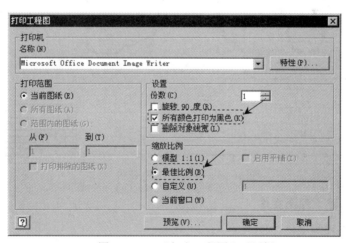

图 10.12.3　"打印工程图"对话框

Step 6　打印预览。单击"打印工程图"对话框中的 ▢预览(V)...▢ 按钮，可以预览工程图的打印效果。

说明：在 Step5 中也可直接单击 ▢确定▢ 按钮，打印工程图。

Step 7 在打印预览界面中单击 打印(P)... 按钮，系统返回到"打印工程图"对话框，单击 确定 按钮，系统弹出"另存为"对话框，选择合适的存储位置并输入文件名称，即可打印工程图。

10.13 Inventor 工程图设计综合实际应用

本应用是一个综合范例，不仅综合了基础视图、投影视图、局部剖视图和局部视图等的创建，而且还有基准的创建、形位公差的创建、中心线的创建、表面粗糙度符号的标注等。创建完成后的工程图如图 10.13.1 所示。

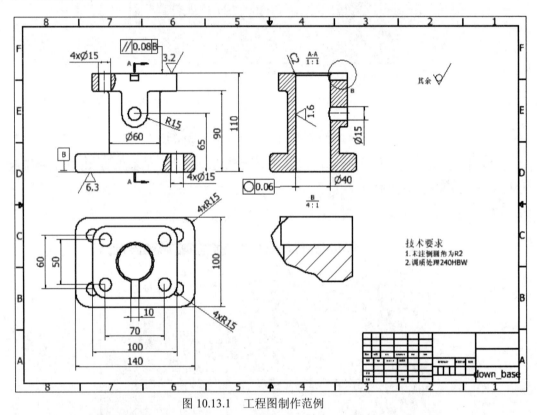

图 10.13.1　工程图制作范例

Task1. 新建工程图文件

新建一个工程图文件。

选择下拉菜单 PRO ➡ 新建 ➡ 工程图 命令，系统自动进入工程图环境。

Task2. 创建基本视图

Step 1 选择命令。单击 放置视图 选项卡 创建 区域中的"基础视图"按钮，系统弹出图 10.13.2 所示的"工程视图"对话框。

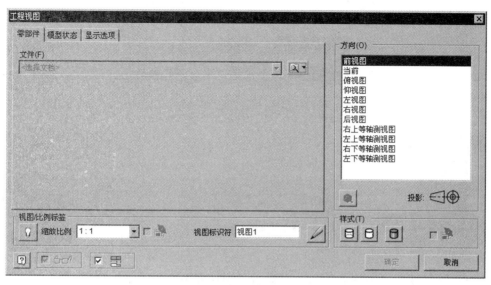

图 10.13.2　"工程视图"对话框

Step 2　选择零件模型。在"工程视图"对话框中单击"打开现有文件"按钮 🔍▾，系统
　　　弹出图 10.13.3 所示的"打开"对话框，在 查找范围(I): 下拉列表中选择目录
　　　D:\inv13.1\work\ch10\ch10.13，然后选择 down_base.ipt，单击 打开(O) 按钮。

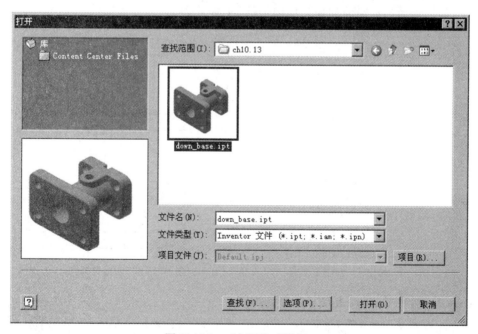

图 10.13.3　"打开"对话框

Step 3　定义视图参数。

（1）在"工程视图"对话框中的 方向(O) 区域中选中 前视图 选项，此时在图纸区会有

图 10.13.4 所示的预览图。

（2）定义视图比例。在 视图/比例标签 区域 缩放比例 文本框中输入 1:1，如图 10.13.5 所示。

（3）定义视图样式。在 样式(T) 区域中选中"不显示隐藏线"选项 ，如图 10.13.6 所示。

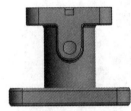

图 10.13.4 预览图

图 10.13.5 "比例"区域

图 10.13.6 "样式"区域

Step 4 放置视图。单击图纸区的合适位置，以生成主视图。

Step 5 在图纸区右击选择 ✓ 确定 命令，完成主视图的创建，如图 10.13.7 所示。

Step 6 选择命令。单击 放置视图 选项卡 创建 区域中的"投影视图"按钮。

Step 7 在系统 选择视图 的提示下，选取图 10.13.7 中的主视图作为投影的父视图。

Step 8 放置视图。在主视图的下方单击，生成俯视图，在图纸区右击，选择 创建(C) 命令，完成俯视图的创建，如图 10.13.8 所示。

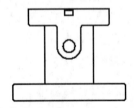

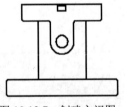

图 10.13.7 创建主视图

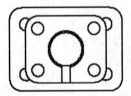

图 10.13.8 创建俯视图

Task3. 创建图 10.13.9 所示的全剖视图

Step 1 选择命令。单击 放置视图 功能选项卡 创建 区域中的"剖视"按钮。

Step 2 选取剖切父视图。在系统 选择视图或视图草图 的提示下，选取图 10.13.9 中的主视图作为剖切的父视图。

Step 3 绘制剖切线。绘制图 10.13.10 所示的直线作为剖切线，绘制完成后右击选择

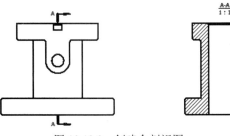

继续(C) 命令，系统弹出"剖视图"对话框。

图 10.13.9　创建全剖视图　　　　　图 10.13.10　绘制剖切线

Step 4　在"剖视图"对话框的 视图标识符 文本框中输入 A。

Step 5　放置视图。在图纸区选择合适的位置单击，生成全剖视图，如图 10.13.9 所示。

Task4.　创建图 10.13.11 的局部剖视图（两处）

Step 1　绘制剖切范围。首先在图纸区选取要创建局部剖视的视图，然后选择 放置视图 选项卡 草图 区域中的"创建草图" ☑ 命令，绘制图 10.13.12 所示的样条曲线作为剖切范围。

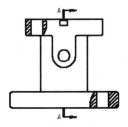 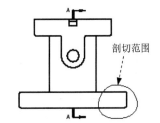

图 10.13.11　局部剖视图　　　　　图 10.13.12　绘制剖切范围 1

Step 2　选择命令。单击 放置视图 功能选项卡 修改 区域中的"局部剖视图"按钮 ⇆。

Step 3　选取局部剖切父视图。在系统 选择视图或视图草图 的提示下，选取图 10.13.11 中的主视图作为剖切的父视图，系统弹出图 10.13.13 所示的"局部剖视图"对话框。

Step 4　定义深度参考。在"局部剖视图"对话框 深度 区域的下拉列表中选择 至孔 选项，然后选择图 10.13.14 所示的圆作为深度参考。

Step 5　单击"局部剖视图"对话框中的 确定 按钮，完成局部剖视图的创建。

Step 6　绘制剖切范围。首先在图纸区选取要创建局部剖视的视图，然后选择 放置视图 选项卡 草图 区域中的"创建草图"命令 ☑，绘制图 10.13.15 所示的样条曲线作为剖切范围。

Step 7　选择命令。单击 放置视图 功能选项卡 修改 区域中的"局部剖视图"按钮 ⇆。

Step 8　选取局部剖切父视图。在系统 选择视图或视图草图 的提示下，选取图 10.13.15 中的主视图作为剖切的父视图，系统弹出"局部剖视图"对话框。

图 10.13.13 "局部剖视图"对话框

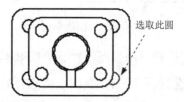

图 10.13.14 定义深度参考

Step **9** 定义深度参考。在"局部剖视图"对话框 深度 区域的下拉列表中选择 至孔 选项，然后选择图 10.13.16 所示的圆作为深度参考。

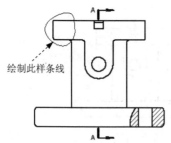

图 10.13.15 绘制剖切范围 2

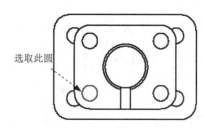

图 10.13.16 定义深度参考

Step **10** 单击"局部剖视图"对话框中的 确定 按钮，完成局部剖视图的创建。

Task5. 创建图 10.13.17 所示的局部视图

Step **1** 选择命令。单击 放置视图 功能选项卡 创建 区域中的"局部视图"按钮。

Step **2** 选取父视图。在系统 选择视图 的提示下，选取图 10.13.9 中的主视图作为局部视图的父视图，系统弹出"局部视图"对话框。

Step **3** 在"局部视图"对话框的 视图标识符 文本框中输入 B。在 缩放比例 文本框中输入比例 4:1。

Step **4** 绘制局部范围。绘制图 10.13.18 所示的圆作为局部视图范围。

Step **5** 放置视图。在图纸区选择合适的位置单击，完成局部视图的创建。

Task6. 为主视图创建图 10.13.19 所示的中心线

Step **1** 选择命令。单击 标注 功能选项卡 符号 区域中的"对分中心线"按钮。

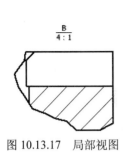

图 10.13.17　局部视图

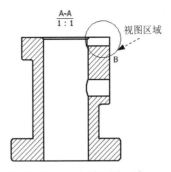

图 10.13.18　绘制视图区域

Step 2 依次选取图 10.13.19 中的直线 1、直线 2、直线 3 和直线 4，此时系统会自动为视图创建中心线。

Step 3 参看以上步骤添加其他中心线。结果如图 10.13.20 所示。

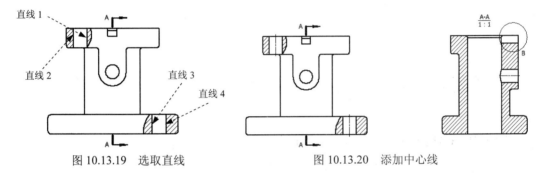

图 10.13.19　选取直线　　　　　图 10.13.20　添加中心线

Task7. 标注图 10.13.21 所示的基准符号

Step 1 选择命令。单击 标注 功能选项卡 符号 区域中的 按钮，选择"基准标识符号"命令 A。

Step 2 放置基准特征符号。选取图 10.13.21 所示的边线，在合适的位置处单击两次，系统弹出"文本格式"对话框。

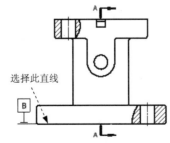

图 10.13.21　标注基准符号

Step 3 设置参数。在"文本格式"对话框中输入 B。

Step 4 单击 确定 按钮，然后按 Esc 键退出，调整基准符号至合适的位置，完成基准特征符号的创建。

Task8. 标注图 10.13.22 所示的尺寸

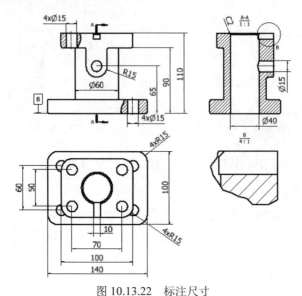

图 10.13.22　标注尺寸

利用 标注 功能选项卡 尺寸 区域中的"尺寸"命令 ▭ 与"倒角"命令 ⎯⟍ 倒角 标注所需尺寸。

Task9. 标注图 10.13.23 所示的形位公差

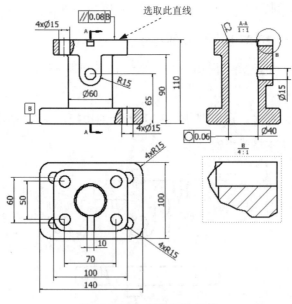

图 10.13.23　标注形位公差

Step 1 选择命令。单击 标注 功能选项卡 符号 区域中的 ▾ 按钮，选择"形位公差符号"命令 ⊕ .₁ 。

Step **2** 放置形位公差特征符号。分别选取图 10.13.23 所示的边线，选择合适的位置单击，以放置形位公差，然后按回车键，系统弹出图 10.13.24 所示的"形位公差符号"对话框。

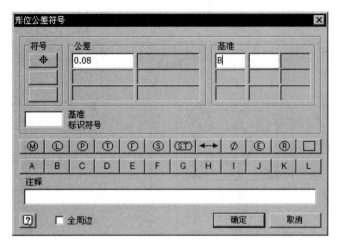

图 10.13.24 "形位公差符号"对话框

Step **3** 定义形位公差，如图 10.13.24 所示。

（1）在"形位公差符号"对话框中单击 符号 区域的"项目特征符号"按钮 ⟨⊕⟩，然后单击 // 按钮。

（2）在 公差 文本框中输入公差值 0.08。

（3）在 基准 文本框中输入基准符号 B。

Step **4** 单击 确定 按钮，然后按 Esc 键完成形位公差的标注。

Step **5** 参照此方式标注图 10.13.23 中另一处圆度形位公差。

Task10. 标注图 10.13.25 所示的表面粗糙度

Step **1** 选择命令。单击 标注 功能选项卡 符号 区域中的 ▾ 按钮，选择"粗糙度符号"命令 √。

Step **2** 放置粗糙度特征符号。选取图 10.13.25 所示的边线，然后按回车键，系统弹出图 10.13.26 所示的"表面粗糙度"对话框。

Step **3** 定义表面粗糙度符号。在"表面粗糙度"对话框中设置图 10.13.25 所示的参数。

Step **4** 单击 确定 按钮，然后按 Esc 键退出，完成表面粗糙度的标注。

Step **5** 参照 Step2 和 Step3 的操作方法，标注其他两个表面粗糙度。

Task11. 创建图 10.13.27 所示的注释文本

Step **1** 选择命令。选择 标注 功能选项卡 文本 区域中的"文本" **A** 命令。

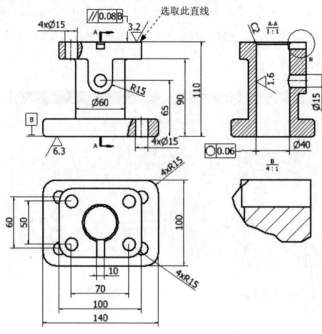

图 10.13.25 标注表面粗糙度

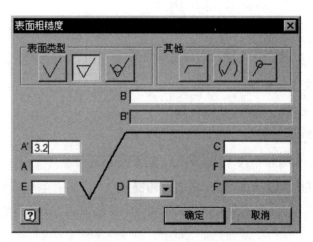

图 10.13.26 "表面粗糙度"对话框

技术要求

1. 未注倒圆角R2。
2. 调质处理240HBW。

图 10.13.27 创建注释文本

Step 2 定义注释文本位置。在系统在某处或两角处单击的提示下单击，系统弹出图 10.13.28
所示的"文本格式"对话框。

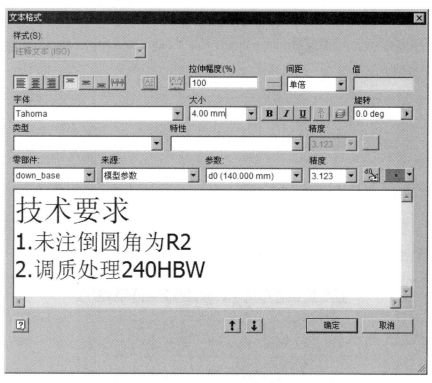

图 10.13.28 "文本格式"对话框

Step 3 创建文本。在系统弹出的"文本格式"对话框中输入图 10.13.27 所示的注释文本。

Step 4 设定文本格式。

（1）在注释文本中选取图 10.13.29 所示的文本 1，将文本大小设置为 8.0。

（2）在注释文本中选取图 10.13.30 所示的文本 2，将文本大小设置为 6.0。

技术要求
1.未注倒圆角为R2
2.调质处理240HBW

图 10.13.29 选取文本 1

技术要求
1.未注倒圆角为R2
2.调质处理240HBW

图 10.13.30 选取文本 2

Step 5 单击 确定 按钮，然后按 Esc 键退出，完成注释文本的创建。

Task12. 创建图 10.13.31 所示的注释文本

Step 1 选择命令。选择 标注 功能选项卡 文本 区域中的"文本" **A** 命令。

Step 2 定义注释文本位置。在合适的位置单击，系统弹出"文本格式"对话框。

Step 3 创建文本。在系统弹出的"文本格式"对话框中输入"其余"。

Step 4 设定文本格式。选中上步中创建的文本，将其大小设置为 6.0。

Step 5 单击 确定 按钮，然后按 Esc 键退出，完成注释文本的创建。

Task13. 标注图 10.13.32 所示的表面粗糙度

Step 1 选择命令。单击 标注 功能选项卡 符号 区域中的 按钮，选择"粗糙度符号"命令 。

其余   其余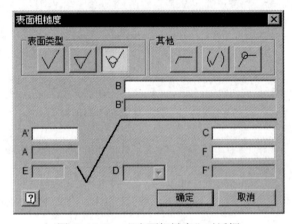

图 10.13.31 注释文本   图 10.13.32 标注表面粗糙度

Step 2 放置粗糙度特征符号。在图纸区的合适位置单击确定放置位置，然后按回车键，系统弹出图 10.13.33 所示的"表面粗糙度"对话框。

图 10.13.33 "表面粗糙度"对话框

Step 3 定义表面粗糙度符号。在"表面粗糙度"对话框中设置图 10.13.33 所示的参数。

Step 4 单击 确定 按钮，然后按 Esc 键退出，将表面粗糙度符号移动至合适的位置，完成表面粗糙度的标注。

Task14. 保存文件

选择下拉菜单 ➡ 保存 命令，系统弹出"另存为"对话框，将文件命名为 down_base.idw，单击 保存 按钮。

10.14 习题

1. 打开零件 D:\inv13.1\work\ch10\ch10.14\spd1.ipt，然后创建图 10.14.1 所示的工程图。

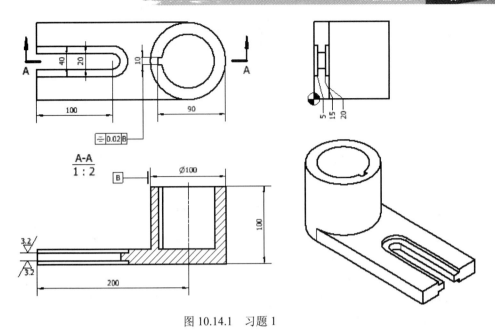

图 10.14.1 习题 1

2. 打开零件 D:\inv13.1\work\ch10\ch10.14\spd2.ipt，然后创建图 10.14.2 所示的工程图。

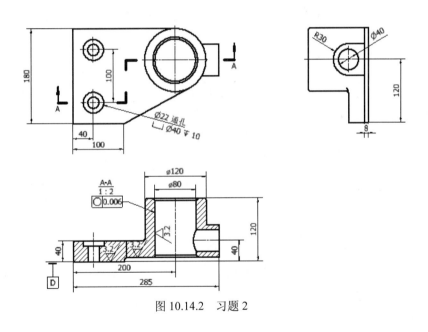

图 10.14.2 习题 2

读者意见反馈卡

尊敬的读者：

感谢您购买中国水利水电出版社的图书！

我们一直致力于 CAD、CAPP、PDM、CAM 和 CAE 等相关技术的跟踪，希望能将更多优秀作者的宝贵经验与技巧介绍给您。当然，我们的工作离不开您的支持。如果您在看完本书之后，有好的意见和建议，或是有一些感兴趣的技术话题，都可以直接与我联系。

策划编辑：杨庆川、杨元泓

注：本书的随书光盘中含有该"读者意见反馈卡"的电子文档，您可将填写后的文件采用电子邮件的方式发给本书的责任编辑或主编。

E-mail: 展迪优 zhanygjames@163.com; 杨元泓: yyhletter@126.com。

请认真填写本卡，并通过邮寄或 *E-mail* 传给我们，我们将奉送精美礼品或购书优惠卡。

书名：《Autodesk Inventor 快速入门与提高教程（2013 版）》

1. 读者个人资料：

姓名：_____ 性别：____ 年龄：____ 职业：_____ 职务：_____ 学历：_____

专业：_____ 单位名称：_____ 电话：_____ 手机：_____

邮寄地址：_____ 邮编：_____ E-mail：_____

2. 影响您购买本书的因素（可以选择多项）：

☐内容 ☐作者 ☐价格

☐朋友推荐 ☐出版社品牌 ☐书评广告

☐工作单位（就读学校）指定 ☐内容提要、前言或目录 ☐封面封底

☐购买了本书所属丛书中的其他图书 ☐其他_____

3. 您对本书的总体感觉：

☐很好 ☐一般 ☐不好

4. 您认为本书的语言文字水平：

☐很好 ☐一般 ☐不好

5. 您认为本书的版式编排：

☐很好 ☐一般 ☐不好

加微信即可获取电子版
读者意见反馈卡

6. 您认为 Inventor 其他哪些方面的内容是您所迫切需要的？

_____

7. 其他哪些 CAD/CAM/CAE 方面的图书是您所需要的？

_____

8. 您认为我们的图书在叙述方式、内容选择等方面还有哪些需要改进的？

a) 如若邮寄，请填好本卡后寄至：

b) 北京市海淀区玉渊潭南路普惠北里水务综合楼401室 中国水利水电出版社万水分社杨元泓（收） 邮编：100036 联系电话：（010）82562819 传真：（010）82564371

如需本书或其他图书，可与中国水利水电出版社网站联系邮购：

http://www.waterpub.com.cn 咨询电话：（010）68367658。